全国高等院校“十二五”规划教材

饲料分析与饲料质量检测技术

宋金昌　牛一兵　主编

中国农业科学技术出版社

图书在版编目（CIP）数据

饲料分析与饲料质量检测技术 / 宋金昌，牛一兵主编．—北京：中国农业科学技术出版社，2012.8

ISBN 978 -7 -5116 -0952 -6

Ⅰ.①饲…　Ⅱ.①宋…②牛…　Ⅲ.①饲料分析②饲料 - 质量检验　Ⅳ.①S816.15

中国版本图书馆 CIP 数据核字（2012）第 122057 号

责任编辑　闫庆健　胡晓蕾
责任校对　贾晓红

出 版 者　中国农业科学技术出版社
北京市中关村南大街 12 号　邮编：100081
电　　话　(010)82106632(编辑室)(010)82109704(发行部)
(010)82109709(读者服务部)
传　　真　(010) 82106632
网　　址　http://www.castp.cn
经 销 者　各地新华书店
印 刷 者　秦皇岛市昌黎文苑印刷有限公司
开　　本　787 mm×1 092 mm　1/16
印　　张　15.75
字　　数　400 千字
版　　次　2012 年 8 月第 1 版　2012 年 8 月第 1 次印刷
定　　价　24.00 元

《饲料分析与饲料质量检测技术》编委会

主　编　宋金昌　牛一兵

副主编　李素芬　张春善

编　委　（按姓氏笔画为序排列）

马艳华　牛一兵　任铁艳　李素芬　吴建华

宋金昌　苏咏梅　张春善　范　莉　倪　静

董淑珍

主　审　郝正里（甘肃农业大学）

前　言

畜禽营养与饲料学教材编写中，突出反映动物科学专业职业教育的特点，注重实用性和实践性，以利于学生综合素质的形成和科学思维方式、创新能力、敬业精神的培养。

本教材以提高学生的综合素质为宗旨，以培养学生的创新精神和实践能力为重点，优化内容体系，以必需、够用为度的原则，为后续课程的学习和终身从业学习打下坚实的基础。

本教材突出前后知识的连贯性、逻辑性，力求深入浅出，图文并茂，以利于学生对新知识的理解。

在教学内容方面插入与新技术、新工艺、新信息相关的知识点，丰富了教材广度，增进学生的学习兴趣，注重实验、实际动手能力的培养和专业技能的训练。

畜禽营养与与饲料学教材，由河北科技师范学院动物科技学院编写，参加编写人员均为从事畜禽营养与饲料教学和科研多年的教授、副教授，从事实验教学有丰富经验的教师。

本书图表、数据由宋金昌整理，有关饲料数据库各种动物的饲养标准和营养需要量由倪静、任铁燕、董淑珍老师校对、编排，全书由宋金昌统稿。

由于时间紧、任务重，全书编写过程中各参编教学部给予了极大支持，同行教师也提出了很多宝贵的建议，在此表示衷心感谢。

本书编写过程中各编者付出了极大的努力，但是由于笔者学识水平有限，教材中可能还存在诸多不协调或不妥的地方，望读者在使用过程中提出宝贵意见和建议，以便参考和修订。

编者

2012. 6

目　录

一般饲料分析与检测实验室规则 …………………………………………………… (1)
第一章　饲料实验室常规试验技能 …………………………………………………… (1)
第一节　饲料分析与检验实验室常规仪器 ………………………………………… (1)
第二节　实验室经常性准备工作及技能 …………………………………………… (11)
第二章　饲料检测常用化学试剂配制 ……………………………………………… (21)
第一节　摩尔浓度标准溶液的配制 ………………………………………………… (21)
第二节　百分浓度溶液的配制 ……………………………………………………… (23)
第三节　容量比浓度溶液的配制 …………………………………………………… (25)
第三章　饲料常规分析方法 …………………………………………………………… (26)
实验一　饲料分析样本的采样与制样 ……………………………………………… (26)
实验二　饲料中水分的测定 ………………………………………………………… (29)
实验三　饲料中粗蛋白质的测定 …………………………………………………… (30)
实验四　饲料中粗脂肪的测定 ……………………………………………………… (34)
实验五　饲料中粗纤维的测定 ……………………………………………………… (36)
实验六　饲料中中性洗涤纤维（NDF）和酸性洗涤纤维（ADF）的（Van Soest）
范索埃斯特测定方法 ………………………………………………………………… (38)
实验七　饲料中粗灰分的测定 ……………………………………………………… (41)
实验八　饲料中无氮浸出物的计算 ………………………………………………… (42)
实验九　饲料中钙的测定 …………………………………………………………… (43)
实验十　饲料中总磷量的测定 ……………………………………………………… (45)
实验十一　饲料、饲粮中食盐的测定 ……………………………………………… (47)
实验十二　饲料中胡萝卜素的测定 ………………………………………………… (48)
实验十三　饲料能量的测定 ………………………………………………………… (52)
第四章　饲料质量评价 ………………………………………………………………… (58)
实验一　饲料原料混杂度检验 ……………………………………………………… (58)
实验二　鱼粉掺假鉴别检验 ………………………………………………………… (59)
实验三　配合饲料混合均匀度的检测 ……………………………………………… (61)
实验四　配合饲料粉碎粒度的检验 ………………………………………………… (62)
实验五　饲料原料用显微镜检验 …………………………………………………… (63)
实验六　大豆制品中尿素酶活性的定量测定 ……………………………………… (66)
实验七　饲料蛋白质溶解度测定 …………………………………………………… (67)
实验八　饲料中游离棉酚测定 ……………………………………………………… (70)
实验九　DL-蛋氨酸掺假鉴别 ………………………………………………………… (71)
实验十　L-赖氨酸盐酸盐掺假鉴别 ………………………………………………… (72)

实验十一　饲料中霉菌的检验 …………………………………………………………（73）
实验十二　饲料中细菌总数的检验 ……………………………………………………（74）
实验十三　饲料中沙门氏菌的测定 ……………………………………………………（76）
实验十四　黄曲霉毒素 B_1 检验 ………………………………………………………（83）
实验十五　饲料中氟含量的定量测定 …………………………………………………（85）
实验十六　饲料中铅含量的测定 ………………………………………………………（87）
实验十七　饲料中砷含量的测定 ………………………………………………………（90）
实验十八　饲料中汞含量的测定 ………………………………………………………（92）
实验十九　有机磷农药残留的测定 ……………………………………………………（94）
实验二十　饲料中亚硝酸盐的测定 ……………………………………………………（96）
实验二十一　饲料中氰化物的测定 ……………………………………………………（98）
试验二十二　常用饲料原料掺杂鉴别 …………………………………………………（100）
实验二十三　维生素添加剂掺假鉴别 …………………………………………………（107）
试验二十四　微量元素添加剂快速鉴别 ………………………………………………（111）
第五章　配合饲料配方设计 ……………………………………………………………（114）
第六章　动物学试验方法 ………………………………………………………………（136）
第一节　家畜消化试验 …………………………………………………………………（136）
第二节　畜禽代谢试验 …………………………………………………………………（141）
第三节　比较屠宰试验 …………………………………………………………………（143）
第四节　畜禽饲养试验 …………………………………………………………………（148）
附录：畜禽饲养标准 ……………………………………………………………………（156）
附录一　猪饲养标准 ……………………………………………………………………（156）
附录二　中国鸡饲养标准 ………………………………………………………………（169）
附录三　羊饲养标准 ……………………………………………………………………（178）
附录四　牛饲养标准 ……………………………………………………………………（192）
附录五　中国饲料数据库 ………………………………………………………………（207）

一般饲料分析与检测实验室规则

一、每次实验前必须认真预习本次实验原理、实验方法、操作步骤及注意事项，各项程序清楚后方可进行操作。

二、实验中应认真仔细，严格按照操作规程进行，切勿随便修改操作方法。

三、实验室保持清洁整齐是进行实验的各项工作的必要条件，必须做到在饲料、营养分析各环节工作“清洁整齐”，任何疏忽都会造成试验结果的误差、甚至失败。

四、使用任何玻璃仪器都必须洁净，通常在使用前先用去污粉或相应洗液清洗→自来水冲洗干净→蒸馏水（或去离子水）冲洗3次，方可量取试剂、药品、（若量取标准溶液，须用少量的该标准液冲洗3次后，方可量取），各种玻璃仪器须轻拿轻放，妥善处理。

五、实验产生的各种废液应倒入水槽中放水冲走，强酸、强碱、腐蚀性废溶液须先用水稀释，然后倒入废液缸，切勿直接倒入水槽。固体物如滤纸、火柴梗、残渣及其他废物亦须倒入废液缸，不得直接投入水槽或随手乱扔。

六、凡发生烟雾或有毒、有味气体的操作，都必须在通风橱中进行，避免妨碍实验室其他工作。使用易燃药品，如乙醚、丙酮、石油醚、酒精等，应远离明火，以防着火；在使用煤气、电炉、酒精灯、石油液化汽时，人不得远离，以防意外，用毕应及时灭火、关闭。使用高温炉时，除特殊情况外，一般不超过650 ℃，夜间使用须有人值班。

七、使用精密仪器，如分析天平、离心机、分光光度计、氧弹测热计、氨基酸分析仪、原子吸收分光光度计等必须熟读熟记使用方法，并在教师指导下严格按操作规程使用，严禁随手乱动，遇到问题应随时请教老师。

八、取用试剂或标准溶液，用毕须立即将原瓶塞盖紧，放回原处。取倒试剂或溶液应从贴标签的相反方向倒取，以免试剂或溶液流向标签致使其模糊不清；自瓶中取出的试剂或溶液未用尽时，切勿倒回原瓶，须用多少取多少，一切遵循节俭原则。在量取有毒、有害、腐蚀性试剂时切勿用口吸取，可用量筒，亦可用移液管、吸管借助吸气球吸取。配制的各种试剂，必须随时贴上标签，注明试剂的名称、浓度、配制日期。

九、配制强酸、强碱和腐蚀性试剂应手戴橡胶手套，并在教师的指导下严格按操作程序进行，以免发生事故。

十、在使用过程中，要始终保持实验室、工作服、抹布、实验台、地面等干净整洁，试剂药品如洒在实验台上要随时用抹布擦净，要养成抹布、蜡笔、钢笔随身携带的习惯。

十一、进行实验时必须注意节约电、水、试剂、药品、试纸等其他消耗品，爱护各种仪器、如遇损坏应立即报告老师，说明情况，并进行登记。

十二、实验室不准吸烟、不准吃任何食物。使用各种电器、仪器前应先检查线路是否正确、电压是否相符，用毕后即行关闭电源、拔下插头。

十三、每次实验应做好各项记录，实验完毕后应清理相应的实验用品，并检查核对记录，如有疑问，应仔细检查并设法补救，否则重做。

十四、实验室各种化学试剂一般分为优级纯、分析纯、化学纯、实验试剂四个等级，应依据分析精度和实验目的选择使用。

十五、各种试剂贮存按照国家有毒、有害试剂，腐蚀性剂试，易燃性试剂的贮存要求和条件分别专人管理，严格执行国家安全标准。

十六、各种试验动物管理应按操作规程严格执行，按规定饲喂、取样、清扫等管理，按交接班制度严格执行。

第一章　饲料实验室常规试验技能

第一节　饲料分析与检验实验室常规仪器

饲料分析实验室是进行饲料营养成分分析和饲料质量检测的重要地方，在饲料科学的研究中占有重要地位。掌握常用仪器的原理、使用方法和维修维护，是保证实验分析顺利进行的基础条件，是提高实验精确性和准确性的关键。

一、分析天平

分析天平是测量物体质量的仪器，其种类繁多，名称各异。其称重的基本原理都是相同的，都是应用杠杆原理。通常使用的天平有空气阻尼天平、半自动电子天平、全自动电子天平、单盘电子天平等。这些天平的使用方法都基本相同，这里仅以半自动电子天平为例，说明天平的结构和使用方法。

(一) 分析天平的构造

现以目前国内广泛使用的 TG-328B 型天平为例，简单介绍分析天平的构造（图 1－1、图1－2）。

图 1－1　TG－328B 电子分析天平

分析天平由横梁、立柱、悬挂系统、制动系统、读数系统和机械加码装置所组成。

1. 横梁

横梁是天平最重要的部件，它是两臂等长的杠杆，起着衡量物体与砝码重量是否相等的作用。它由铝合金制成，上装有 3 个三棱柱形的玛瑙刀，两个分别装在梁的两端，刀刃向上，称为重力刀。镫形吊耳上有玛瑙平板，称量时平板搁置在重力刀口上。天平称盘就挂在

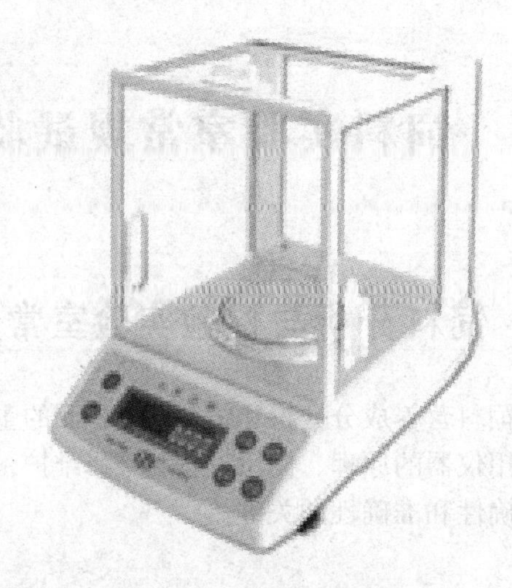

图 1－2　单盘电子分析天平

吊耳上面。另一个刀口装在横梁中间，刀刃向下，称为支点刀。称量时，支点刀搁置在天平梁上的玛瑙平板上，起杠杆支点的作用。这 3 把刀的刀刃必须平行，且处在同一水平线上，使用天平时必须注意保护好刀口，否则影响天平的灵敏度。

在横梁的两侧装有对称的平衡螺丝，也称零点调节螺丝，用以调节天平空载时的平衡位置。在天平梁的下面还有细调零点的拨杆，可以细调零点的位置。

在横梁背后上部设有由上、下两个半球形螺母构成的重心锤。上下旋转重心可以改变横梁重心的位置，用来调节天平的灵敏度。

横梁的下部装有与横梁相互垂直的指针，指针的末端附有微分标牌，通过投影屏上的光学读数装置，可以读到 0.1 mg 的重量数据。

2. 主柱

主柱是一空心金属柱，垂直地固定在底座上，是横梁的支架。柱内有制动器的升降杆，带动梁托架和盘托翼板上下运动。立柱上装有下列部件：

中刀承则安装在主柱顶端，用玛瑙制成，用以支承横梁中刀。

水准器装在主柱上，用以校正天平的水平位置。

3. 悬挂系统

包括称盘、吊耳、阻尼器，用来承受和传递载荷。

横梁两端的重力刀通过吊耳承受称盘。吊耳由吊耳钩、吊耳环、吊耳背和十字架组成。吊耳上一般都有区分左、右的标记，左边的常标有“1”、“·”或“L”，右边的标有“2”、“··”或“R”。右吊耳上还装有一条圈码承受片，供承受圈码用。

阻尼器的外筒固定在主柱上，而内筒则挂在吊耳钩下钩槽上，有与吊耳相同的左右标记。

称盘悬挂在吊耳钩的上构槽内，供放置砝码和被称量物体。称盘上也有与吊耳相同的左右区分标记，注意不要左右颠倒。

4. 制动系统

制动系统是控制天平工作和制止横梁及悬挂系统摆动的装置，包括开关旋钮、开关轴、升降杆、梁托架、盘托等部件。

旋转开关旋钮时，与旋钮相连的开关轴使升降杆上升，带动梁托架和盘托翼板同时下降，天平梁的支点刀落在主柱的刀承上，左右吊耳背落在天平梁的两只重力刀上。同时，因盘托翼板一下降，盘托与称盘分开，称盘可自由摆动，天平便进入工作状态。关闭天平时，长降杆下降，梁托架和盘托翼板都上升，盘托将秤盘托住，天平进入休止状态。

为保护刀口，取放砝码和称量物时，应关闭开关旋钮，使刀口与刀承分开。

5. 读数系统

由指针和光学读数装置组成。装在横梁下的指针通过光学读数系统放大后，可提高称重速度和精度。光学读数系统由 9 个部分组成。

①变压器将 220V 电源降至 6 ~ 8V，作为灯泡电源；

②灯泡 6 ~ 8V，作为读数系统的光源；

③灯罩，保护灯泡和聚光用；

④聚光管，将光源发出的光变为平行光束；

⑤微分标牌；

⑥物镜，将微分标牌放大 10 ~ 20 倍；

⑦一次反射镜；

⑧二次反射镜，将微分标牌上的影像反射到投影屏上；

⑨投影屏，显示放大后的微分标牌的影像，屏上刻一条标线，与微分标牌上的刻度取得读数。投影屏与底板下的“零点细调拨杆”相连，左右拨动拨杆可细调零点。零点调整好后，在称量过程中切莫拨动拨杆。

6. 外框

用来保护天平，防止灰尘、潮湿、气流等外界条件的影响。天平有三个门，前面的门只有在必要时，如拆装、修理天平时才打开。取放砝码和取被称物体时从左右两个侧门出入，并随时关好。

天平外框和立柱都固定在用大理石或厚玻璃制成的底座或底板上。底板下有三只底脚，前面两只为调水平底脚，供调水平用，后一只是固定的不可调。每只底脚下垫一只脚垫，以保护桌面。

加码指数盘安装在框罩前右侧的门框上，有二层或三层，用来控制加码杆加减圈码。有内外两圈，上面刻有所加圈码的质量值。

（二）天平的使用

（1）检查　揭开天平罩，称量前应检查天平是否呈水平位置，天平称盘是否清洁，圈码是否齐全，圈码指数盘是否在“000”位置。

（2）启动　接通电源，慢慢转动开关旋钮，开动天平，此时在投影屏上看到微分标牌的投影，如果微分标牌上的零线与投影屏上的标线重合，零点即为调准，可以进行称量。如标线不重合，可拨动底板下的零点细调拨杆，挪动投影屏的位置，直到二者重合。如投影屏的位置已经移动到尽头仍不能与微分标牌上的零线重合，可移动横梁上左右调节螺丝以调节零点。

（3）检查灵敏度和变动性　灵敏度是指天平的一个称盘上增加 1.0 mg 重量时，所引起指针偏斜的程度。半自动电光天平左盘上加一个校准过的 10.0 mg 圈码，若微分标牌在 10.0 ±2 范围内则符合要求。如果超出这个范围，则需上下移动重心螺丝，上移时灵敏度提高，下移则灵敏度下降。

一台天平的准确度除与灵敏度有关外，还与变动性有关。只有在保证变动性不超过允许范围的前提下，提高灵敏度才有意义。变动性是指天平载重前后几次零点变化的最大差值，测定时是在不改变天平平衡状态下，多次开关天平进行称量，一般允许范围为0.1～0.2 mg，超过这一范围说明天平重复性差，应检查刀口是否磨损及其他部件是否位置正常。

(4) 称量　在分析天平称量前，先将称量物在粗天平上粗称，而后放在分析天平的左盘中心，然后由大至小在右盘中加砝码，直到增加1.0 g太重，取出1.0 g又太轻时，关上天平边门。转动圈码指数盘，直到微分标牌在投影屏上均匀移动时，开足旋钮，读取物体的重量。先读投影屏上数字，关上旋钮再读指数盘的数，最后读取称盘中砝码数，即为物体的重量。

被称物重＝砝码总重量（克码＋圈码＋标尺读数）。

(5) 称量完毕后　关好开关旋钮，取出称量物及砝码，把指数盘转动至零位，用软毛刷清理天平箱，关上天平门，罩上天平罩，切断电源。

（三）使用天平的注意事项

①使用天平要细心，轻拿轻放，轻开轻关，天平不能称热的物体。称量化学试剂时不能直接放在天平盘上。为保证天平盘的垂直和稳定，物体和砝码应尽量放在盘的中央，大的砝码放在中央，小的砝码放在周围。取放物体和砝码时，先关闭天平。打开天平时要小心缓慢，如发现指针位置已摆出光屏之外，应立即托起天平梁。

②称量时应遵循“最少砝码数”的原则，加减圈码应一档一档地慢慢加减，以防圈码相互碰撞或跳落。绝不能使天平载重超过限度，以免损坏天平。

③砝码应放在砝码匣内固定位置上。取用砝码时，用带有骨质或塑料护头的镊子夹取，不能用手直接拿取，以免污染砝码，使重量不准。称量读数，先根据盒内空位读一次，记录下来，然后取下砝码逐个放回盒时再核对一次。

④同一个试样分析中，所有称量应使用同一台天平和同盒砝码，以减少称量的系统误差。

⑤称量所得数据，应立即记在实验报告上，不得记在纸片上或其他地方，以免遗失。

（四）分析天平的维护及故障排除

经常使用天平者应该学会天平的日常维护和故障排除，保证天平正常工作。

①天平应安放在牢固平稳的台面上，避免震动、潮湿、阳光照射和腐蚀性气体。

②天平箱内应放有变色硅胶等干燥剂，并将干燥剂定期烘干，以保持天平干燥。

③经常保持天平的清洁，定期清除各部件上的灰尘。刀口和刀承可用浸过无水酒精的绸布擦试，其他部件用软毛刷、鹿皮和绸布擦试。但反射镜和微分标牌不能擦试，只能用软毛刷轻拂，以免破坏镀银面和溴化银感光刻度。

④天平使用一段时间后应作全面检查，看各部件是否齐全，天平灵敏度是否符合要求等。

（五）电子天平

电子天平是天平中称量速度最快的一种，是根据电磁力补偿工作原理制造的。由于采用了石英管梁，天平的机械稳定性和热稳定性都大大提高。称量时，横梁上所受的力经传感器输出电信号，经整流放大后用模拟重量数字显示。

1. 电子天平的使用

电子天平的种类很多，现仅以 MA110 型电子分析天平为例，简要介绍电子天平的使用及注意事项。

（1）校准 天平开机预热后，在进行首次称量前应对天平进行校准。以后定期用标准砝码进行检查，如有误差立即进行校准。

内校准：打开天平开关至“ON”，按去皮键，使天平显示值为 0.0000 g。将开关旋至“CAL”位置，天平显示“E”和占用符号“0”（如果此时显示“E”，表示出错，应将开关回旋至“ON”，并按去皮键重新开始校准），当天平显示“0”时，则表示校准完毕，将开关回旋至“ON”位置，即可进行称量。

外校准：取下校准键帽，清盘，按去皮键使天平显示为 0.0000 g。用小螺丝刀压校准键，天平显示“□”和占用符“0”（如果显示“ □”则按去皮键重新进行校准），此时将 100.0 g 标准砝码置于称盘上，待显示 100.0000 g，并发出“嘟”声，天平校准完毕，并自动回复至称量状态，可以进行称量。

（2）去皮、称量 按去皮键，将物品放在称盘中央，待稳定指示信号“g”出现时，天平即显示被称物的重量。每次称重前按去皮键回零，即可连续称量。

2. 电子天平的维护与保养

（1）经常使用天平时，应使天平连续通电，以减少预热时间，使天平处于相对稳定状态。如果天平长期不用，则需关闭电源。

（2）天平应保持清洁，并定期进行检查、校准。

（3）在搬动天平前一定要将操作开关转到“OFF”位置，而在搬动、安装和拆卸外围设备前，一定要把电源插头先拔掉。

二、干燥箱

电热恒温干燥箱简称烘箱或干燥箱，用来烘干玻璃仪器及固体样品，包括普通干燥箱和鼓风干燥箱（图 1－3）两种，鼓风干燥箱内装有鼓风机，可促进箱内空气对流，温度均匀，适用于烘焙、干燥、热处理和其他加热。干燥箱有 3 种规格，按其工作温度表示，分别为 10.0～200.0 ℃、10.0～250.0 ℃ 和 10.0～300.0 ℃。在此范围内可任意选定工作温度，选定后借助箱内自动控制系统使温度恒定，恒温灵敏度通常为 ±1.0 ℃。

图 1－3 鼓风干燥箱

（一）干燥箱的构造

干燥箱一般由箱体、电热系统和自动控温系统三部分组成。

箱体由角钢、钢板制成，外壳与工作室之间填充玻璃纤维做保温材料，用以隔热保温。工作室内有2~3层网状搁板，用以搁放物品。箱顶有排气孔，排气孔中央备有温度计插孔，用来指示箱内温度。箱门为两道，里门为耐热的玻璃门，可以观察工作室内的工作情况，外门是装有绝热层的金属隔热门。箱底层有进气孔，箱的侧面装有指示灯，鼓风干燥箱的鼓风机也装在箱侧室内，侧室装有带散热孔的侧门，便于卸下检修。

电热系统装在工作室下面，大型干燥箱具有恒温电热丝和辅助电热丝两组，用来加快加热速度。

自动控温系统有差动棒式温度控制器和导电温度计式控制器两种。差动棒式温度控制器由一支热膨胀系数很大的黄铜管和一支热膨胀系数很小的玻璃棒组成，借助二者对热的敏感性控制电热系统。导电温度计式温度控制器借助导电温度计与电子继电器配合控温。

（二）干燥箱的使用及注意事项

①干燥箱必须安放在干燥及水平处，防止震动和腐蚀。

②注意安全用电。在供电线路中安装闸刀开关，并用比电源线粗一倍的导线作接地线，仔细检查是否漏电。

③准备工作妥当后关上箱门，在箱顶排气孔中插入一温度计，同时将排气孔旋开。使用导电温度计或温度控制器的干燥箱应先将导电温度计和温度计插入表孔中，把导电温度计接线夹接在控制盒接线柱上，旋转导电温度计胶木帽，使导电指针到所需温度刻度上，打开电源开关，当温度调节旋钮在“0”位置时，电源指示灯（绿色）亮表示电源已接通。将旋钮按顺时针方向旋转，工作指示灯（绿色）亮，表示加热电线已通电加热。当温度加热至所需温度时工作指示灯（红灯）亮，反复检查几次，红绿灯交替变换时，说明电器工作正常，可以投入使用。

④洗净的仪器尽量把水沥干后放入箱中，并使口朝上，烘箱下层放一搪瓷盘承接从仪器上滴下的水，以免水滴到电热丝上。测试物品重量不能超过15.0 kg，测试物品排列不能过密，易爆、易燃、易挥发物不得进入烘箱，以免发生爆炸。散热板上不能放测试物品，否则影响热气流交换。

⑤当温度计所指示温度升至所需温度时，将控制器旋钮逆时针方向旋回，旋至红绿灯交替处即为恒温定点。如果温度稳定后达到或已超过所需温度，可再做微调，直到达到正确温度为止。

⑥恒温后，温度控制器会自动控温，不需加以人工管理，但要防止控制器失灵，仍需有人经常照看，不能长时间远离。如果观察箱内情况可打开外门，通过玻璃门观察，但应尽量减少开箱门，以免影响恒温。

⑦当箱内温度升至200.0 ℃以上时，开启箱门可能会使玻璃门骤然冷却而破裂，故需关闭电源，稍等片刻，使温度下降后再打开箱门。

⑧有鼓风机的干燥箱，在加热和恒温过程中必须将鼓风机打开，否则影响工作室内温度的均匀性和损坏加热元件。

三、培养箱

普通电热恒温培养箱与干燥箱相同，可通过自动控温装置保证箱内温度恒定。

四、高温炉（茂福炉）

高温炉又称马福炉或茂福炉，常用于重量分析中灼烧、沉淀、坩埚及其他高温实验用。

（一）高温电炉的结构

常用的高温电炉炉体由角钢、薄钢板构成。炉膛采用碳化硅制成长方形，放于炉体内部。炉膛内外壁之间有空槽，电热丝制成螺旋形后穿绕于空槽中，炉膛四周都有电热丝。炉膛与炉壳之间用绝热保温材料填砌而成。炉门用耐火砖制成，借助压缩弹簧弹力紧密闭合，顺时针转动梅花钮后，可将炉门打开。

炉内温度控制普遍采用温度控制器。温度控制器主要由一块毫伏表和一个继电器组成，连接一支相匹配的热电偶进行温度控制。热电偶装在一根耐高温的瓷管中，从高温电炉后部的小孔伸进炉膛内，根据炉膛内的温度高低通过继电器控制电炉丝是否加热。实验室中常用温度控制器测温范围在 0 ~ 1 100 ℃之间。

（二）高温炉的使用及注意事项

①高温炉不需特殊安装，只需平放在室内平整的地面或搁架上。控制器应避免震动，放置位置与高温炉不宜太近，防止过热而使电器元件不能正常工作。

②将热电偶棒从高温炉背后的小孔插入炉膛内，孔与热电偶之间空隙用石棉绳填塞。将热电偶的连接导线接到控制器的接线柱上。注意正负极不要接反，以免温度指针反向而损坏。

③控制器在搬运时，需用导线将指示仪后端接线柱板上标有“短”与“短”的接线螺钉连接好，以防由于震动而损坏仪表。温度指示调节仪投入使用时，应将其后端的短路封线拆去，否则仪表指针不能工作。

④经检查确认线路无误后，将温度指示仪的设定指针调至（即旋动指示仪上右下角螺钉或调节温度设定旋钮）所需工作温度。然后接通电源，拨动控制电源开关，此时绿灯即亮，继电器开始工作，高温炉通电。电流表即有读数产生，温度指示仪指针也逐渐上升，说明高温炉、控制器均在正常工作。高温炉的升温恒温分别以红绿灯指示，绿灯表示升温，红灯表示恒温。

⑤在加热过程中，切勿打开炉门，使用时炉温不得超过最高温度，以免烧毁电热元件。并禁止向炉内灌注各种液体及溶解的金属。使用完毕后，切断电源，不能立即打开炉门。待温度降至 200.0 ℃以下时，才能打开炉门，取出灼烧物品，放入干燥器内冷却至室温。

⑥高温炉第一次使用或长期停用后再次使用时，必须进行烘炉。烘炉时间需：室温至 200.0 ℃为 4h，200.0 ℃ 至 600.0 ℃为 4h。不用时应将炉门关好，防止耐火材料受潮。

⑦为了保证安全操作，电炉与控制器外壳均须可靠接地。若晚上无人，切勿使用高温炉。

五、真空泵

真空泵是用一对密封容器抽除气体获得真空的基本设备，常用于抽滤、真空干燥箱的真空处理。下面以普通的旋片式真空泵为例，介绍其结构及使用方法。

图1－4　轴流式真空泵

（一）真空泵的结构

真空泵由定子、转子和旋片组成。在定子缸内偏心的装着转子，转子贴近缸壁，转子槽中装有两块径向滑片，借弹簧的张力作用将转子紧贴在缸壁，因此定子的进气口、排气口被转子和滑片分隔成两个部分。随转子在缸内旋转，周期性地将进气口处容积逐渐扩大而吸入气体，同时逐渐缩小排气口处容积，将已吸入气体压缩从排气阀排出，从而达到抽气的目的。

图1－4为轴流式真空泵，是以轴流方式实现吸气和排气。

（二）真空泵的使用与维护

真空泵内部结构极为精密，工作条件要求较严，若使用保养不当，不仅会大大降低使用寿命，使其工作效率迅速遭致破坏，甚至会在短期内即无法继续工作。为延长泵的使用年限，提高其工作效能，在操作过程中，必须经常注意保养与维护工作。

①真空泵应安装在清洁干燥的地方，环境温度在15～40 ℃之间。安装前应将泵擦洗干净。与泵连接的管道不应小于泵的口径，管道长度应尽可能缩短，管道接头应尽可能减少。管道内壁应光滑清洁。

②被抽气体温度如果高于40 ℃时，应把气体冷至常温，如气体含有灰尘则应有以过滤。吸入有腐蚀性及与油起化学变化的气体时，应有气体吸收与中和装置。如含水蒸气过多，则应有去湿装置，以防把泵油弄脏。

③泵在使用前，先由排气口灌入真空油，并按主轴带轮上所标箭头方向用手旋转之，待油液至油标直径的3/4以上为止。

④泵在使用时，其带轮的旋转方向与所示箭头方向必须一致，因此在使用前，必须先将三角皮带卸下，接通电源，视电动机的旋转方向是否一致，如不一致，可改变电动机的接线位置。开动前，必须先用手将主轴带轮按箭头方向转动带轮几次，以排出泵室中的存油。或断续启动电源开关，使泵起始缓慢回转，待泵腔内存油排出后，才可进行正式连续运转。

⑤运转中油温不能超过75 ℃，也不能有异常的噪音及振动。在使用过程中应经常检查油液耗损情况，务须使油面经常保持在油标直径的3/4以上。

⑥泵在停转前，应先关闭通真空系统的阀门，或在进气口放入大气，以免泵内真空油在大气压力作用下倒吸进真空管道，造成不应有的损失。

⑦泵内真空油被灰尘或潮湿所污染，则必须更换新真空油。在一般情况下，每年更换一二次即可。换油时最好能进行一次真空泵清洗。

真空泵的清洗：旋开其放油螺丝，使污油放尽。从进气口注入一些清洁的煤油或汽油，同时用手将主轴带轮按箭头方向旋转数次，使泵体内零件得到一次清洗，然后放净污油，旋

紧其放油螺丝，重新灌入清洁的真空油。

⑧泵在不使用期间，应将进气口用橡皮塞套上，以防灰尘及杂物落入泵内，从而影响泵的使用寿命。

六、热量计

热量计又称测热器，是用来测定固体、液体等燃料热值的基本设备。在饲料分析或动物试验中常用来测定饲料、粪、尿等畜产品的发热值。

常用的热量计为氧弹式热量计，随着计算机技术的出现，热量计已和微机相连，所得数据经微机处理后可通过打印直接输出，大大加快了测热速度。尽管热量计的形式有所不同，但其测定原理都是通过热量体系的温度变化来测定被测物体燃烧时释放出的热量。下面以最基本的热量计 GR－3500 氧弹式热量计为例简要说明热量计的构造及使用。

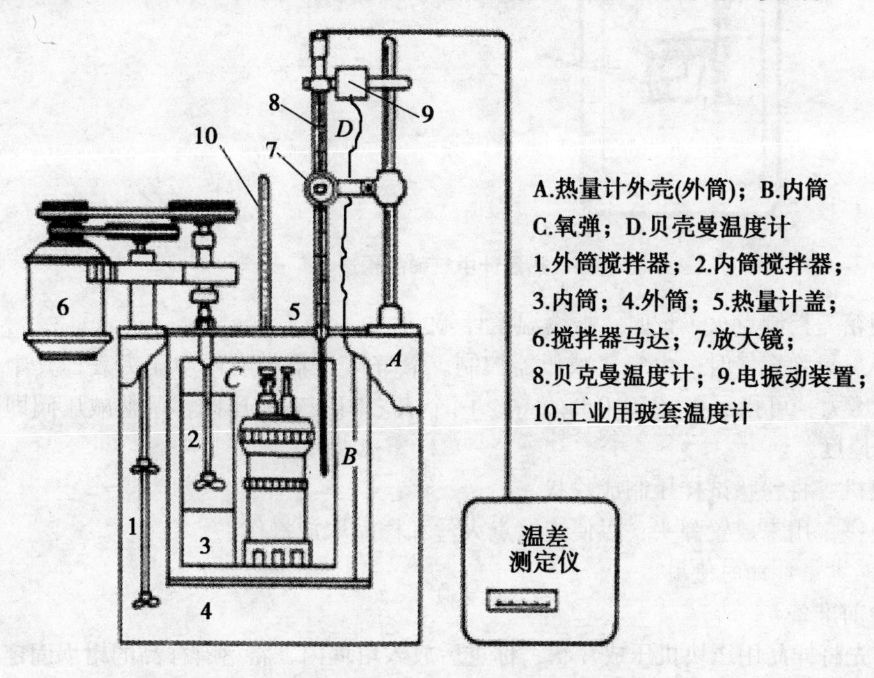

图 1－5　GR－3500 氧弹式热量计

（一）氧弹式热量计的构造

氧弹式热量计的构造如图 1－5 所示。

氧弹构造如图 1－6 所示。

氧弹式热量计是由热量计主体、控制箱、氧气减压器、压块机和弹头座五部分组成。

（1）热量计主体　由外壳、量热容器、搅拌装置、氧弹、温度计等组成，是测定发热量的主要部件。

（2）外壳　为双层铜制套筒，实验时充满水，形成隔热体系与外界环境的屏障。氧弹装入量热容器内，并加入一定量的水，用以吸收被测物体释放出的热量。量热容器和外壳内的水经搅拌装置搅拌，水温很快均匀一致。贝克曼温度计插入量热容器内，用来测定量热容器的温度变化，普通玻璃温度计插入外壳筒内测量外筒水温。另外配有电振动装置和放大镜来提高贝克曼温度计读数的准确性。

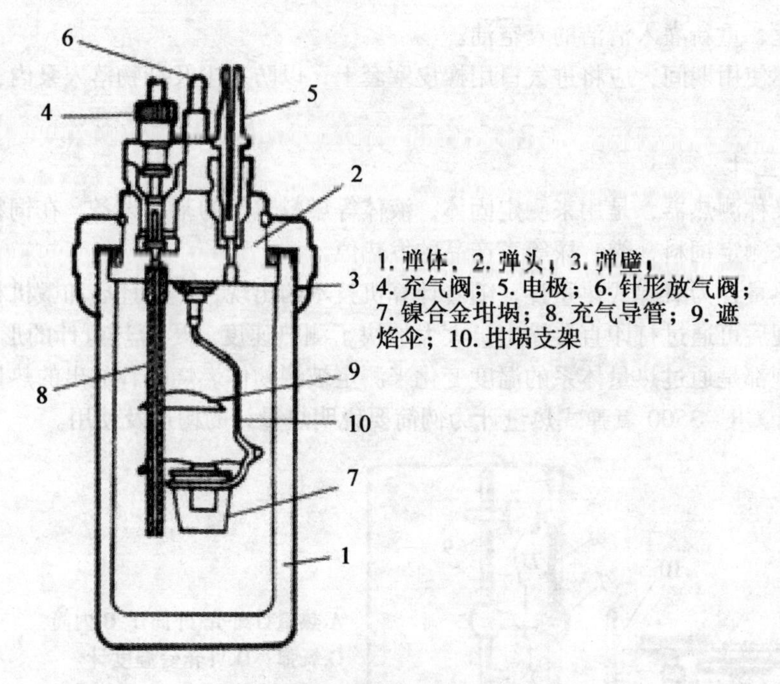

图 1-6　热量计中氧弹的构造

(3) 控制箱　控制点火、记时、振荡温度计等。

(4) 氧弹　氧弹充气时，由氧气减压器控制。氧气减压器带有两个压力表，其中一个指示氧气瓶内压力，可指示 0 ~ 250.0 kg/cm^2。两个表之间装有减压阀，调整减压阀即可调节氧弹的充气速度。

(5) 压块机　将粉状试样压制成片状。

(6) 弹头座　用来放置弹头，以便连接点火丝和样品取放操作。

(二) 氧弹式热量计的使用

(1) 实验前准备

①实验前先将样品用压块机压成片状，称重后放入坩埚内，将盛有样品的坩埚固定在氧弹头坩埚架上，再将一根点火丝的两端固定在两个电极上，点火丝的中段放在样本片上与样片充分接触。在氧弹中加入一定量的蒸馏水，将弹头盖拧紧。

②氧弹放入量热容器（内筒）中，加蒸馏水至氧弹进气阀螺帽高度约 2/3 处。每次加水量必须相同。

③内外筒水温应根据室温和外筒水温来调整。在测定开始时外筒水温与室温相差不得超过 0.5 ℃，内筒水温比外筒水温低 0.7 ~ 1.0 ℃。

④将贝克曼温度计插入内筒，使其水银球中心位于氧弹高度的 1/2 处。开动搅拌器，其转动速度使容器的水迅速混合，在 10.0 min 以内，以使内筒水温上升均匀，而水珠不溅出为限。仔细从放大镜中观察内筒水温上升情况，待温度上升均匀后开始读数，即初期每隔 1.0 min 读取一次，至前后读数恒定为止。

(2) 试样测热阶段　即主期。初期的最后一次读数即为主期第一次读数。按点火电钮（点火时的电压应根据引火线粗细在预试时确定，以在室内引火线发红而不断为宜），然后每半分钟读取一次，直到温度不再上升而开始下降为止，即转入末期。一般还需继续读取

10 次温度数，每 1.0 min 读取一次，以观察试验末期内外筒之间的热交换。

（3）停止观测温度后 关闭搅拌系统，取出贝克曼温度计并放好。取出氧弹，注意缓缓开放气阀，量出未燃完的引火线长度，计算其实际消耗的重量。随后仔细检查氧弹，如弹中有烟黑或未燃尽的试样微粒，此试验应作废。如果未发现这些情况，用蒸馏水洗涤弹内各部分，坩埚和进气阀，将全部洗弹液和坩埚中的物质收集在烧杯中，加盖在电炉加热煮沸，微沸 5.0 min，用标准氢氧化钠溶液滴定。记录标准氢氧化钠溶液消耗量，擦干氧弹内外表面和弹头盖，准备下一次试验。

（三）维修与保养注意事项

①氧弹、量热容器（内筒）、搅拌器等，在使用完毕后，应用干布擦去水迹，后用电热吹风机烘干，保持表面清洁干燥。外筒内的水应采用软水（蒸馏水），长期不用时，应将水倒掉。

②氧气减压器在使用前，必须用乙醚或其他有机溶剂将零件上的油垢清洗干净，以免在充氧时发生意外爆炸。氧弹和氧气减压器都应定期进行耐压试验，每年至少一次。

③仪器应装放在一间不受阳光直射的单独实验室内，最适宜温度为（20.0 ± 5.0）℃。有条件时安装空调，保证温度恒定。每次测定时，室温变化不得大于 1.0 ℃，禁止使用各种热源，如电炉、暖气等。

④凡氧弹及氧气通过的各个部件，各连接部分不允许有油污，不允许使用润滑油，若必须润滑时，可用少量甘油。

⑤坩埚在每次使用后，必须清洗和除去碳化物，并用纱布清除粘着的碳粒，并放入高温炉加热处理，在 600.0 ℃下灼烧 3 ~ 4 min，或电炉上烧灼 10.0 min，以便除去可燃物质及水分，放入干燥器中备用。

⑥氧弹是最易损坏的部件，经常会发生漏气现象，如进气阀垫圈损坏，杂质进入排气阀、针形阀螺母松脱等，应随时检查，更换垫片和针形阀。

第二节 实验室经常性准备工作及技能

一、实验室常用缓冲溶液的配制

实验室在进行分析工作之前，常常要做一些实验前的准备，这些实验的准备工作在饲料分析检验时常常要耗费一定的时间，但它对实验室的各项分析工作是很重要的，为缓冲溶液的配制（表 1 – 1）。

表 1 – 1 缓冲溶液的配制

缓冲溶液组成	pH 值	配制方法
一氯乙酸—NaOH	2.8	将 200.0 g 一氯乙酸溶于 200.0 ml 水中，加 NaOH 40.0 g 溶解后稀释至 1.0L。
甲酸—NaOH	3.7	将 95.0 g 甲酸和 40.0 g NaOH 溶于 500.0 ml 水中，稀释至 1.0L
NH_4Ac—HAc	4.5	将 77.0 g 干 NH_4Ac 溶于 200.0 ml 水中，加冰 HAc 59.0 ml，稀释至 1.0L

（续表 1-1）

缓冲溶液组成	pH 值	配制方法
NaAc—HAc	5.0	将 120.0 g 无水 NaAc 溶于水，加冰 HAc 60.0 ml，稀释至 1.0L
$(CH_2)_6N_4$—HCl	5.4	将 40.0 g 六次甲基四胺溶于 200.0 ml 水中，加浓 HD10.0 ml，稀释至 1.0L
NH_4Ac—HAc	6.0	将 600.0 gNH_4Ac 溶于水中，加 HAc 20.0 ml，稀释至 1.0L
NH_4Cl—NH_3	8.0	将 100.0 gNH_4Cl 溶于水中，加浓氨水 7.0 ml，稀释至 1.0L
NH_4Cl—NH_3	9.0	将 70.0 gNH_4Cl 溶于水中，加浓氨水 48 ml，稀释至 1.0L
NH_4Cl—NH_3	10.0	将 54.0 gNH_4Cl 溶于水中，加浓氨水 350.0 ml，稀释至 1.0L

二、实验室常用指示剂的配制

实验室常用指示剂的配制见表 1-2。

表 1-2　常用指示剂的配制

名称	变色 pH 范围	颜色变化	配制方法
百里酚蓝，0.1%	1.2～2.8 8.0～9.6	红—黄 黄—蓝	0.1 g 指示剂与 4.3 ml0.05 mol/L NaOH 溶液一起研匀，加水稀释至 100.0 ml
甲基橙，0.1%	3.1～4.4	红—黄	将 0.1 g 甲基橙溶于 100.0 ml 热水
溴酚蓝，0.1%	3.0～4.6	黄—紫蓝	0.1 g 溴酚蓝与 3.0 ml0.05 mol/L NaOH 溶液一起研匀，加水稀释至 100.0 ml
溴甲酚绿，0.1%	3.8～5.4	黄—蓝	0.1 g 指示剂与 2.0 ml0.5 mol/L NaOH 溶液一起研匀，加水稀释至 100.0 ml
甲基红，0.1%	4.8～6.0	红—黄	0.1 g 甲基红溶于 60.0 ml 乙醇，加水至 100.0 ml
中性红，0.1%	6.8～8.0	红—黄橙	0.1 g 中性红溶于 60.0 ml 乙醇，加水至 100.0 ml
酚酞，1.0%	8.2～10.0	无色—淡红	1.0 g 酚酞溶于 90.0 ml 乙醇，加水至 100.0 ml
百里酚酞，0.1%	9.4～10.6	无色—蓝色	0.1 g 百里酚酞溶于 90.0 ml 乙醇，加水至 100.0 ml
茜素黄 R，0.1% 混合指示剂	10.1～12.1	黄—紫	0.1 g 茜素黄 R 溶于 100.0 ml 水中
甲基红—溴甲酚绿	5.1（灰）	红—绿	3 份 0.1% 溴甲酚绿乙醇溶液与 1 份 0.2% 甲基红乙醇溶液混匀
百里酚酞—茜素黄 R	10.2	黄—紫	0.1 g 茜素黄 R 和 0.2 g 百里酚酞溶于 100.0 ml 乙醇中
甲酚红—百里酚蓝	8.3	黄—紫	1 份 0.1% 的甲酚红钠盐水溶液与 3 份 0.1% 百里酚蓝钠盐水溶液混匀

三、实验室常用洗液的配制

（一）重铬酸钾洗液

（1）配制方法　称取 20.0g 工业 $K_2Cr_2O_7$ 置于 40.0 ml 水中加热溶解，冷却后缓慢加入

360.0 ml 工业用浓 H_2SO_4，边加边用玻璃棒搅拌。配好冷却后，装入细口瓶中备用。

新配制的洗液呈暗红色，用至黑绿色时失效，可加入浓 H_2SO_4 将 Cr^{3+} 氧化后再用。

（2）用途　用于洗涤被有机物严重污染的器皿和不易清洗或不能直接刷洗的玻璃仪器，如吸管、容量瓶、比色杯、凯氏瓶等。

（3）注意事项

①铬酸洗液具有强腐蚀性和毒性，防止烧伤皮肤，损坏衣服，绝对不能用口吸。

②被洗涤的物品最好是干的，以免被稀释降低效率。

③用后倒回原瓶，反复使用至黑绿色为止。

（二）碱性高锰酸钾洗液

（1）配制方法

①将 4.0 g $KMnO_4$ 溶于少量水中，加入 10.0% NaOH 溶液至 100.0 ml。

②将 4.0 g $KMnO_4$ 溶于 80.0 ml 水中，再加入 50.0% NaOH 溶液至 100.0 ml。

③将 4.0 g $KMnO_4$ 溶于少量水，加入 10.0 g NaOH，再加水至 100.0 ml。

（2）用途　用于洗涤被油或有机物玷污的器皿。

（3）注意事项

①洗后的器皿上如残留有 MnO_2 沉淀物，可用盐酸或草酸洗液洗涤。

②洗液不应在所洗的器皿中长期存留。

（三）草酸洗液

（1）配制方法　取 5.0 ~ 10.0 g 草酸溶于 100.0 ml 水中，加入少量浓硫酸。

（2）用途　用于洗涤 $KMnO_4$ 洗液洗涤后在玻璃器皿上产生的 MnO_2 污迹。

（3）注意事项　必要时可加热使用。

（四）碘—碘化钾洗液

（1）配制方法　取 1.0 g I_2 和 2.0 g KI 溶于水中，用水稀释至 100.0 ml。

（2）用途　用于洗涤 $AgNO_3$ 的褐色污物。

（五）碱性乙醇洗液

（1）配制方法　取 6.0 gNaOH 溶于水中，加 50.0 ml 95.0% 乙醇。

（2）用途　用于洗涤被油脂或有机物玷污的器皿。

（3）注意事项

①洗液储于胶塞瓶中，不宜久存，易失效。

②防止挥发和着火。

（六）HNO_3 - 乙醇洗液

（1）配制方法　使用时配制，先在滴定管中加入 3.0 ml 乙醇，沿壁加入 4.0 ml 浓硝酸，用小表面皿或小滴管帽盖住滴定管上端。让溶液在管中保留一段时间。

（2）用途　用于洗涤被油脂或有机物玷污的酸式滴定管。

（3）注意事项　防止烧伤皮肤和着火。

（七）盐酸 - 乙醇洗液

（1）配制方法　2 体积乙醇中加入 1 体积盐酸混匀。

（2）用途　用于洗涤染有颜色的有机物的比色皿。

（3）注意事项　注意防火。

(八) 1∶1 盐酸洗液

(1) 配制方法　量取一定体积的浓盐酸，加同体积的水，混匀。

(2) 用途　用于洗刷沾有碱性物质及大多数无机物残渣的玻璃器皿。

四、容量器的使用和标定

实验目的

掌握滴定管、移液管和容量瓶的使用方法，学会滴定管、移液管和容量瓶的校正方法。

(一) 原理

容量分析中常应用各种容量器，如滴定管、移液管和容量瓶。容量器是衡量溶液体积的，准确与否直接影响实验结果，容量器上虽有刻度，但为了检查刻度的准确性，有必要将容量器经过精密的校正，以保证容量分析结果的可靠性。在谈到分析误差时曾涉及产生误差的原因有偶然和系统误差，其中系统误差可经容量器的校正而减小或消除。另外容量器的刻度在制造过程中，它的容量一般都是在 20 ℃时的容量。实际工作中环境温度常常低于 20 ℃或高于 20 ℃。所以在具体的环境温度下，我们要得到分析结果的准确性和可靠性，就有必要对容量进行精密校正。严格的来说实验室所使用的容量器都应进行标定，尤其在容量分析中就显得更为突出，特别是对使用试剂的标定还是不够的，即使我们试剂配制的浓度十分准确，而使用的容量器不准确，得出的结果还是会直接影响分析结果。因而，我们必须对试剂十分准确配制的同时，对量取溶液体积的一些常用仪器还应进行校正，以保证分析结果的可靠性。

(二) 仪器名称及药品需要量

①温度计：100.0 ℃　1 支。

②酸式滴定管：50.0（或 25.0）ml　1 支。

③碱式滴定管：50.0（或 25.0）ml　1 支。

④带玻塞三角瓶（碘瓶）：500.0 ml　1 只。

⑤移液管：100.0（或 50.0、25.0、20.0 、10.0）ml　各 1 支。

⑥容量瓶：100.0（或 50.0、25.0、10.0）ml　各 1 只。

⑦坐标纸：1 张

⑧凡士林：若干。

(三) 滴定管的使用与标定

1. 滴定管的使用

(1) 滴定管的种类　滴定管有酸式和碱式两种，酸式滴定管下端具有玻璃活塞，开启活塞，酸液即由管内流出；碱式滴定管下端用橡胶管连接 1 支尖嘴玻璃管，橡胶管内装有玻璃珠，用拇指和食指轻轻挤压玻璃珠处的橡胶管，管内形成一条缝隙，溶液即由玻璃管尖嘴中滴出。

(2) 滴定管的准备　滴定管的洗刷可用洗液浸泡，碱式滴定管下端的橡胶管需先除去，塞上软木塞，再加上洗液浸泡。

酸式滴定管洗液浸泡后用普通水冲洗干净，取下活塞，用滤纸把活塞及活塞套擦干，然后在活塞上均匀的涂上一薄层凡士林（注意凡士林不可堵住活塞孔径），再将活塞套好，旋转活塞使凡士林均匀的涂在磨口上，加蒸馏水检查是否漏水（若漏水须重新涂凡士林），若不漏水，用少量的蒸馏水冲洗 3 次。

碱式滴定管用水洗净后，连接橡胶管及尖嘴玻管，再用少量的蒸馏水冲洗3次。

无论酸式或碱式滴定管都必须用本次使用的少量标准溶液冲洗3次后，加满本标准溶液调至刻度0点方可使用。

（3）读数　常用滴定管容量为50.0 ml和25.0 ml或2 500.0 ml自定容滴定管，每1个大刻度为1.0 ml，每1小刻度为0.1 ml，每小刻度间还可以估读出0.05 ml。滴定管中液面位置的读数可以读到小数点后第二位，读数时滴定管要保持垂直（读数时将滴定管由固定夹中取下，拿于拇指、食指间，保持自然垂直）视线应与管内液体弯月面（或蓝白相交点面）保持水平。

（4）操作　滴定时用左手控制活塞，右手持三角瓶或玻棒，滴定管尖端略伸入瓶口或杯口，并不断摇动三角瓶或玻棒搅动溶液，使溶液混合均匀，滴定时液体滴入的速度不可过快（每秒钟滴出3~4滴为宜），不应成液柱状流下，以免溶液来不及向管壁流下而造成读数误差。滴定快到终点时，滴定的速度要减缓，悬挂在滴定管尖端的液滴必须用瓶壁去接触使之落下，并用瓶中溶液冲下，为了更好地判别终点颜色的改变应把三角瓶或烧杯置于白色滴定台上观察。

实验完毕后，倒去剩余试剂。用蒸馏水冲洗滴定管，然后装满蒸馏水，并套上一纸套或玻璃试管，以免尘埃落入。

2. 滴定管的校正

（1）校正方法

①将一个50.0 ml具有玻塞的三角瓶洗净、烘干，冷却至室温，置分析天平称准至0.01 g，并记录其重量。

②用室温蒸馏水装满1支50.0 ml酸式或碱式滴定管。

③记录蒸馏水温度。

④记录滴定管溶液的起点。

⑤将三角瓶置于滴定管下，准确放出10.0 ml蒸馏水于具有玻塞的三角瓶中，使滴定管尖与三角瓶内壁接触，收集管尖的余滴（由滴定管放下的液体量，不必恰好10.0 ml，可在9.9~10.1 ml范围），放水后待1.0 min，精确读所取容量，并记录。

⑥加上玻塞，立即称瓶与水的重量，称准至0.01 g，并记录。

⑦在同一三角瓶中由滴定管再放入10.0 ml蒸馏水（自滴定管的10.0 ml放至20.0 ml）加玻塞，再称瓶水重。

⑧如此进行直至滴定管内的水放至50.0 ml为止。

⑨重复步骤（①~⑧），同天校正2次。

（2）测定结果　记录和计算见表1-3。

表1-3　滴定管校正表　（查水温24 ℃，每毫升水重0.997 3 g）

滴定管读取数（ml）	读取容量（ml）	瓶与水重（g）	水重（g）	真实容量（ml）	计算校正数（ml）	总校正数（ml）
0		36.42				
10	10	46.37	9.95	9.98	-0.02	-0.02
20	10	56.34	9.97	10	0	-0.02

（续表 1-3）

滴定管读取数（ml）	读取容量（ml）	瓶与水重（g）	水重（g）	真实容量（ml）	计算校正数（ml）	总校正数（ml）
30	10	66.31	9.97	10	0	-0.02
40	10	76.27	9.96	9.99	-0.01	-0.03
50	10	86.24	9.97	10	0	-0.03

在计算水的真实容量时，先查水在不同温度时的比重（密度）；例如水在 24 ℃时，水的比重为 0.997 3，将水重除以水的比重，即得出水的真实容量。（如表中第二行 9.97/0.997 3 = 10.00），由 2 次所得校正数的平均数，计算每 10.0 ml 容量的校正数。然后将 10.0 ml、20.0 ml、30.0 ml、40.0 ml、50.0 ml 刻度处的总校正数列表。例如：表中 1.0 ~ 10.0 ml 之间总校正数为 -0.02；0 ~ 20.0 ml 之间总校正数为 -0.02；0 ~ 30.0 ml 之间总校正数为 -0.02；0 ~ 40.0 ml 之间总校正数为 -0.03；0 ~ 50.0 ml 之间总校正数为 -0.03。

（四）移液管的使用与校正

1. 移液管的使用

移液管是用来准确移取一定体积的液体，移液管的规格有 200.0 ml、100.0 ml、50.0 ml、25.0 ml、20.0 ml、15.0 ml、10.0 ml、5.0 ml、2.0 ml、1.0 ml。

移液管洗涤时先将不干净的移液管用自来水冲洗，而后泡浸在洗液中；再用普通水冲洗，最后用洗瓶用少量蒸馏水冲洗移液管数次。用洁净的滤纸吸干移液管尖端内外的水。移液管量取溶液时，将移液管的尖嘴伸入要移取的溶液中，用吸耳球吸取溶液吸到刻度以上，迅速用食指按住管口，然后与视线平行观察刻度，稍稍放松食指让刻度以上的溶液流出，当溶液的弯月面与刻度在同一水平位置时，即用食指按紧管口，拿出移液管液面以上，尖嘴接触溶液瓶内壁使尖嘴余液流出。然后将移液管移入接收瓶，尖端靠在内壁上，放松食指，让液体自由流出，液体流出后约 15s，将移液管拿开，此时移液管尖端尚余少量液体，不要吹入接收瓶，因为移液管上所标体积系放出溶液体积。倘若移取的是标准溶液，在量取时需先吸取少量的该溶液冲洗 3 次，然后方可量取该溶液。

在吸取溶液时，要注意不可带进气泡。移液管尖端外壁的液体在量取溶液前要用清洁的滤纸擦干，以免影响被吸取溶液的浓度的准确度或被污染。若吸取浓酸、有毒或有嗅及易挥发溶液时，切不可用嘴直接吸取，要用吸耳球或连接一根橡胶管吸取。

2. 移液管的校正

①将具有玻塞的 1 个 50.0 ml 三角瓶洗净烘干，置分析天平称至误差 <0.01 g。

②取 10.0 ml 移液管一支吸取 10.0 ml 蒸馏水放入已知重量的三角瓶中，盖上玻塞，并称取瓶与水重至误差 <0.01 g。

③测量蒸馏水的温度，并查出水的比重（密度）。

④根据 10.0 ml 水的重量与水的比重，计算出水的真实容量，如果小于 10.0 ml，例如为 9.5 ml，即意味着正确的 10.0 ml 容量的刻度应在移液管原刻度的上面，若大于 10.0 ml，即意味着正确的 10.0 ml 容量的刻度应在移液管原有刻度的下面。

⑤用坐标纸、小纸条贴在移液管的原刻度上下，再用该移液管吸取水液，使水达到原刻度以上一定数量的方格纸上（如 10 小格，用铅笔画一道）或使水达到原刻度以下一定数量

的方格纸上（如10小格，用铅笔画一道）。

⑥按上述步骤，称出吸取水液的重量、再计算出水液的重量，得出真实容量必定大于10.0 ml（或小于10.0 ml），例如计算出真实容量为10.5 ml。

⑦根据④、⑤、⑥得出水液的真实容量，即可得知方格纸条上每1小格等于0.1 ml（10.5 - 9.5 = 1.0，该2个读数的差等于方格纸上10小格的距离，每1小格的距离即等于0.1 ml水），由此说明该移液管的真实10.0 ml容量的刻度应在移液管的刻度上端5小格的位置，在该处用刻字笔或氢氟酸划一刻度，表明10.0 ml水的准确容量。

⑧在步骤④中如果计算出水的真实容量大于10.0 ml，例如为10.5 ml，即意味着正确的10.0 ml容量的刻度应在移液管原有刻度的下面，因此再用该移液管吸取水液，使水达到一定数量的方格纸上，重复⑥、⑦，确定10.0 ml的准确容量。各种规格的移液管都可以此方法校正。

（五）容量瓶的使用与校正

1. 容量瓶的使用

容量瓶是准确配制一定体积溶液的容器，瓶颈的上端有一条刻度，刻度以下瓶内能容纳的体积为瓶上标明的体积，故容量瓶上的刻度是“盛容量”刻度，而不是“倾出量”刻度。如瓶颈上有2个刻度者，上刻度表示“顷出量”，下刻度表示“盛容量”。容量瓶有2 000.0 ml、1 000.0 ml、500.0 ml、250.0 ml、200.0 ml、100.0 ml、50.0 ml、25.0 ml、10.0 ml等。

容量瓶需先用普通水冲洗以后，再用洗液浸泡，洗后洗液倒回原瓶，用水冲洗多次，再用少量蒸馏水洗涤3次，即可用它配制溶液，配制溶液时，先将溶质称好放在烧杯中溶解，倒入容量瓶中，再用少量蒸馏水反复冲洗烧杯数次，每次冲洗液一并倒入容量瓶中，待溶液冷却至室温，加蒸馏水至刻度在同一水平为止（此为定容）绝不能加水超过刻度，若加水过量，则说不清溶液的体积究竟是多少，该溶液将不能做定量分析实验。定容后的溶液反复摇匀，随即转入试剂瓶，盖好瓶塞，贴上标签备用。

2. 容量瓶的校正

①将100.0 ml的容量瓶洗净烘干。

②由已校正好的50.0 ml滴定管或100.0 ml移液管中准确放入100.0 ml蒸馏水。

③用刻字笔在容量瓶颈部在100.0 ml弯月面处画1刻度（该刻度可能高于或低于瓶颈上的原刻度）。

（六）容量器允许误差限度

一般分析工作，所用容量器在下列误差限度内可接受。

1. 滴定管与移液管

容量（ml）	误差限度（ml）
5.0	±0.01
10.0	±0.02
25.0	±0.03
50.0	±0.05
100.0	±0.08

2. 容量瓶

容量（ml）	盛容误差量（ml）
25.0	±0.03
50.0	±0.05
100.0	±0.08
250.0	±0.11
500.0	±0.15
1 000.0	±0.30

五、常用玻璃器皿的洗涤

应用于分析工作的器皿在进行分析工作前必须将所需器皿仔细的洗净，洗净的器皿，它的内壁应能被水均匀润湿而无条纹及水珠。

一般玻璃器皿，烧杯或三角瓶的洗涤可用刷子蘸肥皂液或合成洗涤剂刷洗，刷洗后再用自来水冲净，若仍有油污可用铬酸洗涤液浸泡；先将洗涤器皿内的水液倒尽，再将洗涤液倒入预洗涤的器皿中浸泡数分钟至数十分钟，如将洗涤液预先加热则效果更好。洗涤液对那些不易用刷子刷到的器皿进行洗涤更为方便。

滴定管如无明显油污的，可直接用自来水冲洗，再用滴定管刷蘸洗涤剂刷洗。若有油污等污物可倒入铬酸洗液，把滴定管横过来，两手平端滴定管转动直至洗液布满全管。碱式滴定管则应先将橡胶管卸下，滴管头尖端用小软木塞塞闭或用橡胶管夹一个弹簧夹，然后再倒入洗液洗涤，污物严重的滴定管可直接倒入铬酸洗涤液浸泡数小时后再用水洗涤。

容量瓶用水冲洗后，还不干净者，可加入洗涤液摇动或浸泡，再用水冲洗干净，但不得使用瓶刷刷洗。

移液管吸取洗涤液进行洗涤，污染严重则放入高型玻璃筒或大量筒内用洗涤液浸泡，再用水冲洗干净。

上述仪器洗好后，将用过的洗涤液仍倒回原瓶贮存备用，器皿用自来水冲洗干净，再用少量蒸馏水冲洗 3 次，方可使用。

洗净的滴定管、容量瓶、移液管、刻度吸管等装水后弯月面正常。

灼烧过沉淀的瓷坩埚，有时壁上有氧化物的污物，可先用 1 : 1 热 HCl 洗涤，然后再用铬酸洗液洗涤或先将被洗涤瓷坩埚盛入一大烧杯，加 1 : 1HCl 煮沸一段时间，然后再洗涤。

一些曾使用过 $KMnO_4$ 的容器在器皿上留有二氧化锰等污物，可用硫酸亚铁酸性溶液或草酸及盐酸洗涤液洗涤。

测定脂肪的器皿和油脂污物严重的器皿，可用浓减溶液（30.0% ~40.0%）或用碱醇液浸泡洗涤。

六、回收实验

（一）实验目的

掌握回收实验的原理、方法，并能对试剂、废液进行回收。

在分析实验中，所得结果不免有些误差，误差是测定结果与真实数值间的差别。实验室的误差可分为相同误差和偶然误差，前者包括由于仪器不够准确所引起的仪器误差；由于试剂所含杂质而引起的试剂误差；由于方法本身引起的方法误差；由于很难避免的操作误差或操作者主观因素引起的个体误差。后者则是由于不固定的多种可变原因而造成，分析工作中

误差越小，分析结果将越接近真实值，为了检查工作的准确度，可进行收回实验。收回实验一是检查仪器安装、调试准确与否；二是检查各项操作的准确性；三是对一些试剂、药品的回收再利用，在实验准确的前提下，降低实验成本。一般要求物质的回收率为95.0%～105.0%。

（二）方法与步骤

1. 仪器安装调试准确性检查

以定氮仪的检查为例，在定氮前的蒸馏器须先做检查，其方法系吸取5.0 ml 0.01 mol/L硫酸铵标准液，加入蒸馏器的反应室中，再加入饱和NaOH溶液，然后进行蒸馏定氮，操作过程同样品消化液定氮。滴定硫酸铵蒸馏液所需的0.01 mol/L HCl标准液耗量减去空白（用5.0 ml蒸馏水代替硫酸铵标准液进行蒸馏所消耗0.01 mol/L HCl标准液）应为5.0 ml，则该蒸馏装置才合乎使用标准。若低于5.0 ml说明该装置磨口密封处存在问题，需要重新调试装置，然后再测试，至符合使用标准。

2. 回收实验

以总磷测定简述回收实验。

①精确在分析天平称取于测定样品0.5000 g，共称6份，分别编号1、2、3、4、5、6、1、2、3按样品消化法进行消化；4、5、6分别加一定量的磷酸标准溶液（如10.0 ml，相当于100.0μg的磷），以同样的方法消化。

②以磷的比色测定法分别测出上述6个测定的磷含量。

③按下列公式计算磷的收回率：

$$磷的收回率（\%）=\frac{样品与标准磷酸液中磷量-样品中磷量}{所加入磷量}\times 100$$

3. 氧化镁的回收

氧化镁适宜于胡萝卜素的测定中作为吸附剂，用过的MgO可收回再利用，其收回方法是，胡萝卜素测定完毕后，抽干层离管中MgO残存的溶剂，然后将层离管置60.0～70.0 ℃干燥箱中烘干，烘干时打开干燥箱门使溶剂气体逸出，待残余溶剂气体全部逸出后，再以100.0 ℃烘干数小时。冷却后将层离管中上层的无水硫酸钠层倒出弃去，将下层MgO柱倒入烧杯中。MgO通过80.0～120.0目筛，并在800.0～900.0 ℃高温炉中灼烧3h，即可恢复其吸附力，冷却至室温，即可装瓶放置干燥处备用。

4. 石棉的回收

实验室常用酸洗石棉用过后可收回处理、再利用。

（1）石棉的制备　将酸洗石棉铺薄层于瓷蒸发皿中，放入600.0 ℃高温炉中灼烧16h，冷却至室温后放入烧杯中，用1.25% H_2SO_4 浸没石棉，煮沸30.0 min，过滤并用蒸馏水洗净至中性，再用1.25% NaOH煮沸30.0 min，过滤，用蒸馏水洗至中性，烘干，置600.0 ℃高温炉中灼烧2h，烧去有机物。石棉经酸、碱处理后，空白实验粗纤维含量极微（约每克石棉中不大于1.0 mg）。

（2）用后石棉的处理　用后石棉含有大量的无机物杂质和灰分，可将石棉放入一大烧杯中加入自来水反复漂洗，每次加水后用玻棒搅动石棉呈悬浮液，稍后倾去混浊的液体，漂洗后可将石棉置20目分样筛内用水冲洗石棉，至筛孔流出的液体无混浊，然后用蒸馏水冲洗至中性，将石棉烘干，置600.0 ℃高温炉中灼烧2h，冷却至室温后装瓶备用。

5. 石油醚回收

石油醚是易挥发的有机溶剂，用后可随时装瓶待回收。

（1）蒸馏装置　可用 3 000.0 ml 的三角瓶或 2 000.0 ml 的平底烧瓶上加冷凝管，两端用软木塞连接，蒸馏瓶软木塞加 1 支温度计，根据收回石油醚的沸点以电热板控温。

（2）石油醚的洗涤　将待回收的石油醚倒入分液漏斗中，加蒸馏水约达分液漏斗的 2/3 处，摇动分液漏斗，使石油醚和水充分混合，然后静置分层，使可溶于水的丙酮及杂质于分液漏斗的下层，然后放出水液层弃去，反复冲洗数次，使水液层清澈透明为止，弃去水液层，将石油醚倒入蒸馏瓶。

（3）蒸馏　在蒸馏瓶中加少许的无水硫酸钠，以脱去石油醚的残留水分，置电热板控温蒸馏。以洗净烘干的瓶于冷凝管尖端接收回石油醚。收回的石油醚，装瓶，贴上标签，注明石油醚的沸点。

第二章　饲料检测常用化学试剂配制

第一节　摩尔浓度标准溶液的配制

操作方法

实验室分析最常用的标准溶液有盐酸、硫酸、氢氧化钠等。用“mol/L”表示。

（一）粗溶液的配制

标准溶液配制前先配制大概浓度的粗溶液，放置一段时间后，用基准试剂再标定出准确浓度，然后根据使用情况，再稀释成所需浓度的标准溶液。

1. 粗配制 1.0 mol/L NaOH 粗溶液的 2 000.0 ml

用粗天平称取分析纯 NaOH 80.0 g 于 500.0 ml 烧杯中（固体 NaOH 易吸水，称取量可略大于理论计算值），加蒸馏水溶解。转移至 2 000.0 ml 容量瓶，用蒸馏水反复冲洗烧杯，洗液倾倒入容量瓶，再用蒸馏水稀释至刻度，待完全冷却后，定容至刻度，摇匀，转移至 2 000.0 ml 试剂瓶，待标定。标定前如溶液底层有 Na_2CO_3 沉淀，可用玻璃丝过滤除去杂质。

2. 粗配制 1.0 mol/L H_2SO_4 2 000.0 ml

先计算：H_2SO_4 的摩尔数为 98.0，1.0 mol/L H_2SO_4 2 000.0 ml 需要 196.0 g H_2SO_4，先用 H_2SO_4 含量 96.0% ~98.0% ×1.84（比重）求出每毫升 96.0% H_2SO_4 所含纯 H_2SO_4 的量。计算时按较低浓度为依据。

96.0% ×1.84 =1.776 4（1.776 4 为每毫升 96.0% H_2SO_4 折合纯 H_2SO_4 的质量）。

196.0 ÷1.776 4 =110.34（110.34 为 96.0% H_2SO_4 的取量毫升数）。

用洁净的量筒取 96.0% H_2SO_4 的 110.34 ml，缓缓地倒入已装部分蒸馏水的 2 000.00 ml 的容量瓶，用蒸馏水冲洗量筒数次，洗液倾倒入容量瓶，再加水至容量瓶刻度，待溶液完全冷却至室温后，再用蒸馏水定容至刻度，摇匀，转移至 2 000.0 ml 试剂瓶，待标定。

（二）NaOH 标准溶液的标定

NaOH 溶液可用邻苯二钾酸氢钾（$KHC_8H_4O_4$）进行标定，用酚酞作指示剂，其反应式如下：

$$NaOH + KHC_8H_4O_4 \longrightarrow NaKC_8H_4O_4 + H_2O$$

取邻苯二钾酸氢钾（优级纯），先将邻苯二钾酸氢钾放入 1 个洁净烘干的称样皿，放入 100 ~105 ℃烘箱烘 1 ~2 h，干燥器冷却 30.0 min，分别称 3 份，准确称取 0.5 ~1.0 g（称准至 0.000 1 g）左右，放入 250.0 ml 烧杯或三角瓶中，加 50.0 ml 蒸馏水加热溶解。冷却后滴入 2 滴酚酞指示剂，用粗 NaOH 标准溶液滴定至微红色，半分钟内不褪色，即为终点。3 份测定的相对平均偏差应小于 0.1%，否则应重复测定。

NaOH 浓度计算：

$$C_{NaOH}=\frac{m_i}{V_{NaOH}\times 0.204\,2}$$

其中：C_{NaOH}—待测 NaOH 溶液的量浓度；

m_i—第 i 次称取的基准物的质量（i=1，2，3）；

V_{NaOH}—所耗 NaOH 溶液的体积；

0.204 2—基准物摩尔质量。

（三）H_2SO_4 标准溶液的标定

分别取 3 个 250.0 ml 烧杯或 3 个 150.0 ml 三角瓶洗干净，用蒸馏水冲洗 3 次。取 1 支 25.0 ml 移液管用粗硫酸溶液冲洗 3 次。可取粗硫酸溶液冲洗 1 个 150.0 ml 烧杯 3 次，再用此烧杯量取少量的硫酸溶液冲洗移液管 3 次，准确吸取 25.0 ml 粗硫酸溶液分别于 3 个 250.0 ml 烧杯或 3 个 150.0 ml 三角瓶，分别加甲基橙指示剂 2 滴。

取 1 支碱式滴定管洗净，蒸馏水冲洗 3 次。取 1 个小烧杯洗净，用蒸馏水冲洗 3 次，再用已标定出准确浓度的 NaOH 冲洗 3 次，该烧杯即可取用 NaOH 溶液。用烧杯中的标准 NaOH 溶液冲洗碱式滴定管 3 次，每次约 10.0 ml，冲洗后加满 NaOH 溶液，调整好零点。

用已标定准确浓度的 NaOH 滴定酸溶液，一边滴定，一边搅拌。滴定至溶液由红色变为黄色为止。记录碱液用量。

H_2SO_4 浓度计算：

$$C_{H_2SO_4}=\frac{C_{NaOH}\times V_{NaOH}}{V_{H_2SO_4}}$$

其中：$C_{H_2SO_4}$—待测 H_2SO_4 溶液的浓度；

C_{NaOH}—标准 NaOH 的浓度；

V_{NaOH}—标准 NaOH 的耗量；

$V_{H_2SO_4}$—待标定 H_2SO_4 溶液的体积；

两次滴定结果相差，不得大于 1/1 000。

（四）标准溶液的稀释

一般情况下，粗溶液标定出准确浓度后，并非实验所需浓度，在使用之前要进行稀释，配制出所需标准溶液，可以用溶液稀释公式计算出任意浓度溶液，常用溶液稀释公式为：

$$C_1\times V_1=C_2\times V_2$$

其中：C_1—浓溶液的浓度

V_1—浓溶液的体积

C_2—稀溶液的浓度

V_2—稀溶液的体积

如：将 1.020 4 mol/L 的 NaOH 溶液稀释为 0.200 0 mol/L 溶液 500.0 ml。

1. 计算

先计算出所需 1.020 4 mol/L NaOH 溶液体积

$$1.020\,4_{NaOH}\times V_1=0.200\,0_{NaOH}\times 500.0$$

$$V_1=\frac{0.200\,0\times 500.0}{1.020\,4}=98.00$$

准确量取 98.00 ml 1.020 4 mol/L 的 NaOH 溶液稀释至 500.0 ml 即可。

2. 稀释

洗净一个 500. 0 ml 的容量瓶，用蒸馏水冲洗至少 3 次，另取 20. 0 ml 的移液管 1 支，10. 0 ml 刻度吸管 1 支，洗净后，用蒸馏水至少冲洗 3 次，再取 1 只小烧杯洗净，用蒸馏水至少冲洗 3 次，该烧杯用少量的 1. 020 4 mol/L 的 NaOH 溶液至少冲洗 3 次。然后再用烧杯盛取 1. 020 4 mol/L 的 NaOH 溶液，用该烧杯中的 1. 020 4 mol/L 的 NaOH 溶液冲洗 20. 0 ml 移液管和 10. 0 ml 刻度吸管至少 3 次。用 20. 0 ml 移液管准确的量取 1. 020 4 mol/L 的 NaOH 溶液 4 次，分别加入 500. 0 ml 的容量瓶，再用 10. 0 ml 刻度吸管量取 10. 0 ml 1. 020 4 mol/L 的 NaOH 溶液 1 次，加入 500. 0 ml 的容量瓶，再用 10. 0 ml 刻度吸管量取 8. 0 ml 1. 020 4 mol/L 的 NaOH 溶液，加入 500. 0 ml 的容量瓶，在 500. 0 ml 容量瓶中加蒸馏水至刻度，摇匀，转移到 500. 0 ml 试剂瓶中，该试剂瓶洗净，用蒸馏水至少冲洗 3 次，再用稀释好的 0. 200 0 mol/L NaOH 标准溶液冲洗至少 3 次，该试剂瓶方可盛标准溶液，然后贴上试剂标签。

【练习与思考】

（1）所有试剂的配制过程中所需的各种烧杯、移液管、量筒、容量瓶、滴定管、玻棒等玻璃器具均洗干净，用蒸馏水冲洗不少于 3 次，取量标准溶液的用具，还必须用该浓度的标准溶液冲洗不少于 3 次。冲洗后方可使用，保证任何环节标准溶液的浓度不变。

（2）标准溶液的配制因为要用基准试剂标定，不一定要用优级纯试剂，一般分析纯即可。

（3）各种试剂均有优级纯、分析纯、化学纯 3 个等级，可根据分析精度和要求选用，既保证分析结果的准确性，又要保证分析工作的成本。

（4）各种试剂不同程度的有腐蚀性、刺激性气味，要在通风橱内操作。同时注意自己和他人的安全，遵循国家化学试剂使用的安全相关规定。

第二节　百分浓度溶液的配制

操作方法

分析工作中百分浓度溶液是最常用的试剂，百分浓度溶液有 2 种，有重量百分浓度和体积百分浓度。常用试剂有液体和固体，分别举例说明。

（一）重量百分浓度溶液配制

1. 液体试剂

硫酸、盐酸、氢氧化氨等，都有含量标志，百分之多少到百分之多少（如硫酸是 96. 0% ~98. 0%）和比重，配制溶液时常取较低含量值。用含量 × 比重 = 每毫升物质的质量，如：配制 10. 0% 的 H_2SO_4 溶液 200. 0 ml。

200. 0 ml 10. 0% 的 H_2SO_4 溶液，需要 H_2SO_4 的质量 20. 0 g。

96. 0% ×1. 84 =1. 776 4（1. 776 4 为每毫升 96. 0% H_2SO_4 含纯 H_2SO_4 的质量）。

20. 0 ÷1. 776 4 =11. 26（11. 26 为 96. 0% H_2SO_4 的取量毫升数）。

用洗干净的量筒量取 11. 26 ml 浓硫酸，加入一支已装有 150. 0 ml 蒸馏水的容量瓶中，再加蒸馏水至容量瓶的刻度，完全冷却至室温，再用蒸馏水准确定容至刻度，摇匀，转移至试剂瓶，该试剂瓶用配制的溶液冲洗3次。贴上标签即可。所有的液体试剂均可用此方法配制。

2. 固体试剂

固体试剂均有含量，配制方法如下。

如：配制20.0%的NaOH溶液500.0 ml。NaOH的含量为98.0%。

500.0 ml 20.0%的NaOH溶液，需要NaOH的质量100.0 g。

用100.0 ÷ 0.98 = 102.04 g（98.0% NaOH称取的质量数）。

用粗天平称取固体NaOH 102.04 g于1只500.0 ml烧杯，加少量蒸馏水多次溶解，溶液分别转移至1只500.0 ml容量瓶，注意溶解NaOH的蒸馏水不得超过500.0 ml，NaOH完全溶解后，溶液全部转移于容量瓶，再用蒸馏水稀释至500.0 ml，待溶液完全冷却至室温后，用蒸馏水准确的定容至刻度，摇匀，转移至试剂瓶，该试剂瓶用配制的溶液冲洗3次。贴上标签即可。所有的固体试剂均可用此方法配制。

（二）体积百分浓度溶液配制

这种方法仅用于液体试剂，可用稀释公式计算。

$$C_1 \times V_1 = C_2 \times V_2$$

其中：C_1—浓溶液的浓度；

V_1—浓溶液的体积；

C_2—稀溶液的浓度；

V_2—稀溶液的体积。

如：将20.0%的HCl溶液稀释为5.0% HCl溶液500.0 ml。

先计算出所需20.0%的HCl溶液体积

$$20.0 \times V_1 = 5.0 \times 500.0$$

$$V_1 = \frac{5.0 \times 500.0}{20.0} = 125.0$$

准确量取125.0 ml 20.0%的HCl溶液，加水375.0 ml即可。

【练习与思考】

（1）所有试剂的配制，配制过程中所需的各种烧杯、移液管、量筒、容量瓶、滴定管、玻棒等玻璃器具均洗干净，用蒸馏水冲洗不少于3次。

（2）标准溶液的配制因为要用基准试剂标定，不一定要用优级纯试剂，一般分析纯即可。

（3）各种试剂均有优级纯、分析纯、化学纯3个等级，可根据分析精度和要求选用，既保证分析结果的准确性，又要保证分析工作的成本。

（4）各种试剂不同程度的有腐蚀性、刺激性气味，要在通风橱内操作。同时注意自己和他人的安全，遵循国家化学试剂使用的安全相关规定。

第三节　容量比浓度溶液的配制

操作方法

最常用的是硫酸、盐酸溶液，溶液的表示方法“1 +3 或1 : 3”标示。

1. 1 : 3（1 +3）硫酸溶液配制

用量筒量取3 份蒸馏水 +1 份浓硫酸充分混合即可。

如：配制1 : 3 硫酸溶液200. 0 ml，用公式4 : 1 =200 : X，X =200 ×1 ÷4，X =50（硫酸取量50. 0 ml）或4 : 3 =200 : X，X =200 ×3 ÷4，X =150（蒸馏水用量150. 0 ml）。取50. 0 ml 浓硫酸加入150. 0 ml 蒸馏水中，装入250. 0 ml 试剂瓶，混合均匀即可。

2. 1 : 5（1 +5）盐酸溶液配制

用量筒量取5 份蒸馏水 +1 份浓盐酸充分混合即可。

如：配制1 : 5 盐酸溶液200. 0 ml，用公式6 : 1 =200 : X，X =200 ×1 ÷6，X =33. 3（盐酸取量33. 3 ml）或6 : 5 =200 : X，X =200 ×5 ÷6，X =166. 7（蒸馏水用量166. 7 ml）。取33. 3 ml 浓盐酸加入166. 7 ml 蒸馏水中，装入250. 0 ml 试剂瓶，混合均匀即可。

【练习与思考】

（1）所有试剂的配制，配制过程中所需的各种烧杯、移液管、量筒、容量瓶、滴定管、玻棒等玻璃器具均洗干净，用蒸馏水冲洗不少于3 次。

（2）标准溶液的配制因为要用基准试剂标定，不一定要用优级纯试剂，一般分析纯即可。

（3）各种试剂均有优级纯、分析纯、化学纯三个等级，可根据分析精度和要求选用，既保证分析结果的准确性，又要保证分析工作的成本。

（4）各种试剂不同程度的有腐蚀性、刺激性气味，要在通风橱内操作。同时注意自己和他人的安全，遵循国家化学试剂使用的安全相关规定。

第三章　饲料常规分析方法

【学习目标】

理解各个实验的方法、原理，并注意对测定结果的分析和讨论。掌握：实验仪器的操作规程，试剂的使用和溶液配制的方法步骤；采样与制样，水、蛋白质、粗脂肪、钙、磷等的测定步骤以及无氮浸出物的计算方法。

实验一　饲料分析样本的采样与制样

【学习目标】

掌握分析样本的采集与制样的方法步骤，并能具体操作。采样时应根据分析的要求，遵循正确的采样方法，详细注明样本的情况，正确采集样本应具有足够的代表性，避免因采样而引起误差，达到分析结果的准确可信。

一、分析试样的采集

采样是饲料检测的第一步，是从大量的分析对象中抽取一小部分足以能代表被检物品的过程（称为采样）。抽取的分析材料称为试样或样品。在一般情况下，用来分析的样品总是少量的，而分析的结果却是对大批的被检物品给以客观的评定。因此，采样的正确程度对分析结果有着直接的影响。所以，必须使采集的样品能代表全部分析对象，即样品应具有足够的代表性和均匀性。但是，采样的重要性却容易被人忽略，如果采样不正确，缺乏代表性，即使随后分析工作进行得再准确也没有意义。

实际工作中，饲料的种类各异，分析目的不同，采样的方法也不完全相同，下面介绍常用饲料的采样方法。

二、仪器与用具

饲料样品、分样板、粉碎机、分样筛、瓷盘、塑料布、标本瓶、粗天平、恒温干燥箱等。

三、分析样本采样方法

（一）粉料与颗粒饲料的采样

这类饲料包括各种籽实类、糠麸类、配合饲料，或混合饲料、预混料等均匀性物料。这类饲料的采集由于贮存的地方不同，又可分为散装、袋装等。

（1）散装　采样时分层取样，上层的取样深度在表层下 10.0～30.0 cm 处。每层采样不少于 200.0 g，或者在不同深度、方位选 10 个采样点，用采样器（图 3－1）取样，这种从大量的分析对象中采集的样品，原始样品不得少于 1.0 kg。

（2）袋装　袋装饲料取样时应从袋垛的上、中、下各部位，选择有代表性的袋子，至于从一批货中该取多少袋样品。最简单的一种就是按总袋数的 10.0% 抽取有代表性的样品，

然后将取出的袋子平放，从料袋的头到底，斜对角的插入取样器。插入时应使槽向下，然后旋转180°角再抽出采样器，原始样品不得少于1.0 kg。

（二）青绿饲料

采样前先调查饲料的生长阶段、俗名和学名，如果采集单一品种时，须注意勿混入其他杂草。如果采集是混合牧草时，则应测定各种草类所占的比例。分多点采样，原始样品5.0 kg。采得的原始样品立即称重（精确度为±0.5 g），以免水分散失，影响水分测定。

生长着的牧草采样方法，是先将整个草场按植被成分或地形等，划分为不同的区域。在各区域内选取5个采样点，每点1.0 m^2。从植株的平均高度具有代表性的点上剪取可食部分并立即称重，而后送实验室处理。

（三）块根、块茎及瓜类

从大面积收获现场或贮藏窖中的各部分随机采取新鲜完整的原始样品15.0 kg，按大、中、小三类分别放置成3堆后称重，求出3堆的百分比。然后按比例抽取5.0 kg。先用水洗干净，洗涤时注意勿损伤样品的外皮，洗涤后用布拭去表面的水分。然后将各个块根纵切具有代表性的对角1/4。直至得到最适量的分析样品，迅速切碎后混合均匀，取300.0 g左右测定初水分，其余样品平铺于洁净的瓷盘内或用线串联置于阴凉通风处风干2~3d，最后在60.0~65.0 ℃的干燥箱中烘干。

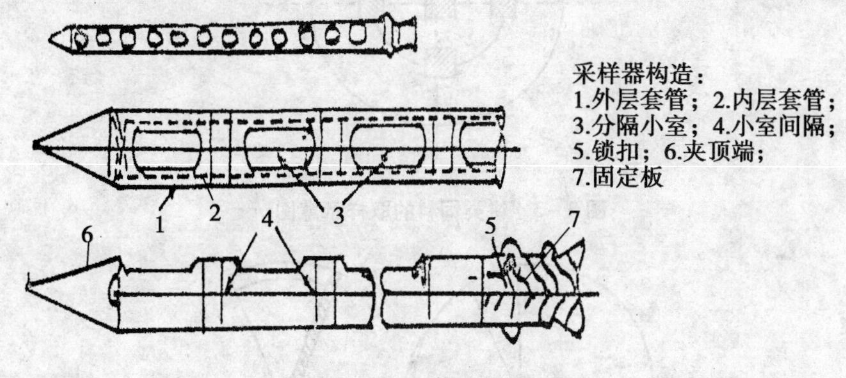

图3-1　饲料样本采样器

（四）青贮饲料

青贮饲料的样品一般在圆形窖、青贮塔或长形青贮壕内采样。取样前应清除覆盖的泥土、秸秆及发霉变质的饲料。采样时应将表面50.0 cm的青贮饲料除去，用利刀切去20.0 cm^3的饲料块。原始样品重为500.0~1 000.0 g。长形青贮壕的采样点视青贮壕长度大小分为若干段，每段设采样点分层取样（图3-2）。

（五）秸秆类、藤蔓秸秧类

在存放秸秆或干草的堆垛中选取5个以上不同部位的采样（图3-3），每点取样200.0 g左右，采样时应注意勿使干草的叶子脱落，影响其营养成分的含量，采取完整或具有代表性的样品，保持原料中茎叶的比例。然后将采取的原始样品放在纸或塑料布上，剪成1.0~2.0 cm长度，充分混合后取分析样品约300.0 g，用于制样。

（六）油饼类

由于加工取油方法不同，油饼的形状各异。如果是碎片油饼，应从油饼堆的各部位中选取大小厚度具有一定代表性的饼片，不少于1 000.0g；如果是机榨大饼，每1 000.0kg至少

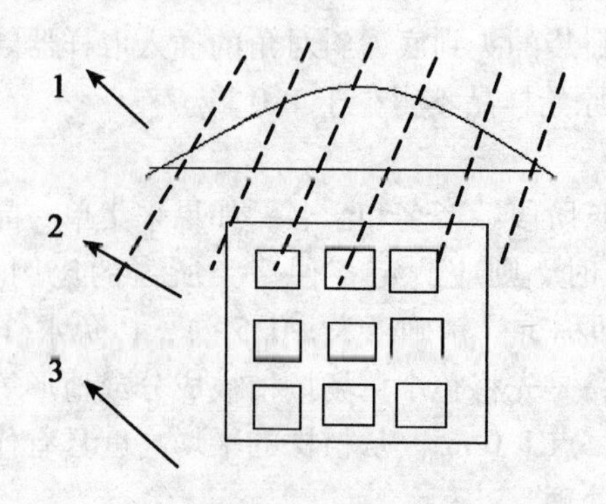

图3－2　长形青贮壕采样部位示意图

1. 草面；2. 沟壁；3. 采样点

取5片，每片均按圆心角5°切取，见图3－4，作为原始样品，送实验室制样。

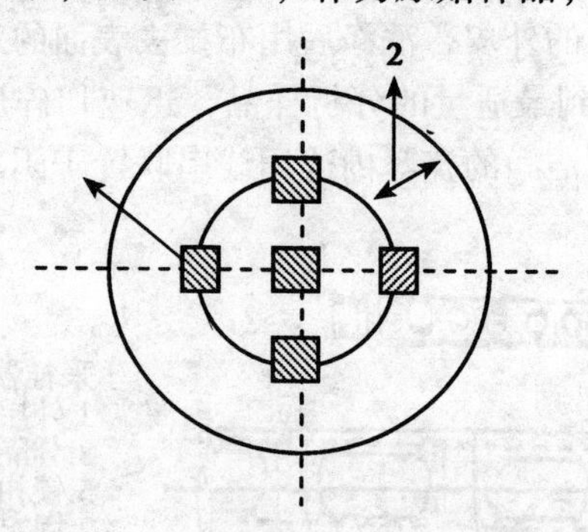

图3－3　饼类饲料的取样示意图

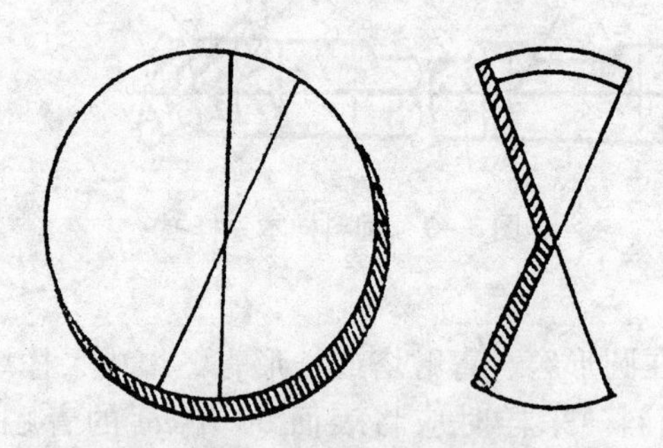

图3－4　秸秆或干草堆垛采样部位示意图

1. 取样点；2. 20～50 cm 取样处

四、制样

将采来的原始样品制成待分析用的样品，这一过程称为制样。根据原始样品含水量不同，制样分为风干样品制样和新鲜样品制样。

（一）风干样品制样

凡是饲料样品中不含游离水，仅含一般吸附在蛋白质、淀粉和细胞膜上的吸附水，且含量在15.0%以下的，为风干样品。

将采集的原始风干样品，带回实验室后击破较大粒块并混合均匀，按“四分法”分到

200.0~250.0 g。用样品粉碎机研磨通过40~60目标准筛（筛孔0.40~0.25 mm），不能筛落的较粗糙的饲料，用剪刀剪碎全部无损地混匀入细粉中。制好的样品装入磨口瓶，贴好标签注明样品的名称、采样地点、采样人等，贮存于避光、阴凉、干燥处，待分析测定。

（二）新鲜样品制样

饲料中含有大量游离水和少量吸附水，一般含水量在70.0%~90.0%的样品称为新鲜样品。新鲜样品水分多，不宜保存，需先除去初水分后制成风干样品，然后按风干样品的制样方法制成分析样品。

（三）初水分测定

用已知重量的瓷盘在普通天平上称取200.0~300.0 g新鲜样品（精确到0.5 g），将盛鲜样的瓷盘放入120.0 ℃干燥箱中烘10.0~15.0 min灭酶，然后迅速将瓷盘移于60.0~70.0 ℃干燥箱内烘干，室温冷却24h，称重，直至前后两次称重之差小于0.5 g为止，在此过程中失去的重量即为鲜样中初水分的量，烘干后样品为半烘干样品。

$$初水分(\%) = \frac{烘干前后质量之差(g)}{鲜样本重(g)} \times 100$$

【练习与思考】

（1）解释：采样；制样；分析样本。
（2）怎样认识采样与制样的重要性?
（3）何为分析样本？如何制备?
（4）根据实际操作简述袋装饲料取样的方法。

实验二　饲料中水分的测定

【学习目标】

掌握饲料中水分的测定方法，了解各类饲料的干物质含量及水分含量。

一、原理

试样在（105.0±2）℃烘箱内，在大气压下烘干，直至恒重，逸失的质量为水的质量。

二、仪器设备

①样品粉碎机或研钵。
②分样筛：孔径0.45 mm（40目）。
③分析天平：感量0.000 1 g。
④称量瓶（称样皿或带盖铝盒）：直径40.0 mm以上，高25.0 mm以下。
⑤电热恒温干燥箱：可控制温度为50.0~（150.0±2）℃。
⑥干燥器：用氯化钙（干燥剂）或变色硅胶做干燥剂。

三、测定步骤

洗净称量瓶，用蒸馏水或去离子水冲洗3次，置（105.0±2）℃电热恒温干燥箱中烘干1h，用坩埚钳取出，移入干燥器中冷却30 min后称重（称量瓶放入烘箱时应开1/3盖，冷却和称重时应盖严），称准至0.000 2 g。如此反复进行，直到前后两次重量之差不超过0.000 5 g为止。

在已恒重的称量瓶内准确称取两份样品做平行测定，每份2.0g，精确至0.000 2 g，盖半开，放入（105.0±2）℃干燥箱内烘4～6h（以温度达到105.0 ℃开始计时），移入干燥器中，盖紧盒盖冷却30.0 min，进行第一次称重，然后再置入同温度的干燥箱内继续烘干1h，冷却30.0 min后进行第二次称重，如此进行直至前后两次重量之差不超过0.000 2 g为止，即为恒重。

重量法测定计算时，取每次称重恒重的较低值计算结果。

四、测定结果的计算

计算公式：

$$吸附水(\%) = \frac{105.0\ ℃\ 烘干前后质量之差(g)}{风干样本重(g)} \times 100\% = \frac{W_2 - W_3}{W_2 - W_1} \times 100\%$$

$$风干物质中干物质(\%) = \frac{105.0\ ℃\ 干物质质量(g)}{风干物质质量(g)} \times 100\% = 1 - \frac{W_2 - W_3}{W_2 - W_1} \times 100\%$$

式中：W_1—称量皿重（g）

W_2—100.0～105.0 ℃烘干前称量皿重（g）+风干样本重（g）

W_3—100.0～105.0 ℃烘干后称量皿重（g）+风干样本重（g）

新鲜样本既含有游离水又含有吸附水，需计算总水分。

公式为：$X = A + B \times (100\% - A)$

其中：A—为初水分；

B—为吸附水分。

重复性：每个试样，应取3个平行测定，以其算术平均值为结果。两个测定值相差不得超过0.2%，否则应重做。

【练习与思考】

（1）水分测定所用的主要仪器有哪些？

（2）为什么要进行饲料水分的测定？主要对哪些饲料而言？

（3）饲料吸附水的测定应注意哪些问题？

（4）测定饲料中水分时，烘干试样的温度为多少度。

实验三　饲料中粗蛋白质的测定

【学习目标】

掌握饲料中粗蛋白质的测定方法，并能用此方法测定饲料中粗蛋白质的含量。

一、原理

饲料中纯蛋白质和非蛋白氮总称粗蛋白质。凯氏法的基本原理是用浓 H_2SO_4 在催化剂（$CuSO_4$、K_2SO_4、Na_2SO_4 等）的催化作用下消化饲料样本，使其中的蛋白质和非蛋白氮都转变为 $(NH_4)_2SO_4$，$(NH_4)_2SO_4$ 在浓碱作用下放出 NH_3，通过蒸馏，氨气随水蒸气沿冷凝管流入硼酸吸收液被硼酸吸收并与之结合成为四硼酸铵，然后以甲基红、溴甲酚绿作指示剂，用标准HCl溶液滴定，求出氮含量，根据氮含量再乘以系数（通常为6.25），即为粗蛋白质的含量。上述原理的主要化学反应如下。

1. $2CH_3CHNH_2COOH + 13H_2SO \xrightarrow[\text{加热}]{\text{催化剂}} (NH_4)_2SO_4 + 6CO_2\uparrow + 12SO_2\uparrow + 16H_2O$

2. $(NH_4)_2SO_4 + 2NaOH \longrightarrow 2NH_3\uparrow + 2H_2O + Na_2SO_4$

3. $4H_3BO_3 + NH_3 \longrightarrow NH_4HB_4O_7 + 5H_2O$

4. $NH_4HB_4O_7 + 5H_2O + HCl \longrightarrow NH_4Cl + 4H_3BO_3$

系数6.25是根据饲料蛋白质平均含氮量为16.0%而来的，而实际上，各种样本的蛋白质种类不同，含氮量有差异，变动为14.7%～19.5%，故一般饲料换算系数用6.25，已确定的最好用实际系数。为方便使用，将已知几种饲料的系数介绍如下：肉类6.25，玉米6.00，小麦、燕麦、黑麦、大豆、箭舌豌豆、蚕豆5.70，牛奶及制品6.28，坚果及油饼类5.30。

二、仪器设备

①样品粉碎机：40目分样筛。

②分析天平：感量0.000 1 g。

③电子天平：感量0.000 1 g。

④工业天平：感量0.01 g。

⑤六联电炉：6×（800～1 000）W。

⑥半微量凯氏定氮仪或改良式半微量凯氏定氮仪：如图3－5。

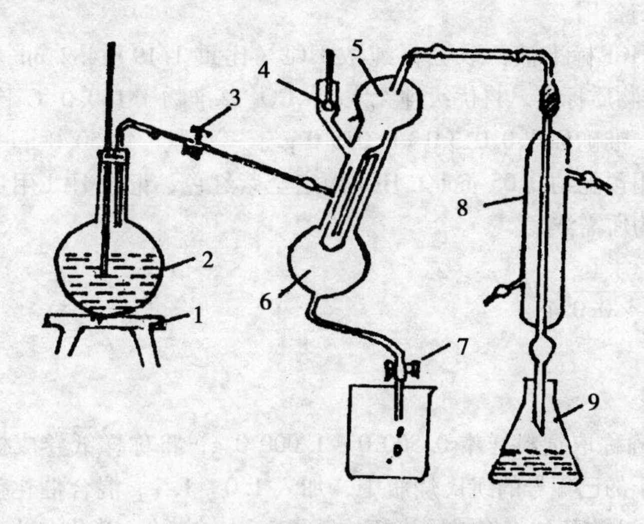

图3－5 凯氏定氮仪蒸馏装置图

1. 电炉；2. 蒸汽发生器；3. 螺丝夹；4. 小漏斗及棒状玻塞；5. 反应室；6. 反应室外层；7. 橡皮管及螺丝夹；8. 冷凝管；9. 蒸馏液接受瓶

⑦酸式滴定管：25.0 ml或50.0 ml。

⑧凯氏烧瓶：100.0 ml。

⑨烧杯：250.0 ml。

⑩三角瓶：150.0 ml。

⑪容量瓶：100.0 ml。

⑫移液管：10.0 ml。

⑬量筒：10.0 ml、25.0 ml。

三、试剂

①浓 H_2SO_4分析纯，含量为98%，无氮。

②混合催化剂：$CuSO_4 : Na_2SO_4 = 1 : 10$ 分析纯。

为了加速消化过程，通常多使用还原性催化剂 $CuSO_4$，它的作用是二价铜离子,先被还原，后被氧化，从而促进了样品中有机物质的消化。

$2CuSO_4 + C \longrightarrow Cu_2SO_4 + SO_2\uparrow + CO_2\uparrow$

$Cu_2SO_4 + 2H_2SO_4 \longrightarrow 2CuSO_4 + SO_2\uparrow + 2H_2O$

消化液中加入硫酸钠或钾盐，目的在于提高浓 H_2SO_4 的沸点为 317.0 ℃，加入无水硫酸钠或钾盐后，硫酸沸点可提高到 325.0～341.0 ℃。

③甲基红－溴甲酚绿混合指示剂：0.1% 甲基红酒精溶液与 0.5% 溴甲酚绿酒精溶液等体积混合，保存期不超过 3 个月。此混合指示剂在碱性溶液中呈蓝色，中性溶液中呈灰色，强酸性溶液中呈红色。在硼酸吸收液中呈暗紫色，在吸收氨的硼酸溶液中呈兰色。

④2.0% 硼酸吸收液：溶解 2.0 g 分析纯硼酸于 100.0 ml 容量瓶中，加蒸馏水至 100.0 ml，摇匀备用。

⑤40.0% 饱和 NaOH 溶液：溶解 40.0 g 分析纯氢氧化钠于 100.0 ml 容量瓶中，加蒸馏水至 100.0 ml，摇匀备用。

⑥0.05 mol/L HCl 标准液：取分析纯浓 HCl（比重 1.19）4.2 ml，加蒸馏水稀释至 1 000.0 ml，用基准物质标定。将优级纯无水 Na_2CO_3 基准物于 100.0 ℃干燥箱烘 1～2h，干燥器冷却 30.0 min，准确称取 0.013 0～0.015 0 g 于三角瓶，加 50.0 ml 蒸馏水溶解，加 2 滴甲基红指示剂，用预配约 0.05 mol/L HCl 滴定至紫红色，记录 HCl 用量，计算出 HCl 的准确浓度，再稀释为所需浓度。

计算：$C = \dfrac{W_{Na_2CO_3}(g)}{V_{HCl} \times 0.054}$

四、测定步骤

（1）消化　精确称取饲料样本 0.500 0～1.000 0 g，将称样纸卷成桶状，无损地移入 100.0 ml 洗净、烘干的已编号的凯氏烧瓶中，加入 1.0～1.5 g 混合催化剂，沿着凯氏烧瓶壁加入 10.0～15.0 ml 浓硫酸，将凯氏烧瓶放于毒气厨中电炉上消化，为防止消化时液体溅失，可再加两粒玻璃珠，先低温加热防止泡沫浮起，待泡沫消失后，提高加热温度至沸腾。消化时要经常转动凯氏烧瓶，如果有黑色炭粒消化不全，可将凯氏烧瓶取出于沙盘，待凯氏烧瓶冷却后，用少量的蒸馏水沿凯氏烧瓶瓶颈壁冲洗凯氏烧瓶内壁上黏附少量黑色炭粒于硫酸溶液中，继续消化。消化中途发现硫酸少，可补加少量浓硫酸后继续消化。至溶液完全澄清透明，无黑色炭粒呈蓝绿色为止，移出电炉，放于凯氏消化架或沙盘中冷却。

（2）转移　将冷却的消化液加少许蒸馏水约 20.0 ml，摇匀后无损移入 100.0 ml 容量瓶，再用蒸馏水反复冲洗烧瓶数次，直至消化液全部转入容量瓶中，冷却至室温后，再蒸馏水定容至刻度。即为试样分解液或消化液。

（3）空白实验　消化的同时另取一个凯氏烧瓶，加入除样品外其他试剂，同样消化至

澄清透明，冷却后按同样的方法转移至容量瓶中，冷却后定容至刻度，为空白消化液。

（4）蒸馏 按图3－5安装好半微量凯氏定氮仪，检查冷凝水是否通常。加热蒸汽发生器内的水，待水沸腾后，调节好蒸汽的压力，反复洗净定氮仪反应室，把装有10.0 ml 2.0%硼酸溶液的接收瓶置于冷凝管的下方，将冷凝管下端的滴管插入硼酸溶液内，用被测消化液冲洗10.0 ml移液管3次，再用此移液管吸取10.0 ml样本消化液，由漏斗处注入反应室，并以少量蒸馏水冲洗漏斗，塞好加液塞，从漏斗中加入40.0% NaOH溶液，轻轻地拨动加液塞NaOH溶液由漏斗徐徐注入反应室，观察反应室溶液的颜色呈褐色，当碱量已够，塞紧加液塞，多余NaOH溶液用滴管吸出于盛NaOH溶液烧杯，加少量蒸馏水冲洗漏斗及反应室内壁，开始计时，蒸馏5.0 min，接收瓶离开液面继续蒸馏1.0 min。用坩埚钳切断气源，将反应室的残液吸出，反复冲洗反应室数次，移走接收瓶前用少量的蒸馏水冲洗冷凝管尖端。放置下一个测定接收瓶，继续下一个测定工作。

（5）滴定 先将酸式滴定管用0.05 mol/L HCl标准溶液冲洗3次，然后装满滴定管，用0.05 mol/L的HCl标准液滴定接收液，至瓶中溶液由蓝色变成铁灰色或灰红色为终点，记录HCl耗量。

空白消化液的测定与上述方法相同。

五、测定结果的计算

$$粗蛋白质(\%) = \frac{(V_1 - V_0) \times 0.0140 \times 6.25 \times V_2 \times C}{W \times V_3} \times 100$$

式中：V_1—样本消化液滴定时消耗0.05 mol/L的HCl标准液的量（ml）。

V_0—空白消化液滴定时消耗0.05 mol/L的HCl标准液的量（ml）。

V_2—样品消化后定容的体积（ml）。

V_3—定氮吸取样品消化液的体积（ml）。

C—标准盐酸溶液的浓度（mol/L）。

W—测定样品重量（g）。

6.25—氮换算成蛋白质的系数。

0.014 0—1.0 ml HCl相当于0.014 0 g氮。

六、注意事项

消化开始时一定要用小火，当泡沫停止产生后再加大火力。消化时间一般为2～4h。

样本含脂肪或糖较多时，消化时间要延长，同时应避免产生气泡而溢出瓶外，一旦产生大量泡沫，可摇动烧瓶并降低火源，必要时停止加热一段时间。蒸馏过程中，要严防仪器接头处漏气现象。蒸馏时避免溶液沸腾剧烈，可适当调整火源。

每个样品同时做3个平行测定，取其平均值。

【练习与思考】

（1）简述饲料中粗蛋白质的主要测定步骤。

（2）试计算1.0 kg饲料中含有30.0 g蛋白质，应含有多少克氮？

实验四　饲料中粗脂肪的测定

【学习日标】

掌握饲料中粗脂肪的测定方法，并用于测定各类饲料粗脂肪的含量。

一、原理

脂肪是各种脂肪酸和甘油脂的复杂混合物，它不溶于水而溶于乙醚、石油醚等有机溶剂中，故用乙醚等有机溶剂反复浸提饲料样本，可将脂肪全部浸提出来，并流集丁盛醚瓶中，然后将所有的浸提溶剂加以蒸发回收，烘去样本中残留的溶剂，称量样本减少的重量，即可算出饲料样本中的脂肪含量。在索氏（Soxhlet）脂肪提取器中用乙醚提取试样，称提取物的重量。其中除真脂肪外还有有机酸、磷脂、脂溶性维生素、叶绿素等，因而测定结果称粗脂肪或乙醚浸出物。

二、仪器设备

①样品粉碎机或研钵。
②分样筛：孔径0.45 mm（40目）。
③分析天平：感量0.000 1 g。
④电热恒温水浴锅：室温至100.0 ℃。
⑤恒温烘箱：50.0～200.0 ℃。
⑥索氏脂肪提取器（带球形冷凝管）：100.0 ml或150.0 ml。
⑦滤纸或滤纸筒：中速，脱脂。
⑧干燥器：用氯化钙（干燥级）或变色硅胶为干燥剂。
⑨称量瓶：（称样皿）直径80.0 mm以上。

三、化学试剂

无水乙醚（分析纯）。

四、测定步骤

1. 索式脂肪浸提器的准备

索氏脂肪浸提器由下部的盛醚瓶、中部的浸提管和上部的冷凝管三部分组成。将索氏浸提管和盛醚瓶洗净在100.0～105.0 ℃烘箱中烘30 min后取出放入干燥器中，冷至室温30.0 min，称重；再放入烘箱内烘30 min，取出放入干燥器中，冷却30 min再称重，直至恒重（两次连续称重之差不超过0.000 1 g然后将全套脂肪浸提器按图3－6安装在水浴锅上。检查各连接处是否漏气。

2. 取样、包样和烘样

先用铅笔在脱脂滤纸上写明样品的名称及编号，然后将称取的风干样品1.0～2.0 g（准确至0.000 2 g），小心无损失的用已编号的滤纸包好放在有号的称量铝盒中，半开盖放在(105.0±2)℃电热鼓风干燥箱中烘干5～6 h，盖严，取出放于干燥器中，冷却30.0 min后，称重，直至恒重（两次称重之差小于0.000 2 g）。

3. 准备浸提

将恒重的滤纸包由称量瓶中取出放入浸提管中，加入乙醚，准备浸提。

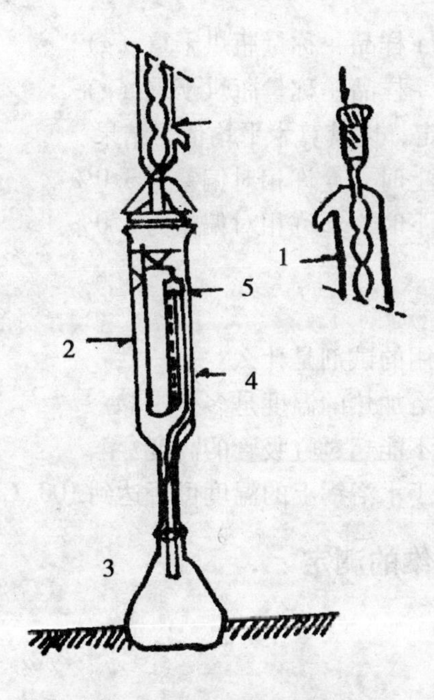

图 3-6 索氏脂肪浸提器

1. 冷凝管；2. 浸提管；3. 盛醚瓶；

4. 气体回流管；5. 虹吸管

4. 粗脂肪的浸提

将水浴锅的水温调至 45.0 ~ 55.0 ℃进行水浴加热，乙醚在盛醚瓶中受热蒸发，当蒸汽经蒸汽管上升至冷凝管处即受冷凝结为液滴，滴入浸提管中，样品受乙醚的浸泡，将样品中的粗脂肪溶解，当浸提管中的乙醚聚集到虹吸管最高度时，由虹吸管流入盛醚瓶中。这样，乙醚可周而复始的循环浸提样品中的粗脂肪。乙醚回流速度以每小时 4 次为宜。一次测定必须回流在 40 次以上。

检查样品中粗脂肪是否浸提干净：可从浸提管下端取一滴浸提液于干燥的玻片上或滤纸上，当乙醚挥发后无痕迹，即表明样品中的脂肪已被提净。

5. 浸提后样品包的烘干和称重

将浸提后的滤纸包放入原称量铝盒中，在通风处待乙醚挥发干净后，置于（105.0 ± 2）℃的烘箱内烘干 1 ~ 2 h，盖严，取出放于干燥器中冷却 30.0 min，称重，直至恒重（连续两次称重之差不超过 0.000 1 g）。

6. 乙醚的回收

提取完毕，待浸提管中乙醚流入盛醚瓶后，移去上部冷凝管取出样品包，将冷凝管装好再回流一次，以冲洗浸提管中残留的脂肪，继续蒸馏，当乙醚积聚到虹吸管高度 2/3 处时，取下装置，收回乙醚，继续回流，直至脂肪瓶中的乙醚全部收完为止。

五、测定结果的计算

$$粗脂肪（\%）=\frac{W_1-W_2}{W}\times 100$$

式中：W—风干样品重（g）

W_1—浸提前滤纸＋样品＋称量瓶烘干重（g）

W_2—浸提后滤纸＋样品＋称量瓶烘干重（g）

每个试样取3个平行测定，以其算术平均值为结果。

粗脂肪含量在10.0%以上时，允许相对偏差为3.0%。

粗脂肪含量在10.0%以下时，允许相对偏差为5.0%。

【练习与思考】

（1）粗脂肪测定时，所用的试剂是什么？

（2）粗脂肪测定时，水浴加热的温度是多少？

（3）样品包的高度为何不能超过虹吸管的高度？

（4）装有乙醚盛醚瓶置于水浴锅上的温度可否达到100℃？

实验五　饲料中粗纤维的测定

【学习目标】

掌握饲料中粗纤维的测定方法，并用于测定各类饲料中粗纤维的含量。

一、原理

粗纤维是指饲料中纤维素、半纤维素及镶嵌物质（主要是木质素）的总称，用一定量和一定浓度的氢氧化钠和硫酸，在特定条件下消煮样品，再用乙醚、乙醇除去可溶物，经高温灼烧扣除矿物质的量，余量称为粗纤维。饲料中粗纤维的测定方法并非一个精确的方法，所得结果只是一个在公认强制条件下测定的概略成分。

二、仪器设备

①样品粉碎机或研钵。

②分样筛：孔径0.45 mm（40目）。

③分析天平：感量0.000 1 g。

④电热恒温烘箱：可控制温度在130.0℃。

⑤高温电炉：有高温计，可控制温度在650.0℃。

⑥普通电炉：可调节温度。

⑦消煮器：有冷凝球的600.0 ml高型烧杯或有冷凝管的锥形瓶。

⑧抽滤装置：抽真空装置，吸滤瓶及漏斗。滤器使用200目不锈钢或尼龙滤布。

⑨古氏坩埚：30.0 ml，预先加入酸洗石棉悬浮液30.0 ml（内含酸洗石棉0.2～0.3 g），再抽干，以石棉厚度均匀，不透光为宜。上下铺两层玻璃纤维有助于过滤。

⑩干燥器：以氯化钙或变色硅胶为干燥剂。

三、试剂

本方法试剂使用分析纯，水为蒸馏水。

①硫酸溶液：（0.128±0.001）mol/L，每100.0 ml含硫酸1.25 g，氢氧化钠标准溶液标定。

②氢氧化钠：（0.313±0.001）mol/L，每100.0 ml含氢氧化钠1.25 g，邻苯二甲酸氢

钾法标定。

③酸洗石棉：市售或自制中等长度酸洗石棉在 1∶3 盐酸中煮沸 45.0 min，过滤后于 650 ℃灼烧 16h，用（0.255 ±0.005） mol/L 硫酸溶液浸泡且煮沸 30.0 min，过滤，用水洗净酸；同样用（0.313 ±0.005） mol/L 氢氧化钠溶液煮沸 30.0 min，过滤，用少量硫酸溶液洗一次，再用水洗净，烘干后于 650 ℃灼烧 2h，其空白试验结果为每克石棉含粗纤维值小于 1.0 mg。

④95.0%乙醇。

⑤乙醚。

⑥正辛醇（防泡剂）。

四、测定步骤

1. 酸处理

精确称样本 2.000 0 g 左右（若样本脂肪含量在 8.0%以上，须先用乙醚脱脂）小心放入 1 000.0 ml 高型无嘴烧杯，用量筒准确加入 200.0 ml 1.25% H_2SO_4 溶液，并在液面处划一刻度线，立即放于电炉上，装上冷凝球通入冷水后加热使溶液在 1.0 min 内煮沸，并记时，保持微沸状态 30.0 min 加热，要求 1.0 min 煮沸，保持微沸 30.0 min，30.0 min 后取下加入蒸馏水 200.0 ml，静置数分钟，待样本残渣沉淀后，在抽滤装置上抽去上层清液，再用少量热蒸馏水冲洗布氏漏斗及滤布外附着的样本于无嘴烧杯中，反复冲洗至洗液呈中性（用蓝色石蕊试纸检查不变色）。

2. 碱处理

将酸处理过的残渣用牛角勺转入原烧杯，再用少量的（不超过 50.0 ml）5% NaOH 溶液冲洗滤布于残渣的烧杯中，随即加入煮沸的热蒸馏水至 200.0 ml 刻度处（此时烧杯中 NaOH 浓度恰为 1.25%），将无嘴烧杯在电炉上如酸处理同样微沸处理 30.0 min，取下加入蒸馏水至 200.0 ml，静置残渣数分钟，抽去上清液，用热的蒸馏水冲洗布氏漏斗及滤布后至中性（用红色石蕊试纸检查不变色）。

3. 抽滤

将以酸、碱处理后的残渣及溶液移入古氏坩埚中抽滤，然后将烧杯壁残渣完全无损的转入古氏坩埚中，将滤液完全滤干，取下在室温下再用无水乙醇作用残渣 10.0 min 共 2 次。用乙醚作用古氏坩埚中的残渣 2 次。无水乙醇和乙醚的用量以浸没残渣为宜。

4. 烘干与灰化

将古氏坩埚外壁用水冲洗干净，放入（105.0 ±2）℃烘箱中烘至恒重，再碳化至无烟，置入 650.0 ℃高温炉中灼烧 1 ~2h，待炉内温度降至 200.0 ℃时，取出并移入干燥器中冷却 1h 后称至恒重。

五、测定结果的计算

$$粗纤维（\%）=\frac{粗纤维重（g）}{样本重（g）}\times 100=\frac{W_1-W_2}{W}\times 100$$

式中：W—样本重（g）；

W_1—烘干后灰化前坩埚及内容物重（g）；

W_2—灰化后坩埚及内容物重（g）。

【练习与思考】

(1) 在粗纤维的测定过程中哪个环节最容易造成实验误差？为什么？

(2) 饲料粗纤维的测定结果中，主要物质是什么？

(3) 饲料中粗纤维是在什么公认的条件下进行测定的？谈谈你的认识。

实验六　饲料中中性洗涤纤维（NDF）和酸性洗涤纤维（ADF）的（Van Soest）范索埃斯特测定方法

【学习目标】

了解饲料的中性洗涤纤维（NDF）和酸性洗涤纤维（ADF）的测定意义，及其检测原理、实验方法，并注意对测定结果的分析和讨论。

一、目的

传统的粗纤维测定方法存在着明显的缺点，即所测得的结果包括部分半纤维素和纤维素，以及大部分木质素在内的一组复合物，又因为有部分半纤维素和少量纤维素、木质素溶解于酸碱溶液中，被计算到无氮浸出物中去了。因此，传统方法测得的饲料中粗纤维和无氮浸出物的含量均不能反映出饲料本身被家畜利用的真实情况。而范氏洗涤纤维分析法则能弥补这些不足，可以准确地获得植物性饲料中所含的半纤维素、纤维素、木质素以及酸不溶灰分的含量，这在纤维素的分析测定中是一项非常重要的改革。

二、原理

植物性饲料如一般饲料、牧草的粗纤维经中性洗涤剂（3%十二烷基硫酸钠）分解，则大部分细胞内容物溶解于洗涤剂中，其中包括脂肪、糖、淀粉和蛋白质，统称为中性洗涤剂溶解物（NDS），而不溶解的残渣为中性洗涤纤维（NDF），这部分主要是细胞壁部分，如半纤维素、纤维素、木质素、硅酸盐和极少量的蛋白质。

酸性洗涤剂可将中性洗涤纤维（NDF）中各组分进一步分解。植物性饲料可溶于酸性洗涤剂部分称为酸性洗涤剂溶解物（ADS），主要有中性洗涤剂溶解物（NDS）和半纤维素，剩余的残渣称为酸性洗涤纤维（ADF），其中含有纤维素、木质素和硅酸盐。此外，由中性洗涤纤维（NDF）与酸性洗涤纤维（ADF）值之差即可得到饲料中半纤维素的含量。

酸性洗涤纤维经72.0%的硫酸消化，则纤维素被溶解，其残渣为木质素和硅酸盐，所以，从酸性洗涤纤维（ADF）值中减去72.0%硫酸消化后残渣部分即为饲料中纤维素的含量。

将经72.0%硫酸消化后的残渣灰化，灰分则为饲料中硅酸盐的含量。而在灰化中逸出的部分即为酸性洗涤木质素（ADL）的含量。见图3－7。

三、仪器设备

①冷凝器或冷凝装置2套。

②分析天平：感量0.000 1 g。

③高脚烧杯：600.0 ml，2个。

④表面皿：直径12.0 cm，2个。

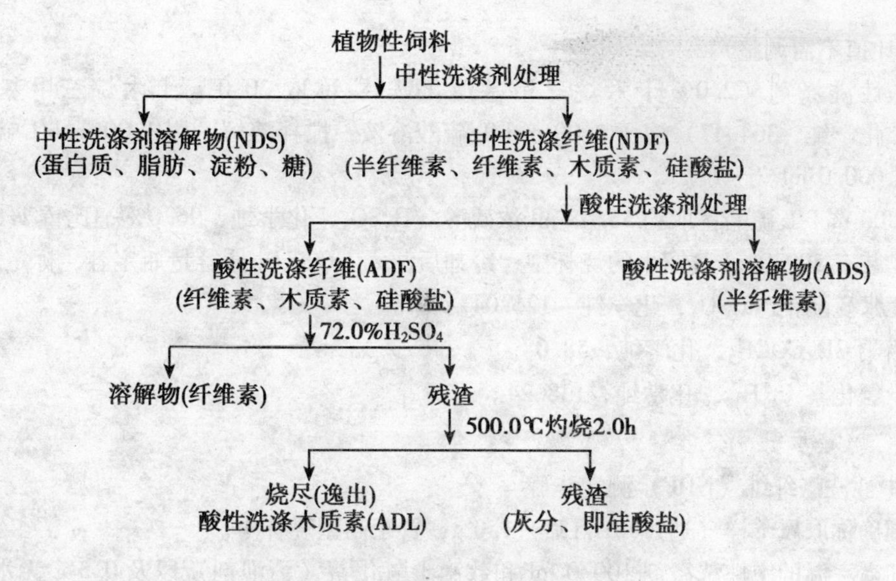

图 3-7　范氏分析法原理示意图

⑤抽滤装置（真空泵、抽滤瓶、联结管、坩埚垫）1 套。

⑥玻璃坩埚：40.0 ml（G1）2 个。

⑦长玻棒（胶头）：16.0 cm，1 个。

⑧烧杯：500.0 ml，2 个。

⑨滴管 1 个。

⑩洗瓶 1 个。

⑪干燥器：直径 200.0 mm，1 个。

⑫真空泵：1/4 马力，1 台。

⑬电热板或六联调温电炉 1 台。

⑭干燥箱 1 台。

⑮茂福炉 1 台。

⑯量筒：100.0 ml 2 个。

⑰橡皮管：壁厚 0.5 ~ 0.7 cm。

⑱容量瓶：1 000.0 ml 1 个。

⑲坩埚钳：长柄或短柄，各 1 把。

⑳药匙勺 1 个。

㉑定时钟 1 个。

四、化学试剂

①中性洗涤剂（3.0% 十二烷基硫酸钠）：准确称取 37.2 g 乙二胺四乙酸二钠（EDTA，$C_{10}H_{14}N_2O_8Na_2 \cdot 2H_2O$，化学纯，372.24）和 13.6 g 硼酸钠（$Na_2B_4O_7$，化学纯，381.37），一同放入 1 000.0 ml 烧杯中，加入少量蒸馏水，加热溶解后，再加入 30.0 g 十二烷基硫酸钠（$C_{12}H_{25}NaO_4S$，化学纯，288.38）和 10.0 ml 乙二醇乙醚（$C_4H_{10}O_2$，化学纯，90.12）；称取 23.0 g 无水磷酸二钠（Na_2HPO_4，化学纯，141.96）置于另一烧杯中，加少量蒸馏水微微加热溶解后，倾入第一烧杯中，在容量瓶中稀释至 1 000.0 ml，此溶液 pH 值 6.9 ~ 7.1

左右（pH 值不需调整）。

②酸性洗涤剂（2.0% 十六烷三甲基溴化铵）：称取 20.0 g 十六烷三甲基溴化铵（CTAB，化学纯，364.47）溶于 1.00 mol/L 硫酸溶液，搅拌溶解，用 1.00 mol/L 硫酸溶液稀释至 1 000.0 ml。

③1.00 mol/L 硫酸：取约 55.48 ml 浓硫酸（H_2SO_4，化学纯，96.0%，比重 1.84），慢慢加入已装有 500.0 ml 蒸馏水的烧杯中，冷却后注入 1 000.0 ml 容量瓶定容，标定。

④无水硫酸钠 Na_2SO_4，化学纯，126.04。

⑤丙酮 CH_3COCH_3，化学纯，58.08。

⑥十氢化萘 $C_{10}H_{18}$，化学纯，138.24。

五、测定步骤

1. 中性洗涤纤维（NDF）测定步骤

①准确称取风干样（通过 40 目筛）1.0 g，置于高型烧杯中。

②加入室温的中性洗涤剂 100.0 ml 和数滴十氢化萘（消泡剂）以及 0.5 g 无水亚硫酸钠，不要求十分准确。

③套上冷凝装置，立即置于电炉上尽快煮沸（1.0 min 内煮沸），溶液沸腾后调节电炉使其始终保持微沸状态 1.0h。

④煮沸完毕后离开热源，冷却 10.0 min，将已知重量的玻璃坩埚安装在抽滤瓶上，将残渣全部移入，抽滤，并用热水冲洗、抽滤残渣至无泡沫，将滤液全部滤干。

⑤用 20.0 ml 丙酮冲洗 2 次，抽滤。

⑥取下玻璃坩埚，在 105.0 ℃条件下烘干，称至恒重。

2. 酸性洗涤纤维（ADF）测定步骤

①准确称取风干样（通过 40 目筛）1.0 g，置于高型烧杯中。

②加入室温的酸性洗涤剂 100.0 ml 和数滴十氢化萘。

③同中性洗涤纤维测定步骤③。

④趁热用已知重量的玻璃坩埚在抽滤装置上过滤，将残渣团块用玻璃棒打碎后，用 200.0 ml 沸水浸泡 15 ~ 30s 后冲洗过滤，反复冲洗至中性。

⑤用少量丙酮洗涤残渣，反复冲洗滤液至无色为止，抽净全部丙酮。

⑥按中性洗涤纤维（NDF）测定步骤（同上）。

3. 酸洗木质素（ADL）测定步骤

①酸洗木质素测定前部分处理完全同上① ~ ④测定步骤。

②将洗至中性残渣的坩埚完全抽滤干净，置于一搪瓷盘，坩埚中加入 72.0% 的硫酸浸泡，硫酸完全浸没坩埚中的残渣，用硫酸浸泡处理残渣 3.0h。

③每次加 72.0% 硫酸的量超过残渣的 1/3 为宜，保持残渣完全浸没在 72.0% 的硫酸中。

④3.0h 时间到，即可将玻璃坩埚外周用蒸馏水冲洗，安装于抽滤装置上用热的蒸馏水冲洗过滤，洗涤过程可用玻棒搅动坩埚中的残渣，至洗至中性。

⑤取下玻璃坩埚，在 105.0 ℃条件下烘干，称至恒重。

⑥将称至恒重的玻璃坩埚，置于电热板炭化至无烟，转入 500.0 ℃高温炉灰化 3 ~ 4h 称至恒重。

六、结果计算

1. NDF 百分率的计算公式

$$\text{NDF}（\%）=\frac{m_1-m_2}{m}\times 100$$

式中：m_1—玻璃坩埚和 NDF 的质量。

m_2—玻璃坩埚的质量。

m—样本质量。

2. ADF 百分率的计算公式

$$\text{ADF}（\%）=\frac{m_1'-m_2'}{m'}\times 100$$

式中：m_1'—玻璃坩埚和 ADF 的质量。

m_2'—玻璃坩埚的质量。

m'—样本质量。

3. 半纤维素百分率计算公式

半纤维素（%）=NDF（%）-ADF（%）

4. ADL 百分率计算公式

酸性洗涤纤维（ADL）（%）=残渣（%）-灰分（硅酸盐）（%）

5. 酸不溶灰分（AIA）百分率计算公式

酸不溶灰分（AIA）（%）=残渣（%）-ADL（%）

6. 纤维素百分率计算公式

纤维素（%）=ADF（%）-（经 72.0% H_2SO_4 处理后的）残渣

【练习与思考】

（1）中性洗涤纤维测定时，为什么要调节中性洗涤剂到中性?

（2）中性、酸性洗涤纤维测定中为什么要用丙酮处理残渣?

实验七　饲料中粗灰分的测定

【学习目标】

掌握饲料中粗灰分的测定方法，并测定各种样本的粗灰分含量。

一、原理

饲料中的灰分，即饲料中的矿物质或无机盐，主要是 K、Na、Ca、Mg、S、Si、P、Fe 以及其他微量元素等。饲料样本经过高温（650.0 ℃）的灼烧以后，其中的有机元素，如 N、H、O、C 等，均被氧化而逸失，所剩残渣主要是矿物元素氧化物或无机盐类，亦即矿物质，但也会含少量杂质，如沙、土等，所以称为粗灰分。

二、仪器设备

①样品粉碎机或研钵。

②分样筛：孔径 0.45 mm（40 目）。

③分析天平：感量 0.000 1 g。

④. 高温电炉：用高温计，可控制温度在650.0 ℃。

⑤. 坩埚：瓷质，容积50.0 ml

⑥干燥器：以氯化钙或变色硅胶为干燥剂。

三、测定步骤

①编号：将带盖的瓷坩埚洗净烘干后，用钢笔蘸0.5%的氯化铁墨水溶液在坩埚及盖上编号。

②恒重：将带盖坩埚放入高温电炉内，坩埚盖微开，在（650.0 ± 20）℃温度下灼烧30.0 min，待炉温降至低于200.0 ℃时，将坩埚移入干燥器中，冷却1h称重，再在（650.0 ± 20）℃温度下灼烧30.0 min，再冷却、称重，直至前后两次称量之差小于0.000 5 g为恒重。

③称样：在已恒重的坩埚内称取2.0 ~ 5.0 g试样（灰分质量0.05 g以上），准确至0.000 2 g。

④碳化：将盛样品的坩埚放于普通调温电炉上，用小火慢慢碳化样品中的有机物质。此时可将坩埚盖打开一部分，便于气流流通。如果碳化时火力太大，则有可能由于物质进行剧烈干馏而使部分样品颗粒被逸出的气体带走。直至样品无烟。

⑤灰化：待样品碳化至无烟，再将坩埚移入高温炉中，在（650.0 ± 20）℃温度下灼烧2 h。坩埚盖打开少许，直至样品全部呈白色或灰白色为止。如灰分呈微红色，则灰分含铁较多；如呈蓝色，则含锰较多。

⑥恒重：灼烧完毕，待炉温降至低于200.0 ℃，将坩埚移入干燥器内冷却1.0h后，称坩埚和灰分质量，同样条件灼烧30.0 min，冷却，称重，至两次称重之差小于0.001 g为止。

四、测定结果的计算

$$粗灰分（\%）=\frac{W_3-W_1}{W}\times100=\frac{W_3-W_1}{W_2-W_1}\times100$$

式中：W—样本重（g）

W_1—坩埚（带盖）重（g）

W_2—坩埚（带盖）加样本重（g）

W_3——坩埚（带盖）加灰分重（g）

【练习与思考】

（1）盛有试样的坩埚为何需要先在电炉上炭化?

（2）如何计算饲料中有机物质的百分含量?

实验八　饲料中无氮浸出物的计算

【学习目标】

掌握饲料中无氮浸出物的计算方法及原理。

一、原理

一般采用的饲料分析方案中，无氮浸出物是根据相差计算而求得，即在100中减去水

分、粗蛋白质、粗脂肪、粗纤维、粗灰分等的质量分数，所得之差即为无氮浸出物的质量分数。由于不进行直接测定，因此只能概括说明饲料中这一部分养分的含量。

无氮浸出物(%)=100-[水分(%)+粗蛋白质(%)+粗脂肪(%)+粗纤维(%)+粗灰分(%)]

=干物质(%)-粗蛋白质(%)-粗脂肪(%)-粗纤维(%)-粗灰分(%)

二、计算方法

根据风干样本中各种营养成分的分析结果，计算风干样本中无氮浸出物的含量，直接用上式计算；

如果样本是新鲜饲料，首先计算总水分，得出新鲜样本的物质含量，再将测得风干样本各种营养成分含量的结果换算成新鲜饲料中各种营养成分含量。换算方式如下：

风干样本中干物质（%）=80%

风干样本中粗蛋白质（%）=12%

鲜样本中干物质（%）=30%

$$\text{鲜样本中粗蛋白质（\%）}=\text{风干样本中粗蛋白质（\%）}\times\frac{\text{鲜样本中干物质（\%）}}{\text{风干样本中干物质（\%）}}$$

$$=12\times\frac{30}{80}=4.5\%$$

新鲜样本中干物质、粗蛋白质、粗脂肪、粗纤维和粗灰分的百分数均换算完毕后，便可代入上式计算新鲜样本中的无氮浸出物含量。

实验九　饲料中钙的测定

【学习目标】

应用容量法测定饲料中钙的含量的方法，了解各类饲料中钙含量。

一、原理

饲料中有机物经浓 H_2SO_4 消化或样本中粗灰分用酸溶解，溶液中含有各种盐类，其中也含有钙盐。钙盐与草酸铵作用生成白色草酸钙沉淀。

$Ca^{2+} + 2HCl \rightarrow CaCl_2 + 2H^+$

$CaCl_2 + (NH_4)_2C_2O_4 \rightarrow CaC_2O_4\downarrow + 2NH_4Cl$

然后用 H_2SO_4 溶解草酸钙，使 CaC_2O_4 转变为可溶性的 $CaSO_4$。

$CaC_2O_4 + H_2SO_4 = CaSO_4 + H_2C_2O_4$

再用标准 $KMnO_4$ 溶液滴定与 Ca^{2+} 结合的草酸量，根据 $KMnO_4$ 标准液用量，即可计算出饲料样本中的钙含量。

$2KMnO_4 + 5H_2C_2O_4 + 3H_2SO_4 = 10CO_2\uparrow + 2MnSO_4 + 8H_2O + K_2SO_4$

二、仪器设备

①样品粉碎机或研钵。

②分样筛：孔径0.45 mm（40目）。

③分析天平：感量0.000 1 g。

④高温电炉：有高温计，可控制温度在650.0 ℃。

⑤坩埚：瓷质，容积50.0 ml。

⑥容量瓶：100.0 ml。

⑦滴定管：酸式，25.0 ml或50.0 ml。

⑧玻璃漏斗：直径6.0~9.0 cm。

⑨定量滤纸：中速，9.0~12.5cm。

⑩移液管：10.0 ml、20.0 ml。

⑪烧杯：20.0 ml。

三、化学试剂

试验用水应符合GB/T6682中三级用水规格，使用试剂除特殊规定外均用分析纯。

①硝酸

②盐酸溶液：1+3（或1∶3）。

③硫酸溶液：1+3（或1∶3）。

④氨水溶液：1+1（或1∶1）。

⑤草酸氨水溶液：（42 g/L）称取4.2 g草酸铵溶于100.0 ml水中。

⑥高锰酸钾标准溶液：［（$1/5KMnO_4$）=0.05 mol/L］的配制按GB/T 601规定。

⑦甲基红指示剂（1.0 g/L）：称取0.1 g甲基红溶于100.0 ml 95.0%乙醇中。

四、测定步骤

①分解液的制备：称取2.0~5.0 g试样于坩埚中，准确至0.000 2 g，在电炉上小火炭化，在炭化过程中，应将试样在低温状态加热灼烧至无烟（或电热板碳化），再放入高温炉中于（650.0±20）℃下灼烧3h（或测定粗灰分后的残余灰分），在坩埚中加入盐酸溶液10.0 ml和浓硝酸数滴，小心煮沸，勿使溶液溅出，将此溶液无损地用定性滤纸过滤转入100.0 ml容量瓶中，冷却至室温，用蒸馏水稀释至刻度，摇匀，为试样灰化液。亦可用测定粗蛋白质的消化液。

②草酸钙的沉淀：准确用移液管移取10.0~20.0 ml灰化液或消化液（含钙量20.0 mg左右）于200.0 ml烧杯中，加100.0 ml蒸馏水，甲基红指示剂2滴，滴加氨水溶液调至溶液呈橙色或无色或蓝色，再滴加盐酸溶液，使溶液又出现粉红色（pH值弱酸性），小心煮沸，慢慢滴加4.2%草酸铵溶液10.0 ml，且不断搅拌，如溶液变橙色，应再用盐酸调节溶液至粉红色，煮沸数分钟，放置过夜使沉淀陈化，草酸钙沉淀析出。

③洗涤：用慢速或中速定量滤纸过滤，用1∶50的氨水溶液冲洗烧杯及沉淀，至无草酸根离子（检查：接滤液数毫升加硫酸溶液数滴，加热至80.0 ℃，再加高锰酸钾溶液1滴，呈微红色，且30s不退色，即无草酸根离子存在）。

④滴定：沉淀和滤纸的滤液全部滤净，将沉淀和滤纸转入原烧杯中，加10.0 ml硫酸溶液，50.0 ml蒸馏水，加热至75.0~80.0 ℃，用高锰酸钾标准溶液滴定，溶液呈粉红色且30s不退色为终点。

同时用空白灰化液或空白消化液做空白溶液的测定。

五、测定结果的计算

1. 计算公式

$$样本中Ca含量（\%）=\frac{(V_2-V_0)\times C\times 200}{W\times V_1}\times 100$$

式中：V_1—试样消耗高锰酸钾标准溶液的体积，ml；

V_2—试样分解液总体积，ml；

V_3—试样滴定时移取试样分解液的体积，ml；

V_0—空白消耗高锰酸钾标准溶液的体积，ml；

C—高锰酸钾标准溶液当量浓度，mol/L；

m—试样质量，g；

0.02—与1.00 ml高锰酸钾标准溶液［（1/5$KMnO_4$）=0.05 mol/L］相当的以克表示的钙的质量。

2. 允许差

含钙量10.0%以上，允许相对偏差为2.0%；含钙量在5.0%～10.0%时，允许相对偏差3.0%；含钙量1.0%～5.0%时，允许相对偏差5.0%；含钙量1.0%以下，允许相对偏差10.0%。

【练习与思考】

（1）样本溶液为何先加氨水再加盐酸？

（2）为何要用氨水溶液冲洗沉淀直至无草酸根离子为止？

实验十　饲料中总磷量的测定

【学习目标】

掌握应用比色测定饲料磷的方法，并测定饲料总磷的含量。

一、原理

将试样中的有机物破坏，使磷元素游离出来，在酸性溶液中，用偏钒钼酸铵处理，生成黄色的（NH_4）$_3PO_4 \cdot NH_4VO_3 \cdot 16MoO_3$（磷－钒－钼酸复合体），在420.0nm波长下进行比色测定。其化学反应如下：

$H_3PO_4 + 16\ (NH_4)_3M_6O_4 + HNO_3 + NH_3VO_3 \rightarrow (NH_4)_3PO_4 \cdot NH_4VO_3 \cdot 16MoO_3 + NH_4NO_3 + 44NH_3\uparrow + 16H_2O + 8H_2\uparrow$

二、仪器设备

①样品粉碎机或研钵。

②分样筛：孔径0.45 mm（40目）。

③分析天平：感量0.000 1 g。

④高温炉：可控制温度在300.0～1 300.0 ℃。

⑤坩埚：瓷质，容积50.0 ml。

⑥容量瓶：50.0 ml、100.0 ml、200.0 ml、1 000.0 ml。

⑦分光光度计：有10.0 mm比色杯，可在420.0nm下进行比色测定。

⑧刻度移液管：1.0 ml、2.0 ml、5.0 ml、10.0 ml。

⑨可调温电炉：1 000.0W。

三、化学试剂

①盐酸溶液：1+1（或1：1）。

②浓硝酸。

③钒钼酸铵显色剂：称取偏钒酸铵 1.25 g，用少量碱溶液溶解，加硝酸 250.0 ml；另取钼酸铵 25.0 g，加蒸馏水 400.0 ml 溶解，冷却后 2 种溶液慢慢混合，用蒸馏水稀释至 1 000.0 ml，避光保存。如生成沉淀则不能使用。

④磷标准溶液：将磷酸二氢钾在 105.0 ℃干燥 1h，在干燥器中冷却 30.0 min，称 0.219 5 g，溶解于蒸馏水中，定量转入 1 000.0 ml 容量瓶中，加 3.0 ml 硝酸，用蒸馏水稀释至刻度，摇匀，即为 50.0 μg/ml 的磷标准溶液。亦可先配制 1.0 mg 磷/ml 的浓溶液备用，测定时现稀释为 50.0 μg 磷/ml 的稀溶液。

四、测定步骤

（1）分解液的制备　称取 2.0 ~ 5.0 g 试样于坩埚中，准确至 0.000 2 g，在电炉上小火炭化，在炭化过程中，应将试样在低温状态加热灼烧至无烟，再放入高温炉中于 650.0 ± 20 ℃下灼烧 3h（或测定粗灰分后灰分），在盛灰坩埚中加入盐酸溶液 10.0 ml 和浓硝酸数滴，小心煮沸，将此溶液用定性滤纸过滤转入 100.0 ml 容量瓶中，冷却至室温，用蒸馏水稀释至刻度，摇匀，为试样灰化液，亦可用测定粗蛋白质的消化液。

（2）标准曲线的绘制　洗净 7 ~ 9 个 50.0 ml 的容量瓶，分别准确移取磷标准溶液0 ml、1.0 ml、2.0 ml、4.0 ml、6.0 ml、8.0 ml、10.0 ml、12.0 ml、14.0 ml 于 50.0 ml 容量瓶中，加入 10.0 ml 偏钒钼酸铵显色剂，用蒸馏水稀释至刻度，摇匀，放置 30.0 min。以 0.0 ml 溶液为参比，用 10.0 mm 比色池，在 420.0nm 波长下，用分光光度计测定各溶液的吸光度。以磷含量为横坐标，吸光度为纵坐标绘制标准曲线。

（3）试样的测定　准确移取 1.0 ~ 10.0 ml 试样分解液（含磷量 50.0 ~ 70.0ug）于 50.0 ml 容量瓶中，加入 10.0 ml 钒钼酸铵显色剂，按步骤（2）的方法测定，以空白为参比，测得试样溶液的吸光度。用标准曲线查得试样中含磷量。

五、测定结果的计算

1. 计算公式

$$样本中总磷（\%）=\frac{X}{m \times V \times 100} \times 100$$

式中：m—试样质量（g）；

X—由标准曲线查得试样分解液总磷含量，μg；

V—移取试样分解液体积（ml）。

所得到的结果应精确到 0.01%。

2. 重复性

含磷量在 0.5% 以上（含 0.5%），允许相对偏差 3.0%；含磷量在 5.0% 以下，允许相对偏差 10.0%。

【练习与思考】

（1）简述总磷的测定步骤。

（2）用干法或湿法制备的试样分解液如果浑浊，是否会影响磷的比色结果？

实验十一　饲料、饲粮中食盐的测定

【学习目标】

掌握饲料和饲粮试验测定的方法，并测定饲料和饲粮中食盐的含量。

一、原理

样品在碱性条件下灰化，提取出氯离子，用过量的硝酸银标准溶液滴定样本中的氯离子，产生氯化银沉淀后，在滴加铬酸钾与过量的硝酸银反应产生铬酸银，使溶液呈橘红色即为终点。由硝酸银溶液的消耗量计算氯的含量。

二、仪器设备

①样本粉碎机或研钵。
②茂福炉。
③铂坩埚。
④硫酸干燥器。
⑤分样筛　40 目分样筛。
⑥分析天平。
⑦移液管。
⑧酸式滴定管。
⑨容量瓶。
⑩烧杯。
⑪漏斗。
⑫定量滤纸。

三、化学试剂

①0. 1 mol/L 硝酸银标准溶液：8. 495 8 g 硝酸银于硫酸干燥器中至恒重于蒸馏水中溶解，定容至 500. ml 的棕色容量瓶。
②10. 0% 铬酸钾水溶液。
③1∶4 硝酸溶液。

四、样品测定

（1）样品处理　称取 0. 5 g 样品置于铂坩埚。加入 20. 0 ml 5. 0% 的碳酸钠溶液，加热蒸发至干，在温度小于 650. 0 ℃高温炉灼烧完全，用热水浸取、洗涤、再将残渣放入铂坩埚中灼烧成灰，用 1∶4 硝酸银溶解，过滤、充分洗涤后，将两次滤液合并，转移于 250. 0 ml 容量瓶，同时进行空白测定。

（2）样本测定　取一定的样品溶液（硝酸银耗量 20. 0 ~ 25. 0 ml）置于 150. 0 ml 烧杯中，用蒸馏水稀释至约 50. 0 ml，再加入 1. 0 ml5. 0% 铬酸钾指示剂，摇匀。然后用 0. 1 mol/L的硝酸银标准溶液滴定，至砖红色为止。

五、结果计算

$$\mathrm{Cl}\ (\mathrm{mg/kg}) = \frac{(V_1 - V_2) \times N \times 0.0335}{M \times V_3 \times V} \times 10^6$$

V_1—滴定样本上清液消耗的标准硝酸银溶液的量（ml）；
V_2—滴定空白消耗的标准硝酸银溶液的量（ml）；
V_3—测定溶液的取量；
V—溶液的总量；
N—标准硝酸银溶液的浓度；
M—测定称取样本的量。

附：NaCl 快速测定

洗净 500.0 ml 或 250.0 ml 烧杯，用分析天平称取样本 5.000 0 ~ 10.000 0 g，准确加入蒸馏水 200.0 ml，用玻棒搅拌 10.0 min，静置 15.0 min，用移液管准确的吸取 20.0 ml 上清液于 250.0 ml 三角瓶，加入 1.0 ml5.0% 铬酸钾指示剂，用 0.1 mol/L 硝酸银标准液滴定至砖红色为终点。同时取另一三角瓶作空白测定。

计算：

$$\text{NaCl}\ (\%) = \frac{(V_1 - V_0) \times C \times 200 \times 58.45}{W \times 20 \times 1\,000} \times 100$$

式中：V_1—滴定样本上清液消耗的标准硝酸银溶液的量（ml）；
V_0—滴定空白消耗的标准硝酸银溶液的量（ml）；
C—标准硝酸银溶液的浓度；
W—测定称取样本的量。

六、注意事项

测定过程样本称量要准确，蒸发或搅拌时勿使液体溅出。

【练习与思考】

（1）简述氯化钠测定的原理。
（2）为什么要做空白测定？

实验十二　饲料中胡萝卜素的测定

【学习目标】

掌握饲料中胡萝卜素测定的方法，通过饲料胡萝卜素测定实际操作，了解并掌握胡萝卜素的测定原理和方法，学会进行各类鲜、干饲料，动物性饲料及多脂肪性饲料中胡萝卜素含量的测定。

一、原理

吸附剂对饲料中的胡萝卜素、叶绿素、叶黄素、玉米黄素等色素有不同的吸附力。用石油醚和丙酮等有机溶剂将上述色素混合物提取后，使其通过装有氧化镁吸附剂的层离装置，吸附剂对不同色素吸附力不同，各种色素会在吸着柱上形成一条条清晰的彩色层带，其中的胡萝卜素因吸附力最弱而处于最下层。用洗脱剂冲洗层离柱，位于最下层的胡萝卜素首先被冲出。将其收集，用分光光度计测定浓度。再根据胡萝卜素标准曲线，可查找并计算出所测饲料的胡萝卜素含量。

二、仪器设备

①分光光度计：1 台。

②抽气机：1 台。

③蒸锅：1 个。

④分液漏斗：250.0 ml　4 个。

⑤玻璃研钵：容量 100.0 ml，附研锤　2 个。

⑥小玻璃棒：长 20.0 cm　1 支。

⑦层离管：2 支。

⑧试管：1.5 cm×15.0 cm　1 支。

⑨塞棒：玻璃一端装软木塞，其直径能在层离管内上下移动为宜，1 支。

⑩量筒：带塞，容量 50.0 ml　2 个。

⑪三角瓶：500.0 ml　2 个。

⑫容量瓶：50.0 ml　9 个，100.0 ml　1 个。

⑬抽气管或内装试管的抽滤瓶，2 个。

三、试剂

①胡萝卜素：晶体纯 β-胡萝卜素或 90.0% 的 β-胡萝卜素和 10.0% α-胡萝卜素。若无纯胡萝卜素，也可用重铬酸钾（分析纯）代替。

②石油醚　沸点 40.0～70.0 ℃，用于测鲜饲料，120.0 ml；沸点 80.0～100.0 ℃，用于测干饲料　120.0 ml。

③乙醚：分析纯　150.0 ml。

④丙酮：分析纯　80.0 ml。

⑤硫酸钠：分析纯　4.0 g。

⑥氢氧化钾：分析纯　10.0 mg。

⑦氯仿：分析纯　10.0 ml。

⑧活塞滑剂（分液漏斗用）：22.0 g 甘油加 9.0 g 可溶性淀粉，加热至 140.0 ℃后放置 1.5h，倒出上清液，静置隔夜即可用。

⑨玻璃粉：用铁磨将碎玻璃磨成细粉，通过 20 目标准筛，再用浓盐酸浸泡，溶解其中铁质。之后用氢氧化钠浸泡并以清水冲洗至呈中性，放入烘箱烤干备用。

⑩提取剂：1∶1 丙酮、石油醚（低沸点）混合液，10.0 ml；1∶7 丙酮、石油醚（高沸点）混合液，40.0 ml。

⑪吸附剂：一般用氧化镁（化学纯）。用前将其通过 80 目标准筛，再置于茂福炉中，在 800.0～900.0 ℃灼烧 3 小时备用。用过的氧化镁可放入烘箱烘干后回收再用。氧化镁也可用氧化铝代替。

⑫洗脱剂：用 3.0 ml 丙酮加 97.0 ml 石油醚制成的丙酮、石油醚混合液。丙酮越多洗脱力越强。

⑬脱脂棉少许。

四、操作

胡萝卜素的测定要求在暗室中进行。操作全过程包括提取、层离和比色三大步骤。不同状态饲料（新鲜、风干、动物性及高脂肪性饲料）除提取操作过程有差别外，其他操作过程完全相同。

（一）提取

1. 新鲜饲料

将新鲜饲料洗净吹干，切碎混匀后称取样本 1.0 ~ 2.0 g（约含胡萝卜素 50.0 ~ 60.0 mg）。把样本置于蒸锅内蒸汽处理 2.0 ~ 5.0 min，破坏饲料中的氧化酶。取出后放入研钵中加一小勺玻璃粉和 5.0 ml 提取液（1 : 1 丙酮、石油醚混合液），用玻璃杵充分研磨。静置片刻后，将上清液移入盛有 100.0 ml 蒸馏水的分液漏斗中。剩于残渣中加入 5.0 ~ 8.0 ml 提取液继续研磨，待混合液澄清后倒入同一个分液漏斗，如此反复提取 8 ~ 10 次，直至提取液无色为止（取数滴研磨提取混合液置于盛有蒸馏水的试管中，摇动后上部石油醚无色为准）。在提取过程中，可用纯丙酮提取 1 ~ 2 次。

提取完毕后，摇动分液漏斗 2.0 分钟。摇动中可偶尔开启漏斗盖以减少瓶内压力。静置，待水与石油醚分开后，小心将水液层放入另一分液漏斗中。再加入 100.0 ml 蒸馏水，重复洗涤提取液 3 ~ 4 次以除去丙酮，并将水液层全部集中在盛水的分液漏斗中。向盛水分液漏斗中加入 5.0 ~ 10.0 ml 石油醚，充分摇动、静置后，将水放入三角瓶内，所余石油醚并入原提取液中。

2. 干饲料

将干饲料磨碎，通过 40 目标准筛。称取样品 0.5 ~ 4.0 g（一般为 1.0 g），放入三角瓶内。向三角瓶加入提取液（3 : 7 丙酮、石油醚混合液）20.0 ml，在电热板上回流 1 h，回流速度以调解到冷凝管每分钟滴下 1 ~ 3 滴石油醚为宜。也可将三角瓶口加塞，之后置于暗室过夜（至少 15.0h）。将三角瓶内混合提取液移入盛有 100.0 ml 水的分液漏斗中，其残渣用 5.0 ~ 8.0 ml 石油醚连续反复提取数次，直至提取液无色为止。将提取液并入前一个分液漏斗中。以下操作步骤与鲜饲料提取完毕后操作过程相同。

3. 动物性饲料及其他含脂肪多的饲料

（1）皂化　称取样本 1.0 ~ 4.0 g（约含胡萝卜素 50.0 ~ 60.0 mg）放入三角瓶内，加入 30.0 ml 乙醇和 5.0 mg 氢氧化钾，装置回流管，在电热板上回流 30.0 min 至皂化完成。

（2）提取　用 10.0 ml 蒸馏水冲洗回流冷却管，洗液接入皂化三角瓶内。冷却至室温后，加入 30.0 ml 水一并倾入分液漏斗中。用 50.0ml 乙醚分 3 次冲洗皂化瓶，洗液倾入同一分液漏斗内。轻摇分液漏斗，之后静置，使上下两层分开。如摇动过猛或其中醇与醚比例不合适则会产生乳浊液，此时加入几毫升乙醇即可打破胶体。如仍不行，可加入少量水。放出水液至另一分液漏斗中，用水重复冲洗，至洗出液不呈碱性为止（用酚酞指示剂检查）。静置，尽可能分离水分。提取液用无水硫酸钠和滤纸过滤，滤液接入三角瓶内。用 25.0 ml 乙醚冲洗分液漏斗、无水硫酸钠 2 次，均接入三角瓶内。向三角瓶中加入高沸点石油醚 5.0 ml，接上冷凝管在水浴上加热，回收乙醚，除去残存乙醚后，加入 60.0 ~ 70.0 ℃的石油醚 20.0 ml。

（二）层离及洗脱

1. 层离装置

在层离管下端放入少量脱脂棉，稍压紧。将层离管接在抽气管上，边抽气边向管中装入氧化镁，同时用手轻击管壁使其均匀，并用塞棒压紧。如仍需填加时，可用塞棒另端（尖

端）将管中氧化镁表层拨松后再加，以使前后加入的氧化镁能很好地连接。当管内氧化镁装到8.0~10.0 cm左右高度，压平表面，再加入1.0 cm无水硫酸钠，以防氧化镁在层离过程中松动。

2. 层离及洗脱

层离装置装好后（图3-8）。先向层离管内加入10.0 ml石油醚，同时抽气，以浸湿氧化镁柱并赶走柱中的空气。抽气管中可放一试管接收上面流下的液体。当石油醚下至无水硫酸钠表层时，立即将分液漏斗中的胡萝卜素提取液加入管内，并用5.0 ml石油醚冲洗分液漏斗。待提取液全部进入硫酸钠层时，再将冲洗分液漏斗的石油醚倒入层离管中。首先，通过层离管流下的石油醚因所含色素被氧化镁吸附而无色。此无色石油醚仍可用来冲洗分液漏斗，并倒入层离管内。待洗液进入无水硫酸钠表层时，再用洗脱剂连续冲洗层离管，胡萝卜素随洗脱剂洗下（呈黄色），并通过层离管滴入抽气管内的试管（承纳管）中。当试管中液体积满时，将液体倒入具塞的量筒内。继续冲洗层离管，直至冲洗液由黄色变为无色为止。将全部黄色液体收集到同一带塞量筒内。

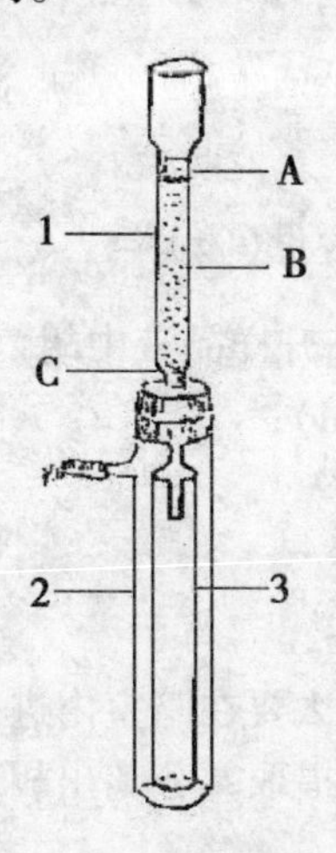

图3-8 层离管装置示意

1. 层离管（A为无水硫酸钠，B为吸附剂，C为脱脂棉）；
2. 抽滤管；3. 承接管

用氧化镁作吸附剂有时抽滤比较困难，若改用氧化铝，可使过滤速度加快1倍以上。具体做法在用前将氧化铝置于烘箱内，在105.0 ℃条件下干燥3.0h。取出并冷却后，取6.0~8.0 g放于小烧杯中，加入石油醚使其淹没。之后用橡皮头吸管吸取石油醚氧化铝混合物，并将其移入预先塞好脱脂棉的层离管内。此时不必抽滤，石油醚可自然滴下。层离管内装入氧化铝的高度与氧化镁相同（8.0~10.0 cm）。层离过程中只要稍加抽气，提取的样品液和洗脱剂均可顺利通过，且色层清晰。

3. 比色

（1）绘制胡萝卜素标准曲线　精确称取纯晶体β-胡萝卜素或90.0%的β-胡萝卜素和10.0%α-胡萝卜素混合体20.0 mg于小烧杯中。加5.0 ml氯仿使其溶解，用小漏斗移入50.0 ml容量瓶内。取少量石油醚冲洗烧杯和小漏斗3~4次，并用石油醚定容至刻度配成原液。用移液管吸取原液12.5 ml于100.0 ml容量瓶中，再加入石油醚至刻度配成稀释液。此稀释液每毫升含纯胡萝卜素 50.0 μg。分别取稀释液、0.5 ml、1.0 ml、1.5 ml、2.0 ml、2.5 ml、3.0 ml、3.5 ml 各自注入 50.0 ml 容量瓶内，用石油醚稀释至刻度，制成不同浓度的标准液。将不同浓度标准液置于分光光度计上，用 440.0nm 波长分别测定其光密度。最后以胡萝卜素含量（μg）为横轴，相应光密度为纵轴，绘出标准曲线。

无纯胡萝卜素时，也可用重铬酸钾代替来绘制曲线。做法将重铬酸钾置于烘箱内，在 105.0 ℃烘干 8.0h。取出后精确称取干燥的重铬酸钾 360.0 mg，溶解后移入 500.0 ml 容量瓶中，加蒸馏水定容配成原液。此原液每毫升含重铬酸钾 720.0 μg。分别取原液 10.0 ml、20.0 ml、30.0 ml……80.0 ml 各自注入 100.0 ml 容量瓶中，加蒸馏水定容配成不同浓度的标准液。用同样方法测定不同浓度标准液的光密度并绘制标准曲线。每微克晶体纯胡萝卜素相应为 130.0 ~ 160.0 μg 重铬酸钾；每微克 β-胡萝卜素相应为 116.1 μg 重铬酸钾。

（2）样品液的比色测定　将层离洗脱出的胡萝卜素溶液定容至一定的刻度。以石油醚作空白，在分光光度计上用同样（440.0nm）波长测定样品液的光密度。按测定值在曲线中找出所对应的胡萝卜素含量（即每毫升的含量），再根据公式可算得样品中胡萝卜素的含量。

五、计算

$$样品胡萝卜素含量(\%) = \frac{a \times V}{W} \times \frac{100}{1\,000} \times 100$$

式中：a—由标准曲线查得的每毫升样品液中胡萝卜素含量（μg）；

V—样品提取液的体积（ml）；

W—样品重（g）。

【练习与思考】

（1）测定饲料中的胡萝卜素为什么要在暗室内进行？

（2）测定过程中，如何从饲料中提取并分离出胡萝卜素？

实验十三　饲料能量的测定

【学习目标】

掌握饲料或饲粮、粪、尿、畜禽产品能量的测定方法，并测定分析样品能量。

一、原理

饲料中有机物质燃烧热系 1 g 分子有机化合物完全氧化时，所能释放出的热量，称为该物质燃烧热或总能量。将饲料或日粮制备成一定重量的测定样品，装于充于 25.0 ± 5.0 个大气压纯氧的氧弹中进行燃烧。燃烧所产生热为氧弹周围已知重量的蒸馏水及热量计整个体系所吸收，并由贝克曼温度计精确读出水温上升的度数。该上升的温度乘以热量计体系和水的热容量之和，即可得出样品的燃烧热。在测定过程中有些因素会影响测定结果的准确性，须加以校正才能得出真实的热量；例如：由于辐射的影响，水温上升的度数与由燃烧产热导致的实际升温之间有偏差；点火丝燃烧的发热量；以及含有 N、S 等元素的样品，在氧化后生成硝酸、硫酸等，其发热量应予扣除。

如设有 M 克物质放在氧弹式热量计中燃烧，放出的热 Q 可使 W 克水和热量计本身从温

度 T_1 升高到 T_2，令 K 代表热量计的热容量（即热量计每升高 1 ℃所需的热量，在这里又称为水当量）。

用公式表示如下：

$$Q = \frac{(W + K)(T_2 - T_1)}{M}(kJ/g)$$

式中：Q—所测物质的燃烧热（kJ/g）；

W—内筒水重（g）；

K—水当量（g）；

M—所测物质的重量（g）；

T_2—物质燃烧后内筒温度（℃）；

T_1—物质燃烧前内筒温度（℃）。

二、仪器

①氧弹式热量计：（GR－3500 型）1 套。

②氧气钢瓶：（附氧气表）及支架 1 套。

③容量瓶：2 000. 0 ml，1 000. 0 ml，200. 0 ml 各 1 个。

④量筒：200. 0 ml、500. 0 ml 各 1 个。

⑤滴定管：50. 0 ml（碱式）1 支。

⑥吸管：10. 0 ml1 支。

⑦烧杯：250. 0 ml、500. 0 ml 各 1 个。

⑧工业天平：（载量 5 000. 0 kg，感量 0. 1 g）1 架。

三、试剂

①苯甲酸（标准发热量）。

②NaOH：0. 1 mol/L。

③酚酞指示剂。

四、操作步骤

（一）准备工作

测定前应擦净氧弹各部分污物及油渍，以防试验时发生危险，氧气瓶应置于阴凉安全处，并注意避免滑倒（图 1－5）。

（1）称量样品及点火丝的准备　风干饲料样品（经粉碎过筛）可用压片机压成片状，用分析天平称重。每片重以 0. 7 g 左右为宜（称准至 0. 000 1 g）。再量取 10. 0 cm 的点火丝，称重。将准备好的样品放入坩埚内（坩埚底部铺以经 600 ℃处理的酸洗石棉 0. 3～0. 4 cm 厚），将点火丝固定在两个电极上，将点火丝做成一弧形，接触样品表面。点火丝切勿接触坩埚。如将点火丝压入样品内时，则事先应称准引火丝的重量，最后从样品重中扣除。

（2）加水及充氧　在弹头与弹体装配前，由内筒取约 10. 0 ml 蒸馏水注入氧弹底部，以吸收燃烧过程中产生的 N_2O_5 与 SO_3 气体。加入的水量应计算到测定热量计水当量中。

然后将弹头与弹体螺帽扭紧，取下进气阀的螺母，接上连接氧气瓶的气管接头，充氧之前应先打开针形阀，先充氧约 5. 0 kg/cm^2 左右（约 20 s），使弹中空气排尽。尔后，充氧压力应逐渐增至 25. 0～30. 0 kg/cm^2（一般充氧气 30 s）。充氧勿过快，否则会使坩埚中的样本为气流所冲散而损失。这点必须注意。

(3) 内外水筒的准备及热量计的安装　从外筒的注水口加入蒸馏水至完全满为止，为防止水中杂质沉淀，应用蒸馏水。外筒加水后可用搅拌器拌搅（外筒蒸馏水不须经常更换），待水温与室温一致时才能使用（可在仪器使用前 1 天加满水）。如热量计长期不用，应将外筒中的水全部放出，干燥保存。热量计内筒的蒸馏水应盖过氧弹进气阀螺母 2/3 高度，加入 2 000.0 ~ 3 500.0 ml 蒸馏水（GR-3500 型氧弹式加水 3 500.0g）。为减少辐射，测定前应调节内筒水温低于外筒水温 0.5 ~ 0.7 ℃为宜。操作步骤是先将内筒重量称重，然后调节内筒水温度低于外筒水温度 0.5 ~ 0.7 ℃，准确称内筒水重，将内筒放入外筒内，再从内筒水中量取 10.0 ml 水加入氧弹内，将弹头与弹体螺帽扭紧，氧弹内充氧，再将氧弹放入内筒适当的位置，勿使搅拌器的叶片与内筒或氧弹接触。然后连接电极，最后将贝克曼温度计固定于支架上，使其水银球中心位于氧弹一半高度的位置，盖上热量计盖子。

整个热量计准备就绪后，开动搅拌器，为保证测定时由搅拌所产生的热大致相等，搅拌器的速度变化，不得超过 10.0%。搅拌速度可由控制箱上的旋钮调节。

(二) 测定工作

全部测定工作分为 3 期：燃烧前期（即初期）、燃烧期（即主期）及燃烧后期（即末期）。

(1) 燃烧前期（即初期）　是燃烧之前的阶段，用以了解热由外筒传入内筒的速度。搅拌器开动 3.0 ~ 5.0 min 后，开始记录温度，温度上升几乎恒定时，定为初期起点，也即试验的开始（定为 0 点）。此时每隔 1 min 读记一次温度，如此连续 5.0 ~ 10.0 min，读温应精确至 0.001 ℃。

(2) 燃烧前期之末　按电钮点火（此时定为 a 点），燃烧前期最末一次读温，也即燃烧期（主期）第一次读温。燃烧期（主期）内每半分钟读数记录一次，直到温度不再上升或第一次开始下降的温度时为止（此时为 C 点），燃烧即告结束。使用的点火电压约为 24V。点火时间每次都应相同，不应超过 2 s。

(3) 燃烧后期（末期）　燃烧期结束即燃烧后期（末期）的开始。其目的在测定热由内筒传向外筒的速度，亦须每分钟读记温度一次，直至温度停止下降为止，约需 5.0 ~ 10.0 min。燃烧后期的终点，即全部试验期的结束（定为 d 点）。

(三) 结束工作

测定温度后，停止搅拌器，首先取下贝克曼温度计，然后取出氧弹。将氧弹上的排气口打开，使氧弹中剩余的氧气和 CO_2 在 5.0 min 内徐徐排出。拧开螺帽，取出弹头，如弹内有黑烟或未燃尽的试样，则试验作废。如燃烧成功，则小心取出烧剩的点火丝，精确测量其长度。用蒸馏水仔细冲洗氧弹内壁、坩埚及进气阀、导气管等各部分，洗液及燃烧后的灰分移入干净的烧杯中，供测定氮及硫的含量，以校正酸的生成热。在一般情况下，由于酸的生成热很小，约为 10.0 cal（1cal = 4.184J）左右，因此常忽略不计。

氧弹、内筒、搅拌器在使用后用纱布擦干净。各塞门应保持开启状态，并用热吹风将其各部分吹干，防止塞门生锈而漏气。

每次燃烧结束后，应清除坩埚中的残余物。普通坩埚可置于茂福炉中，加热至 600 ℃维持 3 ~ 4 min，烧去可能存在的可燃性污物及水分或在电炉灼烧数分钟。

（四）热量计水当量的测定

水当量即仪器整个体系（包括氧弹、搅拌器、内筒、温度计以及辐射损失等）温度升高1.0 ℃所需之热量。

1. 试剂和材料

（1）苯甲酸　已知热值，其热值应经国家计量机关检定。

（2）作引火用的点火丝（铁、镍、铂、钼等）　直径小于0.2 mm，将其切成长度8.0～10.0 cm的线段再把等长10.0～20.0根线段同时放在分析天平上称重，并计算出每根的平均重量。

（3）氧气　不应有氢和其他可燃物，禁止使用电解氧。

（4）酸洗石棉　市场购得的酸洗石棉在900.0 ℃茂福炉灼烧3.0h，冷却后保存备用。

2. 操作顺序

热量计水当量用已知热值苯甲酸，在氧弹内用燃烧的方法测定。试样的测定应与水当量的测定在完全相同的条件下进行。当操作条件有变化时，如更换或修理热量计上的零件，更换温度计，室温与上次测定水当量时的室温相差超过5.0 ℃及热量计移到别处等，均应重新测定水当量。

（1）用玛瑙研钵将苯甲酸研细，在100～105 ℃烘箱中烘干3～4 h，冷却后放入称量瓶中，在盛有硫酸的干燥器中干燥，直到每克苯甲酸的重量变化不大于0.000 5 g时为止。称取此苯甲酸约1.0～1.2 g，用压片机压成片（点火丝压在片内或不压在片内均可），再称准到0.000 2 g放入坩埚中。在使用石英坩埚时，为避免破裂，可用酸洗石棉将坩埚垫充（厚度约0.2～0.3 cm），样片放在石棉之上。

（2）其他操作程序同上述准备工作的操作步骤（1）、（2）、（3）。

（3）实验结束后用热蒸馏水洗涤弹内各部分，将全部洗液收集在洁净的烧杯中，洗弹液量应为150.0～200.0 ml。将盛洗弹液的烧杯加盖微沸5.0 min，加2滴1.0%酚酞，以0.1 mol/L氢氧化钠液滴至粉红色，保持15.0 s不变色为止。

（4）水当量测定结果不得少于5次，每两次间的误差不应超过10.0 cal/g，如果前4次间的误差不超过5.0 cal，可以省去第五次测定，取其算术平均值，作为最后结果。

五、测定结果计算

（一）水当量测定结果按下列公式计算

$$k=\frac{Qa+gb=1.43C}{H[(T=h)-(T_0+h_0)+\Delta t]}$$

式中：k—热量计的水当量（g）；

Q—苯甲酸的热值（cal/g）；

a—苯甲酸重量（g）；

g—引火线的燃烧热（cal/g）；

b—实际消耗的引火线重量（g）；

1.43—相当于1 ml 0.1 mol/L氢氧化钠溶液的硝酸的生成热和溶解热；

C—滴定洗弹液所消耗的0.1 mol/L氢氧化钠溶液容积（ml）；

H—贝克曼温度计上每一度相当于实际温度的度数。（贝克曼温度计必须带有校正表，特制的热量计所用温度计的H＝1.000 ℃）；

T—直接观测到的主期的最终温度；

h—温度为 T 时对温度计刻度的校正值；

T_0—直接观测的主期的最初温度；

h_0—温度为 T_0 时对温度计刻度的校正值；

Δt—热量计热交换校正值，用奔特公式计算：

$$\Delta t = \frac{V - V_1}{2} m + V_1 r$$

式中：V—初期温度变率；

V_1—末期温度变率；

m—在主期中每半分钟温度上升不小于0.3 ℃的间隔数，第一个间隔不管温度升多少都计入 m 中。

r—在主期每半分钟温度上升小于0.3 ℃的间隔数。

记录及计算示例：

室内温度——22.3 ℃

外筒温度——22.5 ℃

内筒温度——21.8 ℃

所用苯甲酸的热值为6 329 cal/g

初期	主期	末期
0～0.848	1～1.090	1～2.860
1～・・・・・・・	2～1.930	2～2.859
2～0.849	3～2.390	3～2.858
3～・・・・・・・	4～2.610	4～2.857
4～0.850	5～2.722	5～2.856
5～・・・・・・・	6～2.782	6～2.855
6～0.851	7～2.817	7～2.854
7～・・・・・・・	8～2.837	8～2.853
8～0.852	9～2.849	9～2.852
9～・・・・・・・	10～2.856	10～2.851
10～0.853	11～2.860	
	12～2.861	
	13～2.862	
	14～2.862	
	15～2.861	

$$V = \frac{0.848 - 0.853}{10} = -0.000\,5$$

$$V_1 = \frac{2.861 - 2.851}{10} = 0.001$$

$$\Delta t = \frac{-0.000\,5 + 0.001}{2} \times 3 + 0.001 \times 12 = 0.012\,75$$

$a = 1.107\,1$ g

$gb = 8$ cal

$C = 4.01$ ml

$$K = \frac{6\ 329 \times 1.107\ 1 - 8 - 1.43 \times 4.01}{2.681 - 0.853 + 0.012\ 75} = 3\ 477.0\ \text{g}(\text{包括内筒水量})$$

（二）试样发热量计算公式

$$E = \frac{KH[(T-h)-(T_0-h_0)+\Delta t] - \sum_{gb}}{G}$$

G – 试样重量（g）

附：发热量测定记录

能量测定记录

样本编号		样本名称		样本重量			
试前室温		试后室温		外温		内温	

水当量		燃烧丝		实用燃烧丝发热量	cm × 0.83cal =
产生酸的发热量				0.1 mol/L NaOH 用量	ml × 1.43 =

燃烧初期		燃烧主期				燃烧末期	
0		1		16		1	
1		2		17		2	
2		3		18		3	
3		4		19		4	
4		5		20		5	
5		6		21		6	
6		7		22		7	
7		8		23		8	
8		9		24		9	
9		10		25		10	
10		11		26		11	
11		12		27		12	
12		13		28		13	
13		14		29		14	
14		15		30		15	

$V =$　　　　　　　　$V_1 =$　　　　　　　　$m =$

$R =$　　　　　　　　$H =$

$T\text{-}T_1 =$

$\Delta t = \frac{V + V_1}{2} \times m + V_1 \times r =$

计算公式：$H = \frac{T\ (W + \Delta W + E)}{M} - \Delta Q =$

计算结果					
校对人		分析人		校对时间	

第四章　饲料质量评价

实验一　饲料原料混杂度检验

【学习目的】

通过实验能够正确掌握饲料原料混杂度的检验方法，并能够检验饲料混杂度，评价饲料的质量。

一、原理

饲料原料质量是决定饲料产品质量优劣的主要因素，再好的饲料配方，如果没有高质量的原料保证，不会生产出高品质的饲料产品。饲料原料质量的优劣可以通过化学分析方法确定，但化学分析法有一定的局限性。它对饲料原料是否混杂有异物或类杂物以及混杂物的种类、数量很难做出满意而简捷的判断；而借助显微镜检查能很好地解决这个问题。首先利用显微镜对饲料原料中的混杂物做出定性鉴定，在显微定性基础上再进行显微计数定量，从而解决饲料原料中混杂物的定量问题，可取得较好的效果。由于饲料原料的品种繁多，混杂物的种类也多种多样，因此，我们选择具有代表性的鱼粉中掺杂饼粕的显微计数定量法为例，说明饲料混杂度的测定方法，以期达到举一反三，触类旁通的作用。

由于样品通过多级分筛，因而在同一目筛上样品颗粒大小较为均匀一致，而且鱼粉的容重（562 g/L）和饼粕的容重（564 g/L）十分接近。因此，可以用颗粒数的百分比来近似替代重量的百分比，从而求得鱼粉中掺杂物的百分率，达到显微计数定量的目的。

显微定性是显微定量的基础。本方法要求检测者对显微镜视野内每个样品颗粒均能准确区分、辨认，这是显微定量精确与否的前提和关键，因此要求检测者应十分熟练掌握鱼粉和各类饼粕的显微特征。对个别难以判断的颗粒可通过化学染色或用生物显微镜高倍放大观察给予解决。常见饲料原料的显微特征可参见饲料显微镜检测定。

二、检验方法

（一）分样

将分样筛从上到下按20目、40目、60目、80目，筛底的顺序装好。取约10.0～20.0 g鱼粉（或其他饲料）样品放在20目筛上，盖好筛盖，人工摇筛3.0 min，用小刷把各目筛及筛底上的样品分别转移到小烧杯内，在分析天平上分别称重（精确到0.01 g）。

（二）显微计数

用牛角勺取少许20目筛上样品均匀撒在培养皿上，要求颗粒分布紧凑而不重叠。将培养皿置于体视显微镜下，调节放大倍数至20倍，调准焦距进行观察。计算并记下显微镜视野内样品颗粒数目 A，同时辨认视野内饼粕的颗粒并记下数目 B，则可求得视野大饼粕颗粒占样品颗粒总数的百分率 C。移动培养皿，显微镜出现新的视野，同样观察、辨认、计数。如此重复操作3次，取3次百分率的平均值，代表20目筛上样品中，饼粕颗粒占样品颗粒总数的百分率。

$$C(\%) = \frac{A}{B} \times 100\%$$

同样，将40目、60目、80目及筛底的样品分别在放大30倍、40倍、50倍、60倍的显微镜下观察计数，求得相应的百分率的平均值，即代表该目筛上，饼粕颗粒占样品颗粒总数的百分率。

（三）计算

$$鱼粉中饼粕掺假重量的百分率(\%) = \frac{\sum C_i W_i}{\sum W_i} \times 100$$

$$= \frac{C_{20目} W_{20目} + C_{40目} W_{40目} + C_{60目} W_{60目} + C_{80目} W_{80目} + C_{筛底} W_{筛底}}{W_{20目} + W_{40目} + W_{60目} + W_{80目} + W_{筛底}}$$

式中：C_i—为某筛样品中饼粕颗粒占样品颗粒总数的百分率；

W_i—为相应筛上样品的质量（g）。

三、检验方法评述

通过实践能正确选择实验器材，了解显微镜的原理和结构，能熟练使用体视显微镜；计算结果准确。

饲料原料质量不仅关系到配合饲料生产厂家的信誉和市场竞争，更主要的是将直接影响广大养殖者的生产效益，影响养殖业的发展。因此，对饲料工业的原料控制、粉碎、配料、混合、成形加工、包装、贮存、运输和售后服务等全过程进行有效控制，从而保证饲料产品质量。饲料工业建立ISO9001质量管理体系，在企业里进行的是一场管理思想的更新和加强管理的普遍教育，适应现代管理的需要，对外对内都有重大意义。

实验二　鱼粉掺假鉴别检验

【学习目标】

通过实验能够正确判断鱼粉的真假和质量好坏。能够利用显微镜、化学试剂鉴别鱼粉的掺假状况，以此了解饲料原料市场的现状，便于生产实践中合理采购应用。

一、检验方法

（一）显微镜检验

显微镜检验可根据各种饲料原料的结构特征在体视显微镜下观察辨别，显微镜检需要一定的经验或长期工作的经历。

体视显微镜下观察，鱼粉为小颗粒状物，表面无光泽。鱼肉表面粗糙，具有纤维结构，其肌纤维大多呈短片状，易碎、卷曲，表面光滑、无光泽，半透明。鉴定鱼粉的主要依据是鱼骨和鱼磷的特征。鱼骨坚硬，多为半透明至不透明的碎片，一些鱼骨呈琥珀色，其空隙为深色；一些鱼骨具有银色光。鱼骨碎片的大小、形状各异，鱼体各部分（头、尾、腹、脊）的骨片特征也不相同。鱼磷是一种薄、平而卷曲的片状物，外表面有一些同心环纹。鱼皮是一种晶体似的凸透镜状物体，半透明，表面破碎，形成乳白色的玻璃珠。

生物显微镜下观察，可见鱼骨为半透明至不透明的碎片，孔隙组织为深色，纺锤形，有波状细纹，从孔隙边缘向外延伸。

（二）试剂检验

1. 原理

特有的掺假物质在一定的条件下与特定的化学试剂起反应，呈现特殊的颜色，依据特殊的显色反应判断掺杂物的性质。

2. 检验方法

（1）鱼粉掺有麸皮、米糠、花生壳、稻壳粉的检验　取几克鱼粉样品于100.0 ml烧杯中，加入5.0倍的水，充分搅拌后，静置10.0～15.0 min，掺假（杂）物比重轻，浮于水面上，依据漂浮物的多少可以判断掺假量，将漂浮物取出放于培养皿烘干或晾干在体视显微镜下观察。

（2）鱼粉中掺杂草粉（锯末等木质物）的检验

①检验方法1：取少量鱼粉样品于培养皿，加入95.0%乙醇浸湿样品，再滴加几滴浓盐酸，则出现深红色，加入水后深红色物浮在水面，说明有掺杂物。

②检验方法2：取1.0～2.0 g鱼粉样品于试管中，加入10.0%的间苯三酚10.0 ml，再滴加数滴浓盐酸，有红色颗粒产生，则为含有木质素的掺杂物。

（3）鱼粉中掺有淀粉类物质的检验　取样品2.0～3.0 g置于烧杯中，加入3.0倍水后，加热1.0 min，冷却后滴加碘—碘化钾溶液，掺有淀粉类，则颜色变蓝，颜色越深，掺假程度越高。

（4）鱼粉中掺入碳酸钙、石粉、贝壳粉的检验　可利用盐酸对碳酸盐的反应产生CO_2气体判断。取样品10.0 g于烧杯中，加入2.0 ml盐酸，立即产生大量气泡者为掺杂上述物质。

（5）鱼粉中掺入皮革粉检验

①检验方法1：取少量鱼粉样品于培养皿，加入钼酸铵溶液以浸没样品为宜，静置5.0～10.0 min，无颜色变化则含有皮革粉，呈现绿色为纯鱼粉。

②检验方法2：取样品2.0 g样品于瓷坩埚中，置于550.0 ℃灼烧，冷却后用水浸润，加入2.0 mol/L硫酸10.0 ml，使之呈酸性，滴加数滴二苯基卡巴腙溶液，有紫红色物质产生，即有铬存在，说明含有皮革粉。

（6）鱼粉中掺有血粉检验　取被检样品1.0～2.0 g于试管中，加入5.0 ml蒸馏水，摇匀，静置数分钟后。另取一试管，先加联苯胺粉末少许，然后加2.0 ml冰乙酸，振荡溶解，再加入1.0～2.0 ml过氧化氢溶液，将被检鱼粉的滤液徐徐注入，两液接触面出现绿色或蓝色的环或点，说明鱼粉中含有血粉。

（7）鱼粉中掺尿素的检验　取10.0 g样品于烧杯中，加入100.0 ml蒸馏水，搅拌，过滤，取上清液1.0 ml于点滴板上，加2～3滴甲基红指示剂，再加2～3滴尿素酶溶液，经5.0 min，点滴板上呈现深红色，说明样品中掺有尿素。

二、检验方法评述

鱼粉掺入草粉（锯末等木质物）、麸皮、米糠、花生壳、稻壳粉、淀粉类物质、碳酸钙、石粉、贝壳粉、皮革粉、血粉、尿素等掺假鉴别方法，针对性强，操作简便，效果明显。可现场进行定性鉴别，操作简便，易于掌握。

鱼粉掺假物种类较多，鉴别方法也很多。可进一步通过测定粗蛋白质、真蛋白质、粗纤维、粗脂肪、粗灰分及淀粉等指标，准确识别鱼粉成分的真伪。

实验三 配合饲料混合均匀度的检测

【学习目标】

掌握饲料混合均匀度的检测方法，并能用这种方法检验各类配合饲料的均匀度。

一、样品的采集与制备

本法所需样品系配合饲料成品，必须单独采取与制备。

将测定用的甲基紫混匀并充分研磨，使其全部通过150目标准筛，按配合饲料成品量的十万分之一量，在添加剂工序段投入。

每一批饲料至少抽取具有代表性的原始样品，每个原始样品的数量应以畜禽平均日采食量为准，肉用仔鸡前期饲料取样50.0 g，肉用仔鸡后期与产蛋鸡饲料取样100.0 g，生长育肥猪饲料取样500.0 g，取10个原始样品，其布点必须考虑每个方位的深度、袋数、或流量的代表性；每个原始样品必须有一点集中采取，取样前不允许有任何翻动和混合。

将上述每个原始样品在实验室分别充分混匀，以四分法分取10.0 g样品进行实验室测定。

二、操作方法

（一）测定步骤

从原始样品中准确称取10.0 g分析试样，放入100.0 ml的烧杯中，加入30.0 ml无水乙醇，不时的加以搅动，烧杯上加盖一表面皿，30.0 min后用定性滤纸过滤，以乙醇溶液作为空白调节零点，用分光光度计，以5.0 mm比色皿在590.0nm的波长下测定溶液的光密度。

（二）计算

以各次测定的光密度值为 $X_1\ X_2\ X_3\ X_4\ X_5 \cdots X_{10}$，求其平均值（$\bar{X}$），标准差（$S$），变异系数（$CV\%$），按1~3式计算。

$$\bar{X} = \frac{X_1 + X_2 + X_3 + X_4 \cdots\cdots X_{10}}{10}$$

$$S = \frac{(X_1 - \bar{X})^2 + (X_2 - \bar{X})^2 + (X_3 - \bar{X})^2 + (X_4 - \bar{X})^2 \cdots\cdots (X_{10} - \bar{X})^2}{10 - 1}$$

$$CV(\%) = \frac{S}{\bar{X}} \times 100$$

样品中含有绿色素物质时不宜用甲基紫法。

三、检验方法评述

通过实践，能熟练抽取代表性的原始样品；并掌握四分法取样检验；了解比色法测定的基本原理，能熟练准确使用分光光度计；计算结果准确。

配合饲料混合均匀度检测是质量检测化验的基本内容之一。也是饲料质量检测的基本内容与方法的重要部分。作为一个饲料检验员，还应掌握饲料感官鉴定、物理性检测、显微镜检测、化学分析等内容。

实验四　配合饲料粉碎粒度的检验

【学习目标】

掌握饲料粉碎粒度检测方法，并能用该方法检验各类配合饲料的粒度，已确定饲料加工的工艺。

一、操作方法

（一）测定步骤

从原始样品中称取畜禽饲料试样 100.0 g，放入规定的筛层的标准筛内，开动电动摇筛机连续筛 10.0 min，筛完后将各层筛上物分别称重、计算。

$$该筛层上留存百分率(\%) = \frac{该筛层上留存粉碎物重量}{试样重量} \times 100\%$$

结果计算到保留一位小数。过筛的损失量不得超过 1.0%，两次试验允许误差不超过 1.0%，以算术平均值为检测结果。

（二）注意事项

（1）测定结果以统一型号的电动摇筛机为准，也可用测定面粉粗细度的电动筛机处理或手工筛 5.0 min 计算结果。

（2）筛分时若发现未经粉碎的谷粒与籽实时，应加以称重并记载。

二、检验方法评述

通过实践，能准确选择适用于规定的标准分样筛；结果计算到保留一位小数，误差不超过 1.0%。

要生产一种质优价廉的饲料产品，仅仅靠选用优质稳定的原料，并根据原料实际的蛋白质、氨基酸和主要矿物质元素等养分的含量，设计一个科学合理的配方是不够的，还必须通过合理的加工工艺，才能达到预期的目标。衡量配合饲料加工质量的主要指标通常包括配合饲料混合均匀度、配合饲料粉碎粒度、颗粒的硬度、颗粒粉化率、颗粒料的淀粉糊化度等。目前，在我国颁布的猪、鸡配合饲料产品质量标准中规定的加工指标主要包括混合均匀度和粉碎粒度。配合饲料粒度国家标准见表 4－1。

表 4－1　配合饲料粒度

饲料名称	粒度要求
仔猪、生长育肥猪配合饲料	99.0% 通过 2.80 mm 筛孔，不得有整粒谷物，1.40 mm 筛上物不得大于 15.0%
肉用仔鸡前期配合饲料、后备产蛋鸡前期配合饲料	99.0% 通过 2.80 mm 筛孔，不得有整粒谷物，1.40 mm 筛上物不得大于 15.0%
肉用仔鸡中后期配合饲料，后备产蛋鸡中后期配合饲料	99.0% 通过 3.35 mm 孔筛，不得有整粒谷物，1.70 mm 筛上物不得大于 15.0%
产蛋鸡配合饲料，产蛋鸡、肉用仔鸡、仔猪、生长育肥猪浓缩料	全部通过 4.00 mm 孔筛，不得有整粒谷物，2.00 mm 筛上物不得大于 15.0%。全部通过 2.50 mm 孔筛，1.25 mm 筛上物不得大于 10%
奶牛补充料、生长育肥猪混合料	全部通过 2.50 mm 孔筛，1.25 mm 筛上物不得大于 20%

实验五　饲料原料用显微镜检验

【学习目标】

掌握饲料显微镜检验方法，并能用该方法检验各类配合饲料和饲料原料。

一、显微镜检测的概念

显微镜检测是指利用体视显微镜观察饲料的外观、组织或细胞形态、色泽、颗粒大小、软硬度，构造与嗅味，及其不同的染色特性等，或用高倍显微镜观察细胞及组织结构，并配合化学或其他分析方法进行定性或定量检验，检测饲料原料的种类及异物的方法。

借助显微镜扩展人眼功能，依据各种饲料原料的色泽、硬度、组织形态、细胞形态及其不同的染色特性等，对样品的种类、品质进行检测。检测方法有两种，最常用的一种是用体视显微镜（5～40倍），通过观察样品外部特征进行检测，另一种是使用生物显微镜（50～500倍）观察样品的组织结构和细胞形态进行检测，要求镜检人员必须熟悉各种饲料及掺杂物的显微特征。

二、仪器设备与试剂

1. 仪器设备

①体视显微镜（5～40倍）1台。

②生物显微镜（50～500倍）1台。

③分样筛1套，包括10、20、40、60、80目筛以及底、盖。

④分析天平感量0.000 1 g 1台；普通天平1台。

⑤干燥箱1台。

⑥研钵1套。

⑦玻璃及陶瓷的点滴板　各1个；

⑧辅助工具　培养皿、毛刷、小镊子、探针、小剪刀、载玻片、盖玻片、擦镜纸、定性滤纸等。

2. 化学试剂

①工业级四氯化碳或氯仿：（预先经过过滤和蒸馏处理）。

②丙酮：（工业级）。

③二甲苯：化学纯。

④稀释的丙酮：75.0 ml丙酮用25.0 ml水稀释。

⑤稀盐酸：（盐酸：水=1：1）。

⑥稀硫酸：（硫酸：水=1：1）。

⑦碘溶液：（0.75 g碘化钾和0.1 g碘溶于30.0 ml水中，加入0.5 ml盐酸，储存于棕色滴瓶中）。

⑧悬浮液Ⅰ：（溶解10.0 g水合氯醛于10.0 ml水中，加入10.0 ml甘油，储存于棕色滴瓶中）。

⑨悬浮液Ⅱ：（溶解160.0 g水合氯醛于100.0 ml水中，并加入10.0 ml盐酸）。

⑩间苯三酚溶液：（间苯三酚2.0 g溶于100.0 ml 95.0%乙醇中）。

三、饲料用显微镜检基本程序

饲料用显微镜检程序见图4－1。

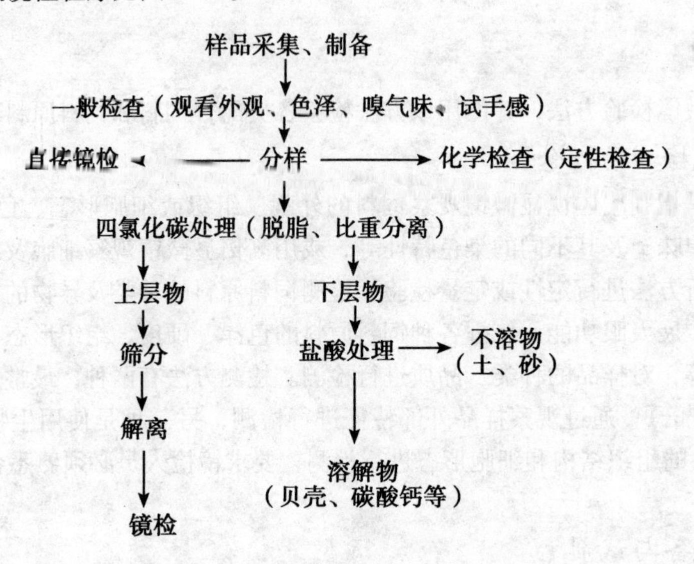

图4－1　饲料镜检的基本步骤简图

四、操作方法

（一）样品制备

（1）分样　按照样品采集方法，将采集的样品充分混合均匀，按四分法取样，带回实验室。

（2）筛分　根据样品粒度，选择适当的分样筛，将孔径最大的置于最上面，孔径最小的置于最下面，最下面是筛底盘。将四分法取得的样品放入套筛上充分的振摇后，用牛角勺从每层的筛面和筛下各取少量的样品于培养皿平摊开在体视显微镜下观察，观察时可用拨针轻轻拨动饲料样品。必要时有些样品可先经四氯化碳处理后再筛分。

（3）四氯化碳处理　油脂含量高和黏附有细小颗粒的样品可先用四氯化碳处理（鱼粉、肉骨粉等动物性饲料或大多数家禽饲料和未知组分的饲料，最好用四氯化碳处理）。

取约10.0 g样品于100.0 ml烧杯，加入约90.0 ml四氯化碳（在通风橱内操作），搅拌15.0 s，静置2.0 min，待上下充分分层后，用勺捞出漂浮物过滤，挥发干后置65.0 ℃干燥箱烘20.0 min，取出后冷却至室温，然后用分样筛筛分，必要时也可将沉淀物过滤、干燥、筛分。

（4）丙酮处理　对添加糖蜜而形成团块或糖分含量较高或水分含量偏高，显微观察不清的样品，可先用丙酮处理。取约10.0 g样品于100.0 ml烧杯，加入约70.0 ml丙酮搅拌数分钟，使糖分溶解，静置沉降。小心清洗，用丙酮重复洗涤、沉降、清洗2次，挥发干后置于65.0 ℃干燥箱干燥20.0 min，取出冷却至室温，然后用分样筛筛分。

（5）颗粒和团块样品处理　置几粒于研钵中，用研杆碾压分散各组分，初步碾磨后过孔径0.42 mm筛，根据研磨后的特征，依照步骤（2）、（3）、（4）处理。

（二）体视显微镜检查

将上述摊有样品的培养皿置于体视显微镜下观察，可采用充足的自然光源呈45°角观察

或显微镜光源（调至适宜的光照度）观察。体视显微镜载物台的衬板选择要考虑被检样品的色泽，观察深色样品用白色衬板，观察浅色样品用黑色衬板，检测一个样品先用白色衬板观察一遍，再用黑色衬板观察一遍。检测时先观察粗颗粒，再观察细颗粒，先用低倍镜观察，再用高倍镜观察。观察时用尖镊子、拨针拨动、翻转样品颗粒，系统检查各组分。

为了便于观察，可对样品进行木质素染色、淀粉质染色。检查过程中要与比照样品在相同条件下对比观察。记录观察到的各组分，对不是样品所标示的物质，量小的为杂质（参照国家标准规定的饲料含杂质允许量），量大的为掺杂物，特别注意有害物质。

（三）生物显微镜检验

对在体视显微镜下不能确切鉴定的样品组分，可取少量筛上物、筛下物置于载玻片上，加2滴悬浮液Ⅰ，用探针搅拌分散，浸透均匀，加盖玻片，在生物显微镜下观察，先用低倍镜观察，再逐渐放大倍数观察，与比照样品对比观察。取下盖玻片，加1滴碘溶液，搅匀，再加盖玻片，置显微镜下观察。此时淀粉被染成蓝色或黑色，酵母及其他蛋白质细胞呈黄色至棕色。如样品粒不易观察时，可取少量样品，加入约5.0 ml悬浮液Ⅱ，煮沸1.0 min，冷却，取1~2滴底部沉淀物置载玻片上，加盖玻片镜检。

（四）主要无机组分的鉴别

将干燥后的沉淀物置于孔径0.42 mm、0.25 mm、0.177 mm筛及底盘组筛筛分，将筛出的4部分分别置于培养皿中，用体视显微镜检查。动物和鱼类的骨、鱼鳞、软体动物的外壳一般不容易识别。盐一般呈立方体，石灰石中的方解石一般呈菱形六面体。

（五）鉴别试验

用镊子将未知颗粒放在点滴板上，轻轻压碎，以下工作均在体视显微镜下进行，将颗粒彼此分开一定的距离，每颗周围滴1滴相关试剂，用细玻棒轻轻推入液体，观察界面处的变化。

（1）硝酸银试验　将未知颗粒推入硝酸银溶液中观察，生成白色晶体，并慢慢变大，未知颗粒为氯化物；生成黄色结晶，并呈黄色针状，未知物为磷酸氢二盐或磷酸二氢盐；生成能略微溶解白色针状，说明是硫酸盐；颗粒慢慢变暗，说明颗粒是骨。

（2）盐酸试验　将未知颗粒推入盐酸溶液中观察。如果剧烈起泡，说明未知颗粒是碳酸盐；如果起泡慢或不起泡，则还需进行以下试验。

（3）钼酸盐试验　将未知颗粒推入钼酸盐溶液中观察。接近未知颗粒的地方生成微小的黄色结晶，说明未知颗粒为磷酸三钙或磷酸盐，磷矿石或骨（所有的磷酸盐均有此反应）。

（4）硫酸试验　将未知颗粒上滴盐酸溶液，再滴上硫酸溶液，如慢慢形成细长白色针状物，说明未知颗粒物为钙盐。

（5）茚三酮试验　将茚三酮溶液浸润未知颗粒，加热至约80.0 ℃，未知颗粒显蓝紫色，说明是蛋白质。

（6）间苯三酚试验　将间苯三酚浸润试样，放置5 min，再滴加盐酸溶液，试样显深红色则含有木质素。

（7）碘试验　未知颗粒滴加碘溶液，显蓝紫色则含有淀粉。

五、检验方法评述

目前，在一些国家，显微镜检测已被定为饲料质量诉讼案的法定裁决方法之一。饲料显微镜检测的主要特点是快速、简便、准确。这种检测手段既不需要大型的仪器设备，也不需要复杂的检前准备，只需将被检样品按要求进行研磨，过筛或脱脂处理即可，即使生物显微镜检测的样品处理也非常简单。此外，饲料的显微镜检测不仅可做定性分析，而且可做定量分析，可对原料成分的纯度进行准确分析。通过饲料显微镜检测可鉴别伪劣商品，控制饲料加工，贮藏品质，弥补化学分析之不足。

实验六　大豆制品中尿素酶活性的定量测定

【学习目标】

掌握豆类饲料尿素酶活性的测定方法，并能用该方法检测豆类制品尿素酶活性。

一、操作方法

（一）方法一：尿素—苯酚磺肽染色法（美国大豆协会）

1. 尿素—苯酚磺肽溶液

将1.2 g磺肽溶解于30.0 ml 0.2 mol/L的氢氧化钠溶液中，用蒸馏水稀释至约300.0 ml，加入90.0 g尿素并溶解，用蒸馏水稀释至2 000.0 ml，加入1 000.0 ml 2.0 mol/L硫酸（或70.0 ml 0.4 mol/L的硫酸），用蒸馏水稀释至最后体积为3 000.0 ml。（尿素—苯酚磺肽试剂有效期仅90天）。

2. 测定方法

①在一个150.0 ml的烧杯中，倒入少量尿素—苯磺肽溶液，注意必须呈明亮琥珀色。若溶液已转变为深橘红色，滴加0.4 mol/L的稀硫酸并搅拌，直至溶液再度出现琥珀色。

②把样品磨碎后，量1汤匙放入培养皿中，其量刚好铺满培养皿底部。

③在样品上加入2汤匙尿素—苯磺肽溶液，轻轻搅拌，将样品平铺于培养皿中，若仍有干样品，则再加入溶液，直到将样品浸湿。

④放置5 min后观察。

a. 如没有任何红点出现，则再放置25.0 min，若仍无红点出现，说明豆粕过熟，营养损失严重，蛋白质质量下降。

b. 如有少数红点，有少量尿素酶活性，产品可用。

c. 豆粕表面约有25.0%为红点覆盖，有少量尿酶活性，豆粕可用。

d. 豆粕表面约有50.0%为红点覆盖，有尿素酶活性。

e. 豆粕表面的75.0% ~100.0%为红点覆盖，尿素酶活性很高，说明此产品加热不够，不可接受这种原料。

对尿素酶过度者（低于接收标准的），有条件可做蛋白质溶解度试验。

（二）方法二：酚红—指示剂变色法

1. 原理

酚红指示剂在pH值6.4 ~8.2时由黄变红，大豆制品中所含的尿素酶，在室温下可将尿素水解，产生氨，释放的氨可使酚红指示剂变红，根据变红时间长短来判断尿素酶活性大小。

2. 测定步骤

将试样研细，称取0.02 g，称准至0.01 g，转入试管中，加入0.02 g结晶尿素及2滴酚

红指示剂，加20.0～30.0 ml蒸馏水，摇动10.0 s。观察溶液颜色，并记下呈粉红色的时间。

3. 测定结果表示

①1.0 min内呈粉红色为活性很强。

②1.0～5.0 min内呈粉红色为活性强。

③5.0～15.0 min内呈粉红色为有点活性。

④15.0～30.0 min内呈粉红色为没有活性。

通常10.0 min以上不显粉红色或红色的大豆制品，其尿素酶活性即认为合格。

二、检验方法评述

根据所提供的条件，测定某一大豆制品中尿素酶的活性；根据所提供的条件，能配制检测的各种溶液；熟练掌握两种快速检测法。

大豆制品的副产品大豆粕，是我国最常用的一种植物性蛋白质饲料，但生大豆饼粕尚含有抗营养物质（如抗胰蛋白酶、甲状腺肿因子、皂素、凝集素），它们影响豆类饼粕的营养价值，使用时应加以注意。

实验七　饲料蛋白质溶解度测定

【学习目标】

掌握饲料蛋白质溶解度测定方法，并能测定饲料蛋白质溶解度。

一、原理

本方法适用于大豆饼、粕的加热处理程度的品质检验。

抗胰蛋白酶活性方法可用来测定加热过度的大豆饼、粕，但因其费时，昂贵而未被广泛使用。故现在多采用尿素酶活性这一化学指标，但尿素酶活性只能作为加热至适合程度的评价指标，而对加热过渡的饼、粕却没有任何意义。尿素酶值不能反映受严重热处理的大豆饼、粕的质量。莱因哈特（Rinehart）发现了采用0.2% KOH溶液测定蛋白质溶解度的方法来评价大豆饼粕的质量，可克服上述尿素酶活性评价工作上的不足。北美一些饲料公司已将蛋白质溶解度（PS）列入质量控制指标之一。生豆饼、粕的PS可达到100%，但随热处理时间的延长，PS值降低，即使严重的过热处理，PS值也未接近零。试验表明，蛋白质溶解度更加密切的反映了过熟处理的大豆饼、粕与畜禽生产性能的关系。并进一步提出当PS > 85%时，为过生；PS < 70%时，则为过熟。尿素酶活性检测和蛋白质溶解度已成为评定豆饼、豆粕加工质量的两个重要指标。

二、操作方法

（一）试剂配制

（1）0.2%氢氧化钾（KOH）　相当于0.042 mol/L，pH值12.5，称取氢氧化钾约0.2 g加水溶解，并稀释至100.0 ml。

（2）其他试剂　同凯氏定氮所需的试剂一致。

①浓硫酸：分析纯，含量为98.0%，无氮。

②混合催化剂：$CuSO_4$：无水Na_2SO_4 = 1：10，分析纯。

③甲基红-溴甲酚绿混合指示剂：0.1%甲基红酒精溶液与0.5%溴甲酚绿酒精溶液等体

积混合，保存期不超过三个月。此混合指示剂在碱性溶液中呈蓝色，中性溶液中呈灰色，强酸性溶液中呈红色。在硼酸吸收液中呈暗紫色，在吸收氨的硼酸溶液中呈蓝色。

④2.0%硼酸吸收液：溶解 2.0 g 分析纯硼酸于 100.0 ml 容量瓶中，加蒸馏水至 100.0 ml，摇匀备用。

⑤40.0%饱和 NaOH 溶液：溶解 40.0 g 分析纯氢氧化钠于 100.0 ml 容量瓶中，加蒸馏水至 100.0 ml，摇匀备用。

⑥0.05 mol/L HCl 标准液：取分析纯浓 HCl（比重 1.19）4.2 ml，加蒸馏水稀释至 1 000.0 ml，用基准物质标定。将优级纯无水 Na_2CO_3 基准物于 100.0 ℃干燥箱烘 1～2h，干燥器冷却 30.0 min，准确称取 0.013 0～0.015 0 g 于三角瓶，加 50.0 ml 蒸馏水溶解，加 2 滴甲基红指示剂，用预配约 0.05 mol/L HCl 滴定至紫红色，记录 HCl 用量，计算出 HCl 的准确浓度，再稀释为所需浓度。

$$\text{标准 HCl}C(_{\text{mol/L}}) = \frac{W_{Na_2CO_3(g)}}{V_{HCl} \times 0.054}$$

式中：C—HCl 的摩尔浓度（mol/L）；

W—Na_2CO_3 的质量（g）；

V—HCl 的耗量（ml）。

稀释公式：$C_1 \times V_1 = C_2 \times V_2$

式中：C_1—浓溶液的浓度；

V_1—浓溶液的体积；

C_2—稀溶液的浓度；

V_2—稀溶液的体积。

（二）操作步骤

（1）消化

①称取 1.5 g 大豆饼粕粉（过 60 目筛）于 250.0 ml 烧杯中，加入 75.0 ml 的 0.2% KOH 溶液，在磁力搅拌器上搅拌 20.0 min。

②取 50.0 ml 液体转移至离心管，以 2 700r/min 转速离心 10.0 min。

③取 15.0 ml 上清液，用凯氏定氮法测定其中的蛋白质含量，其量相当于 0.3 g 的原样品。

④消化：精确取 15.0 ml 上清液于 100.0 ml 凯氏烧瓶，加 1.0～1.5 g 混合催化剂，沿着凯氏烧瓶壁加入 10.0 ml 浓硫酸，将凯氏烧瓶放于通风柜中电炉上消化，为防止消化时液体溅失，可再加两粒玻璃珠，先低温加热防止泡沫浮起，待泡沫消失后，提高加热温度至沸腾。消化时要经常转动凯氏烧瓶，如果有黑色炭粒消化不全，可将凯氏烧瓶取出于沙盘，待凯氏烧瓶完全冷却后，用少量的蒸馏水沿凯氏烧瓶瓶颈壁内壁上黏附少量黑色炭粒于硫酸溶液中，继续消化。消化中途发现硫酸少，可补加少量浓硫酸后继续消化。至溶液完全澄清透明，移出电炉，放于凯氏消化架或沙盘中冷却。

（2）转移　将冷却的消化液加少许蒸馏水约 20.0 ml，摇匀后无损移入 100.0 ml 容量瓶，再用蒸馏水反复冲洗烧瓶数次，直至消化液全部转入容量瓶中，冷却至室温后，再用蒸馏水定容至刻度。即为试样分解液或消化液。

（3）空白实验　消化的同时另取一个凯氏烧瓶，加入除样品外其他试剂，同样消化至

澄清透明，冷却后按同样的方法转移至容量瓶中，冷却后定容至刻度，为空白消化液。

（4）蒸馏　按图安装好半微量凯氏定氮仪（见第三章实验三图3－5），检查冷凝水是否正常。加热蒸汽发生器内的水，待水沸腾后，调节好蒸汽的压力，反复洗净定氮仪反应室，把装有10.0 ml 2.0%硼酸溶液的接收瓶置于冷凝管的下方，将冷凝管下端的出口橡胶管插入硼酸溶液内，用被测消化液冲洗10.0 ml移液管3次，再用此移液管吸取10.0 ml样本消化液，由漏斗处注入反应室，并以少量蒸馏水冲洗漏斗，塞好加液塞，从漏斗中加入40.0% NaOH溶液，轻轻地拔动加液塞使NaOH溶液由漏斗徐徐注入反应室，观察反应室溶液的颜色呈褐色，碱量已够，塞紧加液塞，多余NaOII溶液用滴管吸出盛于NaOH溶液烧杯，加少量蒸馏水冲洗漏斗及反应室内壁，开始计时，蒸馏3.0～5.0 min，接收瓶离开液面继续蒸馏1.0 min。用坩埚钳切断气源，将反应室的残液吸出，反复冲洗反应室数次，移走接收瓶前用少量的蒸馏水冲洗冷凝管尖端。放置下一个测定接收瓶，继续下一个测定工作。

（5）滴定　先将酸式滴定管用标准摩尔浓度HCl标准溶液冲洗3次，然后装满滴定管，用标准摩尔浓度的HCl标准液滴定接收液，至瓶中溶液由蓝色变成灰红色为终点，记录HCl耗量。

空白消化液的测定与样品方法相同。

（三）测定结果的计算

$$粗蛋白质（\%）=\frac{(V_1-V_0)\times 0.0140\times 6.25\times V_2\times C}{W\times V_3}\times 100$$

式中：V_1—样本消化液滴定时消耗标准的HCl标准液的量（ml）；

V_0—空白消化液滴定时消耗标准的HCl标准液的量（ml）；

V_2—样品消化的体积（ml）；

V_3—定氮时取样品消化液的体积（ml）；

C—标准盐酸溶液的浓度（mol/L）；

W—测定样品重量（g）；

6.25—氮换算成蛋白质的系数；

0.014 0—1.0 ml HCl相当于0.0140 g氮。

计算蛋白质溶解度：

$$蛋白质溶解度(\%)=\frac{0.3\,g\,样本中的粗蛋白质含量}{原样本的粗蛋白质含量}\times 100$$

三、测定方法的评价

粒度大小对蛋白质溶解度有影响。因此当比较不同大豆饼、粕样本时，要注意它们的颗粒大小，应是可比较的。

注意控制在各种情况下0.2 % KOH溶液中的搅拌时间应一致。

消化开始时一定要用小火，当泡沫停止产生后再加大火力。消化时间一般为2～4h。

样本含脂肪或糖较多时，消化时间要延长，同时应避免产生气泡而溢出瓶外，一旦产生大量泡沫，可摇动烧瓶并降低火源，必要时停止加热一段时间。蒸馏过程中，要严防仪器接头处漏气现象。蒸馏时避免溶液沸腾剧烈，可适当调整火源。

每个样品同时做3个平行测定，取其平均值。

实验八　饲料中游离棉酚测定

【学习目标】

掌握饲料原料棉籽饼、粕游离棉酚测定方法，并能测定棉籽饼、粕游离棉酚含量。

一、原理

棉籽饼粕中游离棉酚的含量与棉籽的棉酚含量和棉籽的制油工艺有关。中国农业科学院畜牧所（1984）报道了不同工艺制得的棉籽饼粕中游离棉酚的含量，有许多超出了国家饲料卫生标准。如螺旋压榨法为0.030%～0.162%，土榨法为0.014%～0.523%，直接浸提法为0.065%，预压浸出法为0.011%～0.151%。因此，必须严格检测棉籽饼粕中的游离棉酚含量，根据检测结果合理控制棉籽饼粕的用量，以保证配合饲料中游离棉酚含量在国家饲料卫生标准规定的范围内。

二、试剂和溶液

除特殊规定外，本测定所用试剂均为分析纯，水为蒸馏水。

①异丙醇 $(CH_3)_2CHOH$，HG3-1167。

②正已烷。

③冰乙酸（GB-676）。

④苯胺（$C_6H_5NH_2$，GB-691）：如果测定的空白试验吸收值超过0.022时，在苯胺中加入锌粉进行蒸馏，弃去开始和最后10.0%蒸馏部分，放入棕色玻璃瓶内贮存在0～4.0 ℃冰箱中，该试剂可稳定几个月；

⑤3-氨基-1-丙醇（$H_2NCH_2CH_2OH$）。

⑥异丙醇—正已烷混合溶剂6∶4（v/v）。

⑦溶剂A：量取约500.0 ml异丙醇—正已烷混合溶剂，与2.0 ml 3-氨基-1-丙醇、8.0 ml冰乙酸和50.0 ml水于1 000.0 ml的容量瓶中，再用异丙醇—正已烷混合溶剂定容至刻度。

三、仪器设备

①分光光度计：有10.0 mm比色皿，可在440.0nm处测量吸光度。

②振荡器：振荡频率120～130次/min（往复）。

③恒温水浴。

④具塞三角烧瓶：100.0 ml、250.0 ml。

⑤容量瓶：25.0 ml（棕色）。

⑥刻度吸管：1.0、3.0、10.0 ml。

⑦移液管：10.0、50.0 ml。

⑧漏斗：直径50.0 mm。

⑨表玻璃：直径60.0 mm。

四、操作方法

（一）测定步骤

①采集具有代表性的棉籽粕（饼）样品，至少2.0 kg，“四分法”分至250.0 g，磨碎，过2.8 mm孔筛，混匀，装入密闭容器，低温保存备用。

②称取1.0～2.0 g试样（精确到0.001 g），置于250.0 ml具塞三角瓶中，加入20粒玻璃珠，用移液管准确加入50.0 ml溶剂A，塞紧瓶塞，放入振荡器内振荡1.0h（120次/min左右）。用干燥的定量滤纸过滤，过滤时在漏斗上加盖一表面皿以减少溶剂挥发，弃去最初几滴滤液，收集滤液于100.0 ml具塞三角瓶中。

③用移液管吸取等量双份滤液5.0～10.0 ml（每份约含50.0～100.0 mg的棉酚），分别至两个25.0 ml棕色容量瓶a和b中。

④用异丙醇—正已烷混合溶剂稀释瓶a至刻度，摇匀，该溶液用作试样测定液的参比溶液。

⑤用移液管吸取2份10.0 ml的溶剂A分别至两个25.0 ml棕色容量瓶a_0和b_0中。

⑥用异丙醇—正已烷混合溶剂补充瓶a_0至刻度，摇匀，该溶液用作空白测定液的参比溶液。

⑦加20.0 ml苯胺于容量瓶b和b_0中，在沸水浴上加热30.0 min显色。

⑧冷却至室温，并用异丙醇—正已烷混合溶剂定容，摇匀并静置1.0h。

⑨用10.0 mm的比色皿，在波长440.0nm处，用分光光度计以a_0为参比溶液测定空白测定液b_0的吸光度，以a为参比溶液测定试样测定液b的吸光度，从试样测定液的吸光度值中减去空白测定液的吸光度值，得到校正的吸光度A。

（二）测定结果

1. 计算公式

$$X(\mathrm{mg/kg}) = \frac{A \times 1\,250 \times 1\,000}{a \times m \times V} = \frac{A \times 1.25}{amV} \times 10^6$$

式中：X—游离棉酚含量（mg/kg）；

A—校正吸光度；

m—试样的质量（g）；

V—测定用滤液的体积（ml）；

a—质量吸光系数，游离棉酚为62.5（cm·g）/L。

2. 结果表示

每个试样取2～3个平行测定，以其算术平均值为结果。结果表示到20.0 mg/kg。

3. 重复性

同一分析者对同一试样同时或快速连续地进行两次测定，所得结果的差值：

在游离棉酚含量 <500.0 mg/kg时，其误差不得超过平均值的15.0%；在 >500.0 mg/kg>游离棉酚含量而<750.0 mg/kg时，其误差不得超过平均值的7.5%；在游离棉酚含量>750.0 mg/kg时，其误差不得超过平均值的5.0%。

五、测定方法评价

学习过程应熟悉实验试剂的配制；实验过程严谨；步骤清晰；操作方法中认真记录数据；计算结果误差小。

实验九　DL-蛋氨酸掺假鉴别

【学习目标】

掌握饲料添加剂原料DL-蛋氨酸掺假鉴别方法，并能用该方法测定蛋氨酸掺假状况。

一、检验方法

（一）感官鉴别

真的蛋氨酸手感滑腻，无粗糙感觉，而假的蛋氨酸手感粗糙，无滑腻感。

真的蛋氨酸具有较浓的腥臭味，近闻刺鼻，口尝带有少许的甜味；假的蛋氨酸味较淡或有其他气味。

（二）溶解性

真的蛋氨酸易溶于稀盐酸或稀氢氧化钠，水中的溶解性不好，难溶于乙醇，不熔于乙醚。检验方法常取5.0 g样品于烧杯，加100.0 ml蒸馏水溶解，摇动数次，2～3 min后，溶液清亮无沉淀者为真品，溶液浑浊或有沉淀者为掺假蛋氨酸。

（三）掺入植物成分检验

真的蛋氨酸的纯度达98.5%以上，不含植物成分。假的蛋氨酸常掺入面粉或其他植物性成分。检验常取约5.0 g，加100.0 ml蒸馏水溶解，然后滴加碘—碘化钾溶液，边滴加碘液边摇动，溶液无色者是真的蛋氨酸，溶液变为蓝色者有掺假。

（四）颜色反应鉴别

取样0.5 g加入20.0 ml硫酸铜硫酸饱和溶液，溶液呈黄色为真的蛋氨酸，溶液无色或呈其他颜色则为掺假者。

（五）掺入碳酸盐的检验

某些蛋氨酸掺入碳酸盐，可取1.0 g样品于100.0 ml烧杯中，加入6.0 mol/L盐酸20.0 ml，样品有大量的气泡冒出者为掺假，无气泡者为真的蛋氨酸。

（六）掺灰分（矿物质）检验

取样品5.0 g于瓷坩埚中，置于550.0 ℃灼烧1～2h，坩埚中基本无残渣者为真品，有残渣者有掺假，可根据残渣的多少判断其掺假的程度。

二、检测方法评价

本项目介绍了DL—蛋氨酸掺入面粉或其他植物性成分、碳酸盐、灰分（矿物质）等鉴别的检验方法，针对性强，操作简便，效果明显。

蛋氨酸是经水解或化学合成的单一氨基酸。一般呈白色或淡黄色的结晶性粉末或片状晶体，在正常光线下有反射光产生。市场上掺假的蛋氨酸多呈粉末状，颜色多为白色或浅白色，在正常的光线下无反射光或只有零星反射光。

实验十　L-赖氨酸盐酸盐掺假鉴别

【学习目标】

掌握饲料添加剂原料L-赖氨酸盐酸盐掺假鉴别方法，并能用该方法检验饲料赖氨酸盐酸盐掺假状况。

一、检验方法

（一）感官鉴别

赖氨酸盐酸盐为灰白色或浅褐色均匀的小颗粒或粉末，无味或稍有特异性酸味，而假冒的赖氨酸色泽异常，气味不正，个别有氨水刺激或芳香气味，手感粗糙，有异样口感。

（二）溶解性检验

检验方法常取少量样品加 100.0 ml 水中，搅拌 5.0 min 后静置，能完全溶解无沉淀为真品，有沉淀或漂浮物为假冒产品。

（三）颜色反应鉴别

取样 0.1～0.5 g，于 100.0 ml 水中，取此液 5.0 ml，加入 1.0 ml 0.1% 茚三酮溶液，加热 3～5 min，再加水 20.0 ml，静置 15.0 min，溶液呈红紫色为真品，呈其他颜色则为掺假者。

（四）掺入植物成分检验

取约 5.0 g，加 100.0 ml 蒸馏水溶解，然后滴加 1.0% 碘—碘化钾溶液 1.0 ml，边滴边摇动，溶液无色者是真的赖氨酸；溶液变为蓝色者有掺假。

（五）掺入碳酸盐的检验

取 1.0 g 样品于 100.0 ml 烧杯中，加入 1：1 盐酸溶液 20.0 ml，样品有大量的气泡冒出者为掺假，无气泡者为真的赖氨酸。

（六）掺入灰分（矿物质）检验

取样品 5.0 g 于瓷坩埚中，置于 550.0 ℃灼烧 1～2h，坩埚中基本无残渣者为真品，有残渣者有掺假，可根据残渣的多少判断其掺假的程度。

二、检测方法评价

本项目介绍了 L-赖氨酸掺入植物性成分、碳酸盐、灰分（矿物质）等鉴别的检验方法，针对性强，操作简便，效果明显。

L-赖氨酸盐酸盐属高价原料，掺假情况较为严重，在畜牧生产实践中，鉴别方法也很多。如有条件，亦可采用常规定量分析检测和赖氨酸含量的测定等方法，鉴别真伪。

实验十一　饲料中霉菌的检验

【学习目标】

掌握饲料原料及配合饲料霉菌的检验方法，并能用该方法检验各类饲料霉菌。

一、检验方法

（一）霉菌的检测程序

霉菌检验程序见图 4－2。

（二）操作步骤

①采样：采样时注意样品的代表性和避免采样时的污染，准备好灭菌容器（纸袋或广口瓶）及采样工具（金属勺、刀等），样品采集后应尽快检测，否则置样品于低温干燥处。样品的采集按随机的原则分层、点、面在不同的方位采取，充分混匀后按四分法取 500.0 g 送检。

②以无菌操作称取样品 25.0 g（或 25.0 ml），置于含有 250.0 ml 灭菌稀释液的三角瓶中，放在振荡器上振荡 30.0 min，即为 1：10 的混悬稀释液。

③取无菌吸管吸取 1：10 混悬稀释液 10.0 ml，注入具塞玻璃试管中，置混合器充分混合 3.0 min；或注入试管中，另取一支 1.0 ml 灭菌刻度吸管加橡胶乳头，反复吹吸大约 50 次，使霉菌孢子充分分散。

④取 3 制备的 1：10 混悬稀释液 1.0 ml，注入含有 9.0 ml 灭菌稀释液试管中，另取一支吸管吹吸 50 次，此液为 1：100 稀释液。

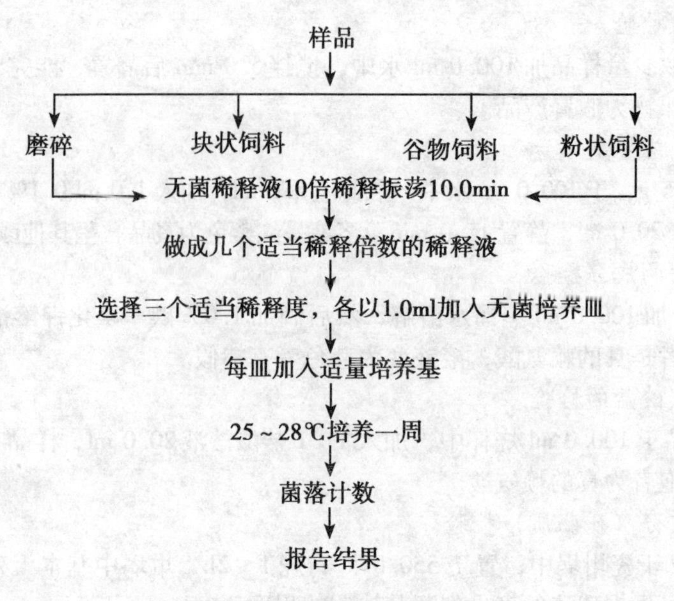

图4－2　饲料中霉菌检验程序

⑤按上述操作做10倍递增稀释液，每稀释一次，换用一支1.0 ml灭菌刻度吸管，根据样品污染程度，估计选择3个合适的稀释度，分别注入10倍稀释液的同时，吸取1.0 ml稀释液于灭菌培养皿中，每个稀释度做2～3个培养皿，然后注入凉至约45.0 ℃的琼脂于培养皿中，充分混合，琼脂凝固后，倒置于25.0～28.0 ℃培养箱中，培养3天后开始观察，应培养观察1周。

⑥计算。通常选择菌落数在30～100个的培养皿进行计数，同稀释度的2～3个培养皿菌落平均数乘以稀释倍数，即以每克（或毫升）检测样品中含霉菌数。

二、检验方法评价

该检测方法对无菌操作要求严格，在检测过程中一定要保证吸管不被污染，而且吸取液体的枪头一定不能重复使用，该方法在操作规范的前提下能得出准确的结果。

根据霉菌的生理特性，选择适宜于霉菌生长繁殖而不适宜细菌生长繁殖的培养基，采用平面计数方法测定霉菌。

实验十二　饲料中细菌总数的检验

【学习目标】

掌握饲料原料及配合饲料细菌总数的检验方法，并能用该方法检验各类饲料细菌总数。

一、原理

将试样稀释至适当浓度，用特定培养基在30.0 ℃下培养（72.0±3）h，计数平面中长出的菌落数，可计算出每克样品中的细菌数量。

二、检验方法

（一）培养基和稀释液

（1）稀释液　称取NaCl（GB 1266）8.5 g、蛋白胨1.0 g、蒸馏水1 000.0 ml，加热溶

解校正 pH 值使其灭菌后保持 7.0 左右，按 9.0 ml 一支分装于试管，90.0 ml/瓶分装于三角瓶中，加入数粒玻璃珠，塞上棉塞包扎后于（121.0 ± 1）℃高压灭菌 20.0 min。

（2）平面计数培养基　蛋白胨 5.0 g、酵母浸膏 2.5 g、无水 D—葡萄糖 1.0 g、琼脂 9.0 ~ 18.0 g、蒸溜水 1 000.0 ml，混合加热溶化，校正 pH 值使其灭菌后保持 7.0 左右。过滤分装于三角瓶中，塞上棉塞包扎后于（121.0 ± 1）℃高压灭菌 20.0 min。

（3）水琼脂培养基　琼脂 9.0 ~ 18.0 g，蒸馏水 1 000.0 ml，加热溶化，校正 pH 值使其灭菌后保持 7.0 左右，分装三角瓶中，塞上棉塞包扎后于（121.0 ± 1）℃高压灭菌 20.0 min。

上述稀释液和培养基如不使用，应保存在 0 ~ 5 ℃下，时间不超过 1 个月。

（二）检验程序

如图 4 - 3 所示，写出检验报告。

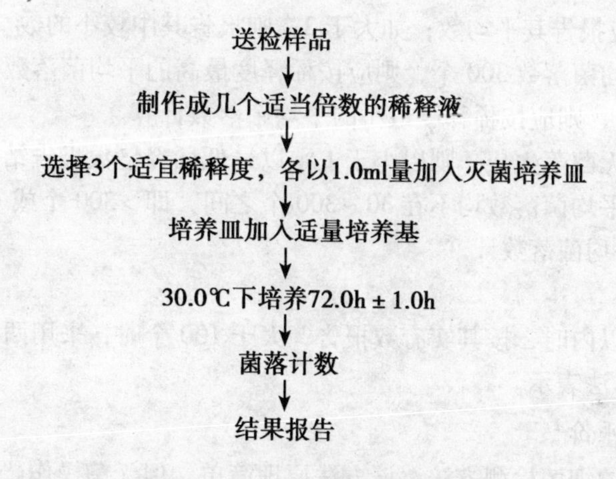

图 4 - 3　饲料中细菌总数的检验

（三）操作步骤

（1）采样　同"饲料霉菌检验"方法。

（2）试样的稀释及培养

①无菌操作称取试样 10.0 g，放入含有 90.0 ml 稀释液的灭菌三角瓶中，置振荡器上高频振荡 3.0 min 混匀，制成 1∶10 的均匀稀释液。

②用 1.0 ml 灭菌刻度吸管吸取 1∶10 稀释液 1.0 ml，沿管壁慢慢注入含有 9.0 ml 稀释液的试管内（管尖端不要触及管内稀释液）振荡试管混合均匀，做成 1∶100 的稀释液。

③另取一支 1.0 ml 灭菌刻度吸管，按上述操作顺序做 10 倍稀释，每递增稀释一次，更换一支吸管。

④根据饲料卫生标准要求或试样的污染程度，估计选择 2 ~ 3 个适宜稀释度。分别做 10 倍递增稀释的同时，以吸取该稀释度的吸管吸取 1.0 ml 稀释液于灭菌培养皿内，每个稀释度做 2 ~ 3 个培养皿。

⑤稀释液移入培养皿后，应立即将凉至（46.0 ± 1）℃的平面计数用培养基（放置于（46.0 ± 1）℃水浴锅）注入培养皿约 15.0 ml，小心转动培养皿使试样与培养基充分混匀，从稀释试样到倾注培养基时间不得超过 15.0 min。估计到试样中所含微生物可能在琼脂平面生长时，待琼脂完全凝固后，可将培养皿倒置放入（46.0 ± 1）℃培养箱内培养(72.0 ± 3）h

取出，计数平面内菌落数目，菌落数乘以稀释倍数，即得每克试样所含细菌总数。

(3) 菌落计数方法　平面菌落计数时，可用肉眼观察，必要时借助放大镜观察，以防遗漏，以同一稀释度的2~3个平面菌落的平均数为结果。

(四) 菌落计数的报告

选取菌落数在30~300个之间的平面，作为菌落计数的标准。每一稀释度采用2个平面的菌落数平均数，如两个培养基平面中一个有较大片状菌落生长时，则不宜采用，而应以无片状菌落生长的平面作为计数该稀释度的菌落数，如片状菌落不到平面的一半，而另一半菌落分布又很均匀，即可计算半个平面，然后乘以2即可代表该平面菌落数。

1. 稀释度的选择

①应选择平均菌落数在30~300个之间的稀释度，乘以稀释倍数报告结果。

②相同的两个稀释度，其生长菌落数均在30~300个之间，视二者菌落数之比决定取舍，即比值小于2，应报告其平均数；如大于2，则报告其中较小的数。

③所用稀释度平均菌落数300个，则应按稀释度最高的平均菌落数计算；所有稀释度平均菌落数均小于30个，则应按稀释度最小的平均菌落数计算。

④所有稀释度均无菌落生长，则以小于1乘以最低稀释倍数报告结果。

⑤所有稀释度的平均菌落数均不在30~300个之间，即>300个或<30个时则应以最接近30个或300个的平均菌落数计。

2. 报告结果

菌落数在100个以内时，按其实有数报告，大于100个时，采用两位有效数字，数字大时可采用10的指数方法表示。

三、检验方法评价

这是实验室常用的细菌检测方法，该方法原理简单，但无菌操作严格，其结果准确。注意实验结束后的细菌纯培养物不可随意丢弃，应作灭菌处理，以免污染环境。

实验十三　饲料中沙门氏菌的测定

【学习目标】

了解饲料沙门氏菌检验的重要意义，掌握沙门氏菌检验的原理、检验方法，并能检验饲料沙门氏菌。

一、原理

根据沙门氏菌的生理特性，选择有利于沙门氏菌增值，而大多数细菌受到抑制生长的培养基，进行选择性的增菌、选择性的平板分离、以检出饲料中的沙门氏菌。

本标准采用国际标准 ISO 6779-1981 饲料中沙门氏菌检验方法。本标准适应配合饲料（混合饲料）或动物性单一饲料中沙门氏菌检验。引用标准 GB4781.1 食品卫生微生物检验。

二、设备和材料

①电子天平，精度0.1 g，最大量称1 000 g。

②显微镜，×1 500。

③培养箱，(36.0±1)℃，(43.0±1)℃。

④冰箱，普通冰箱。

⑤均质器，8 000.0 ~10 000.0r/min。

⑥广口三角瓶，500.0 ml。

⑦三角瓶，250.0 ml。

⑧水浴锅，(45.0 ±1)℃，(55.0 ±1)℃，(77.0 ±1)℃。

⑨刻度吸管，1.0 ml、5.0 ml、10.0 ml。

⑩配养皿，皿底直径9.0 cm。

⑪电炉，1 000.0W。

⑫接种棒，镍铬丝。

⑬酒精灯。

⑭试管，试管架。

⑮载玻片。

⑯研钵。

⑰干燥箱，50.0 ~ (250.0 ±1)℃。

⑱温度计，100.0 ℃。

⑲高压灭菌器，2.5 kg/cm^2。

三、培养基和试剂

1. 缓冲蛋白胨水

蛋白胨10.0 g，氯化钠（GB 1266）5.0 g，磷酸氢二钠（$Na_2HPO_4 \cdot 12H_2O$，GB 1263）9.0 g，磷酸氢二钾（$K_2HPO_4 \cdot 12H_2O$，GB 1274）1.5 g；蒸馏水1 000.0 ml，pH值7.0；

按上述成分配好后，校正pH值，分装于大瓶中，121.0 ℃高压灭菌20.0 min，临用时分装于500.0 ml三角瓶，每瓶分装225.0 ml，或配好后校正pH值，分装于500.0 ml瓶中，每瓶225.0 ml，121.0 ℃高压灭菌20.0 min后备用。

2. 四硫磺酸钠煌绿增菌剂

（1）基础液　牛肉浸膏5.0 g，氯化钠（GB 1266）3.0 g，蛋白胨10.0 g，碳酸钙45.0 g，蒸馏水1 000.0 ml，pH值7.0；将各成分加入蒸馏水中，加热至约70.0 ℃溶解，校正pH值，121.0 ℃高压灭菌20.0 min。

（2）硫代硫酸钠溶液　硫代硫酸钠（$Na_2S_2O_3 \cdot 5H_2O$ GB 637）50.0 g，蒸馏水100.0 ml溶解。

（3）碘溶液　碘（GB 675）20.0 g，碘化钾（GB 1272）25.0 g，加蒸馏水至100.0 ml；将碘化钾充分溶解于少量蒸馏水中，加入碘片，振摇试剂瓶至碘片充分溶解，再加入蒸馏水至规定量，贮于棕色瓶，塞紧瓶塞备用。

（4）煌绿水溶液　煌绿0.5 g，蒸馏水100.0 ml，放于暗处不少于1天，让其自然灭菌。

（5）牛胆酸溶液　干燥牛胆盐10.0 g，蒸馏水100.0 ml，煮沸溶解，121.0 ℃高压灭菌20.0 min。

（6）完全培养基制备　基础液900.0 ml，硫代硫酸钠溶液100.0 ml，碘溶液20.0 ml，煌绿水溶液2.0 ml，牛胆酸溶液50.0 ml。临用前按照上列顺序，以无菌操作，依次加入基础液中，每加入一种成分，均应摇匀后再加另一种成分，分装于灭菌瓶中，每瓶100.0 ml。

3. 亚硒酸盐胱氨酸增菌剂

(1) 基础液　蛋白胨 5.0 g，乳糖（HG 3-1000）4.0 g，磷酸氢二钠（$Na_2HPO_4 \cdot 12H_2O$，GB 1263）10.0 g，亚硒酸钠 10.0 g，蒸馏水 1 000.0 ml，pH 值 7.0；溶解前 3 种成分于蒸馏水，煮沸 5.0 min，冷却后，加入亚硒酸钠，校正 pH 值后，分装，每瓶 1 000.0 ml。

(2) L-胱氨酸溶液　L-胱氨酸 0.1 g，1.0 mol/L 氢氧化钠（GB 679）溶液 15.0 ml，在灭菌瓶中用灭菌水将上述成分稀释到 100.0 ml，毋须蒸汽灭菌。

(3) 完全培养基制备　基础液 1 000.0 ml，L-胱氨酸溶液 10.0 ml，pH 值 7.0；基础液冷却后，以无菌操作加入 L-胱氨酸溶液，将培养基分装于适当容量的灭菌瓶中，每瓶 100.0 ml，培养基在配制当日使用。

4. 酚红、煌绿琼脂

(1) 基础液　牛肉浸膏 5.0 g，蛋白胨 10.0 g，酵母浸液粉末 3.0 g，磷酸氢二钠（Na_2HPO_4 GB 1263）1.0 g，磷酸二氢钠（NaH_2PO_4，GB 1267）0.6 g，琼脂 12.0～18.0 g，蒸馏水 900.0 ml，pH 值 7.0；将上述成分加水煮沸溶解，校正 pH 值，121.0 ℃高压灭菌 20.0 min。

(2) 糖、酚红溶液　乳糖（HG 3-1000）10.0 g，蔗糖（HG 3-1001）10.0 g，酚红（HG 3-959）0.09 g，蒸馏水加至 100.0 ml；将上述成分加水溶解，在 70.0 ℃水浴加热 20.0 min，冷却至 55.0 ℃立即使用。

(3) 煌绿溶液　煌绿 0.5 g，蒸馏水 100.0 ml，放于暗处不少于 1 天，让其自然灭菌。

(4) 完全培养基制备　基础液 900.0 ml，糖、酚红溶液 100.0 ml，煌绿溶液 1.0 ml，在无菌条件下，将煌绿溶液加入到冷却至 55.0 ℃糖、酚红溶液，再将糖、酚红、煌绿溶液加入到 50.0～55.0 ℃基础溶液中混合。

(5) 琼脂平皿制备　将步骤（4）制备的培养基在水浴中加热溶解，冷却至 50.0～55.0 ℃，倾注入灭菌的平皿中。大号平皿倾入约 40.0 ml，小号平皿倾入约 15.0 ml，待凝固后备用，平皿在室温保存不超过 4.0h，在冰箱保存不超过 24.0h，

5. DHL 琼脂

蛋白胨 20.0 g，牛肉浸膏 3.0 g，乳糖（HG 3-1000）10.0 g，蔗糖（HG 3-1001）10.0 g，取氧胆酸钠 1.0 g，硫代硫酸钠（$Na_2S_2O_3 \cdot 5H_2O$ GB 637）2.3 g，柠檬酸钠（HG 3-1298）1.0 g，柠檬酸铁铵 1.0 g，中性红 0.03 g，琼脂 18.0～20.0 g，蒸馏水 1 000.0 ml，pH 值 7.3；将除中性红、琼脂以外的成分溶解于 400.0 ml 蒸馏水，校正 pH 值，再将琼脂于 600.0 ml 蒸馏水中煮沸溶解，两液合并，加入 0.5% 中性红水溶液 6.0 ml，待冷却至 50.0～55.0 ℃，倾注平皿。

6. 营养琼脂

牛肉浸膏 3.0 g，蛋白胨 5.0 g，琼脂 9.0～18.0 g，蒸馏水 1 000.0 ml，pH 值 7.0；将上述各成分煮沸溶解，校正 pH 值，121.0 ℃高压灭菌 20.0 min。

将上述营养琼脂在水浴加热溶解，冷却至 50.0～55.0 ℃，倾注入灭菌平皿，每皿约 15.0 ml。

7. 三糖铁琼脂

牛肉浸膏 3.0 g，酵母浸膏 3.0 g，蛋白胨 20.0 g，氯化钠（GB 1266）5.0 g，乳糖

(HG 3-1000) 10.0 g，蔗糖 (HG 3-1001) 10.0 g，葡萄糖 (HG 3-1094) 1.0 g，柠檬酸铁 0.3 g，硫代硫酸钠 (GB 637) 0.3 g，酚红 (HG 3-959) 0.024 g，琼脂 12.0 ~ 18.0 g，蒸馏水 1 000.0 ml，pH 值 7.4；将除琼脂、酚红以外的各成分溶解于蒸馏水中，校正 pH 值，加入琼脂，加热煮沸，再加入 0.2% 的酚红溶液 12.0 ml，摇匀，分装试管，装量宜多些，以便得到较高的底层，121.0 ℃高压灭菌 20.0 min，放置高层斜面备用。

8. 尿素琼脂

(1) 基础液　蛋白胨 1.0 g，葡萄糖 (HG 3-1094) 1.0 g，氯化钠 (GB 1266) 5.0 g，磷酸氢二钾 ($K_2HPO_4 \cdot 12H_2O$，GB 1274) 2.0 g；酚红 (HG 3-959) 0.012 g，琼脂 12.0 ~ 18.0 g，蒸馏水 1 000.0 ml，pII 值 6.8；将上述成分溶解于水，煮沸，校正 pH 值，121.0 ℃高压灭菌 20.0 min。

(2) 尿素溶液　尿素 400.0 g，蒸馏水加至 1 000.0 ml，将尿素溶于水，通过滤器除菌，并检查灭菌情况。

(3) 完全培养基制备　基础液 950.0 ml，尿素溶液 50.0 ml，在无菌条件下，将尿素溶液加到事先溶化并冷却到 45.0 ℃的基础溶液中，分装试管，放置成斜面备用。

9. 赖氨酸脱羧试验培养基

L-赖氨酸盐酸盐 5.0 g，酵母浸膏 3.0 g，葡萄糖 (HG 3-1094) 1.0 g，溴甲酚紫 0.015 g，蒸馏水 1 000.0 ml，pH 值 6.8；将上述成分溶于水中煮沸，校正 pH 值，分装于小试管中，每支约 5.0 ml，121.0 ℃高压灭菌 10.0 min 备用。

10. V-P 反应用培养基

蛋白胨 7.0 g，葡萄糖 (HG 3-1094) 6.0 g，磷酸氢二钾 (GB 1274) 5.0 g，蒸馏水 1 000.0 ml，pH 值 6.9；将上述成分溶于水中，煮沸溶解，校正 pH 值，分装于小试管中，每支约 3.0 ml，121.0 ℃高压灭菌 20.0 min 用。

11. 肌酸溶液

肌酸单水化合物 0.5 g，蒸馏水 100.0 ml，将肌酸单水化合物溶解于水备用。

12. α-萘酚乙醇溶液

α-萘酚 6.0 g，96.0% 乙醇 (GB 679) 100.0 ml，将 α-萘酚溶于乙醇溶液中。

13. 氢氧化钾溶液

氢氧化钾 (GB 2303) 40.0 g，蒸馏水 100.0 ml，将氢氧化钾溶于水中。

14. 靛基质反应培养基

蛋白胨 10.0 g，氯化钠 (GB 1266) 5.0 g，DL-色氨酸 1.0 g，蒸馏水 1 000.0 ml，pH 值 7.5；将上述成分溶于 100.0 ℃水中，过滤，校正 pH 值，分装于小试管中，每支约 5.0 ml，121.0 ℃高压灭菌 15.0 min 备用。

15. 柯凡试剂

对二甲氨基苯甲醛 5.0 g，盐酸 (GB 622) 25.0 ml，戊醇 75.0 ml，将对二甲氨基苯甲醛溶解于戊醇中，然后缓缓加入浓盐酸。

16. β-半乳糖苷酶试剂

(1) 缓冲液　磷酸氢二钠 (Na_2HPO_4 GB 1263) 6.9 g，0.1 mol/L 氢氧化钠 (GB 679) 溶液 3.0 ml，蒸馏水加至 50.0 ml；将磷酸氢二钠溶于约 45.0 ml 水中，用氢氧化钠调制 pH 值为 7.0，加水至 50.0 ml 容量，贮存于冰箱备用。

（2）ONPG溶液　邻硝基酚β-D-半乳糖苷（ONPG）80.0 mg，蒸馏水15.0 ml，将ONPG溶于50.0 ℃水中，冷却定容至15.0 ml。

（3）完全试剂制备　缓冲液5.0 ml，ONPG溶液15.0 ml，将缓冲液加入到ONPG溶液。

17. 半固体营养琼脂

牛肉浸膏3.0 g，蛋白胨5.0 g，琼脂4.0～5.0 g，氯化钠（GB 1266）5.0 g，将上述成分溶于水中，校正pH值，121.0 ℃高压灭菌20.0 min。

18. 盐水溶液

氯化钠（GB 1266）8.5 g，蒸馏水1 000.0 ml，pH值7.0，将氯化钠溶于水，校止pH值后分装，121.0 ℃高压灭菌20.0 min。

四、样品采集

按照饲料样品采集方法采样。

五、检验程序

如图4－4所示，撰写检验报告。

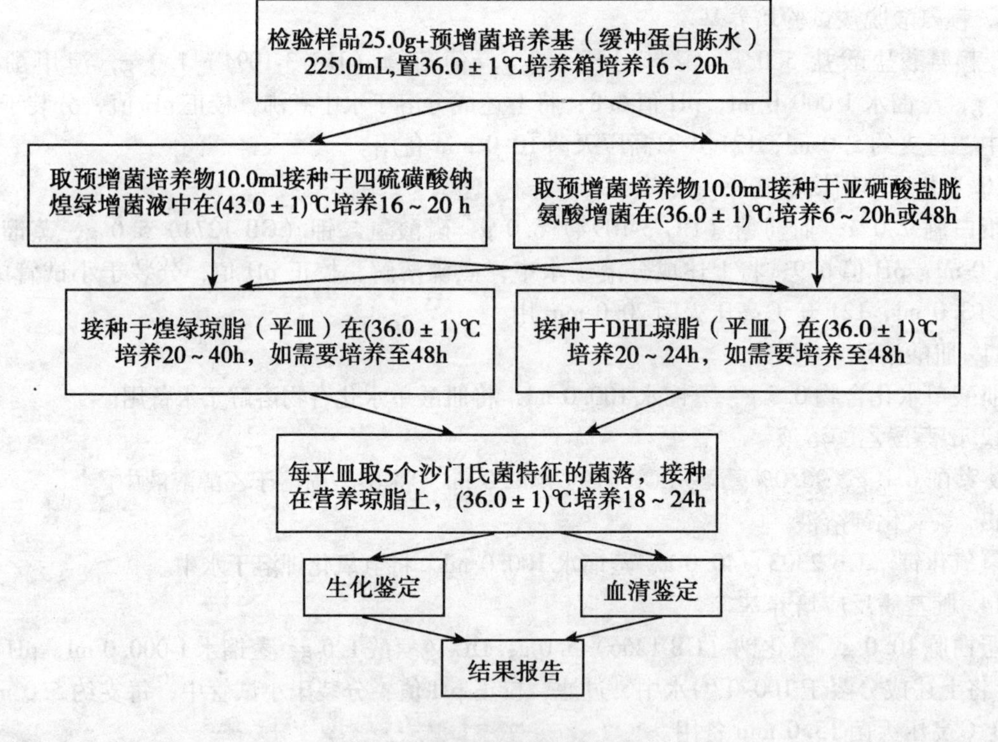

图4－4　饲料中沙门氏菌检验

（一）操作步骤

1. 预增菌培养

取检验样品25.0 g，加入装有225.0 ml缓冲蛋白水的500.0 ml广口瓶（粒状可用均质器，8 000～10 000 r/min，打碎1.0 min，或用研钵加灭菌砂磨碎）。在（36.0±1）℃培养16～20 h。

2. 选择性增菌培养

取预增菌培养物10.0 ml，接种于装有100.0 ml四硫磺酸钠煌绿增菌液的培养瓶中，另

取预增菌培养物10.0 ml，接种于装有100.0 ml亚硒酸盐胱氨酸增菌液的培养瓶中，四硫磺酸钠煌绿增菌液培养瓶在43.0 ℃培养，亚硒酸盐胱氨酸增菌液培养瓶在（36.0 ±1）℃培养。

3. 分离培养

取步骤（2）中增菌培养物一接种环，分别画线接种于酚红煌绿琼脂平皿和DHL琼脂平皿上，为取得明显的单个菌落，取一环培养物，接种2个平皿，第一个平皿接种后，不烧接种环，连续在第二个平皿上画线接种，将平皿底部向上在（36.0 ±1）℃培养。

培养20 ~24h后，检查平皿中是否出现典型的沙门氏菌菌落，生长在酚红煌绿琼脂平皿上的沙门氏菌典型菌落，使培养基颜色由粉红变红，菌落为红色透明；生长在DHL琼脂平皿上的沙门氏菌典型菌落，为黄褐色透明，中心为黑色，或为黄褐色透明小型菌落。

若生长微弱，或无典型沙门氏菌菌落出现时，可在（36.0 ±1）℃重新培养18 ~24h，再检查平皿是否有沙门氏菌典型菌落。

辨认沙门氏菌菌落，在很大程度上依靠经验，它们外表各有不同，不仅是种与种之间，每批培养基之间也有不同，此时，可用沙门氏菌多价因子血清，先于菌落做凝集反应，以帮助辨别可疑菌落。

4. 鉴定培养

从每种分离平皿培养基上，挑选5个被认为可疑菌落，如一个平皿典型或可疑菌落少于5个时，可疑将典型或可疑菌落供进行鉴定。

挑选的菌落在营养琼脂平皿上划线培养，在（36.0 ±1）℃培养18 ~24h，用纯的培养物做生化和血清鉴定。

5. 生化鉴定

将步骤（3）中培养基上挑选的典型菌落，接种在三糖铁培养基、尿素琼脂培养基、赖氨酸脱羧反应培养基、V-P反应培养基、靛基质反应培养基、β-半乳糖苷酶试剂培养基上。

（1）三糖铁培养基　在琼脂斜面上画线和穿刺，在（36.0 ±1）℃培养24h，培养基变化见表4 -2。

表4 -2　培养基变化情况

培养基部位	培养基变化	鉴定结果
琼脂斜面	黄色 红色或不变色	乳糖和蔗糖阳性 乳糖和蔗糖阴性
琼脂深部	底端黄色 红色或不变色 穿刺黑色 气泡或裂缝	葡萄糖阳性 葡萄糖阴性 形成碳化氢 葡萄糖产气

典型沙门氏菌培养基，斜面显红色，底端显黄色，有气体产生，有90.0%形成硫化氢，琼脂变黑。

当分离到乳糖阳性沙门氏菌时，三糖铁斜面是黄色，因而证实沙门氏菌，不应仅限于三糖铁培养的结果。

（2）尿素琼脂培养基　在琼脂表面画线，在（36.0 ±1）℃培养24h，应不定时检查，如反应是阳性，尿素极快释放氨，它使酚红的颜色玫瑰红色—桃红色，以后再变成深的粉红色，反应常在2~24h出现。

(3) 赖氨酸脱羧反应培养基　将培养物刚好接种在液体表面之下，在(36.0±1)℃培养24h，生长后产生紫色，表明是阳性反应。

(4) V-P反应用培养基　将可疑菌落接种在V-P反应培养基上，在(36.0±1)℃培养24h，取培养物0.2 ml于灭菌试管中，加肌酸溶液2滴，充分混匀后加α-萘酚乙醇溶液3滴，充分混匀后再加氢氧化钾溶液2滴，再充分振摇混匀，在15.0 min内，形成桃红色，表明为阳性反应。

(5) 靛基质反应培养基　取可疑菌落，接种于装有5.0 ml胰蛋白胨色氨酸培养基的试管中，在(36.0±1)℃培养24h，培养结束后，加柯凡克试剂1.0 ml，形成红色，表明是阳性反应。

(6) 检查β-半乳糖苷酶反应　取一接种环可疑菌落，悬浮于装有0.25 ml生理盐水的试管中，加甲苯1滴，振摇混匀，将试管在(36.0±1)℃水浴锅中放置数分钟，加ONPG试液0.25 ml，将试管重新放置在(36.0±1)℃水浴锅中24h，不时检查，黄色表明为阳性反应，反应常在20.0 min后明显出现。

(7) 生化检验

生化检验结果如表4-3所示

表4-3　生化检验表

可疑菌在培养基上的反应	阳性或阴性	出现此反应者沙门氏菌株百分率(%)
三糖铁葡萄糖形成酸体视5(1)	+	100.0
三糖铁葡萄糖产气5(1)	+	91.9
三糖铁乳糖5(1)	-	99.2
三糖铁蔗糖5(1)	-	99.5
三糖铁硫化氢5(1)	+	91.6
尿素分解5(2)	-	100.0
赖氨酸脱羧反应5(3)	+	94.6
β-半乳糖苷酶的反应5(6)	-	98.5
V-P反应5(4)	-	98.5
靛基质反应5(5)	-	98.5

6. 血清学鉴定

以纯培养菌落，用沙门氏菌因子血清O、Vi、H型用平板凝集法，检查其抗原存在。

(1) 除去能自凝的菌株　在仔细擦净的玻璃板上，放1滴盐水，使部分被检的菌落分散于生理盐水中，均匀混合后，轻轻摇动30~60s，对着黑背景观察，如果细菌已凝集呈或多或少的清晰单位，此菌株被认为能自凝，不宜提供做抗原鉴定。

(2) O抗原检查　用认为无自凝的纯菌落，按步骤6(1)的方法，用1滴O型血清代替生理盐水，如发生凝集，判为阳性。

(3) Vi 抗原检查　用认为无自凝的纯菌落，按步骤 6（1）的方法，用 1 滴 Vi 型血清代替生理盐水，如发生凝集，判为阳性。

(4) H 抗原检查　用认为无自凝的纯菌落接种在步骤半固体营养琼脂中，在 (36.0 ± 1)℃培养 18 ~ 20h，用这种培养物作为检查 H 抗原用，按步骤 6（1）的方法，用 1 滴 H 型血清代替生理盐水，如发生凝集，判为阳性。

7. 生化和血清试验综合鉴定　鉴定结果如表 4 - 4 所示。

生化和血清试验综合

表 4 - 4　生化和血清试验综合鉴定表

生化反应	有无自凝	血清学反应	说明
典型	无	O、Vi 或 H 抗原阳性	被认为沙门氏菌菌株
典型	无	全为阴性反应	可能是沙门氏菌
典型	有	未做检查	可能是沙门氏菌
无典型反应	无	O、Vi 或 H 抗原阳性	可能是沙门氏菌
无典型反应	无	全为阴性反应	不认为是沙门氏菌

注：沙门氏菌可疑菌株，送专门菌种鉴定部门进行鉴定。

（二）检验报告

综合以上生化试验，血清鉴定结果，报告检验样品是否含有沙门氏菌。

六、检验方法评价

本标准等效采用国际标准 ISO 6779—1981 饲料中沙门氏菌检验方法。

本标准规定了饲料中沙门氏菌测定方法。

本标准适应配合饲料（混合饲料）或动物性单一饲料中沙门氏菌检验。

根据沙门氏菌的生理特性，选择有利于沙门氏菌增殖，而大多数细菌受到抑制生长的培养基，进行选择性的增菌、选择性的平板分离，以检出饲料中的沙门氏菌。

实验十四　黄曲霉毒素 B_1 检验

【学习目标】

了解饲料黄曲霉毒素 B_1 检验的重要意义，掌握黄曲霉毒素 B_1 检验的原理、检验方法，并能检验饲料中黄曲霉毒素 B_1。

一、检验方法

（一）黄曲霉毒素的定性方法

①把 100.0 g 样品与 300.0 ml 提取溶剂（甲醇、水按 7：3 配制）放入均质打碎机，高速打碎 1 ~ 3.0 min。

②待上液澄清，以 Buchner 漏斗用棉布抽气过滤，取 80.0 ~ 150.0 ml 滤液于 500.0 ml 分液漏斗（见注 1）。

③加 30.0 ml 苯于分液漏斗，振摇约 30.0s，加入 300.0 ml 水，待分离后排弃下层液。

④上层液移至烧杯或蒸发瓶，水浴加热蒸干（见注2），加0.5 ml苯溶解，点少量（50.0 μl）于滤纸上待干后以长波紫外光灯照射。

⑤滤纸上无蓝色荧光，样品即不含黄曲霉毒素，若有蓝色荧光，则样品可能含有黄曲霉毒素。

注1：假如原料或饲料含高量油脂或大量脂溶性色素，则添加50.0ml己烷（*Hexane*）于分液漏斗，激烈振动约30.0s后加50.0～100.0ml水，水离废弃上层液，继续进行步骤（3）。

注2：苯分取物中除黄曲霉毒素外，有些物质亦产生萤光或遮敝黄曲霉毒素的萤光，为防止这些问题，将苯层移入50.0ml烧杯，杯中置10.0g无水硫酸钠与5.0g碱式碳酸铜，缓缓摇动后过滤于50.0ml蒸发瓶蒸干，加0.5ml苯溶解，继续步骤（4）。

（二）半定量检验

1. 微柱层析法之一

此法适用于每千克样品中黄曲霉毒素含量10.0 μg以上。

（1）样品提取　取碾碎的饲料50.0 g，置于高速组织捣碎机中；加硅藻土10.0 g和浸取溶液150.0 ml，捣碎3.0 min，滤纸过滤。取滤液50.0 ml于250.0 ml烧杯中，加20.0 ml饱和硫酸铵溶液，水130.0 ml，硅藻土10.0 g，搅拌并静置2.0 min。过滤，取滤液100.0 ml，置于125.0 ml分液漏斗中，加苯3.0 ml，振摇1.0 min。弃去下面水层，再慢慢地加水50.0 ml，待分层后，弃去下面水层，将苯移至小瓶中，加无水硫酸钠澄清。

（2）层析　将微柱底部插入苯液中，使苯前沿升到氧化铝层约1.0 cm处，将柱外表擦干净。立即加入5.0 ml展开溶剂于小试管中，将微柱底部插入展开5.0 min。在紫外灯下观察，如有黄曲霉毒素B_1，则在氧化铝层显示紫蓝色荧光环带。呈显著蓝紫色荧光表示污染程度约为10.0 μg/kg。荧光越强，污染越严重。如为阴性样品，则呈白色或灰白色，而无蓝紫色荧光带环。亦可与标准比较。

2. 微柱层析法之二

此法适合黄曲霉毒素在5.0 μg/kg以上。

取过20.0目筛的样品50.0 g，加250.0 ml的浸取液（85.0%丙酮水溶液），在高速组织搅拌机中捣碎3.0 min（或电磁捣碎30.0 min）。过滤，取滤液90.0 ml置于上述制备的铁胶溶液中，搅拌1.0～2.0 min。再过滤。取清滤液175.0～180.0 ml于500.0 ml分液漏斗内，加氯仿50.0 ml提取约1.0 min。放出氯仿层于250.0 ml烧杯中。水浴上浓缩至微干，用2.0 ml氯仿：丙酮（9：1）溶解后倒入柱，流干后，在紫外灯下观察，如有弗罗里土层呈现蓝紫色荧光环带，则黄曲霉毒素含量大于5.0 μg/kg，如硅胶和弗里罗土层上呈现环带，则含量约大于20.0 μg/kg。

二、检验方法评价

该项目可以定性检测饲料中的黄曲霉毒素，并且根据饲料中黄曲霉毒素的含量多少，有不同的检测方法，具有很好的使用价值。

1. 微柱制备（微柱层析法之一）

微柱：4.0 mm×200.0 mm。制备顺序为：先在底部加少许石英棉，然后加1.5 cm柱高的氧化铝，9.0 cm柱高的干硅胶G。轻敲填实，无裂缝。可一次制备多支，置于干燥器中备用。

2. 微柱制备（微柱层析法之二）

微柱：3.0 mm×250.0nm。制备顺序为：石英棉，填塞5.0～7.0 mm柱高的砂，5.0～7.0 mm柱高的弗罗里土，2.0 cm柱高的硅胶和1.0～1.5 cm柱高的氧化铝。最后加上少许石英棉。

实验十五　饲料中氟含量的定量测定

【学习目标】

了解饲料原料和饲料成品中氟含量检测的重要意义，掌握饲料原料和饲料成品中氟含量检测的实验原理、方法，并对测定结果分析和讨论。

一、原理

本测定方法是一种快速、简便、容易掌握的氟含量的测定方法。用这种方法测定样品中氟的含量，比GB 13083—91规定的氟含量的测定方法缩短测定时间近1.5 h。

本方法适用于饲料原料（磷酸盐、石粉、鱼粉等）、配合饲料（包括混合饲料）中氟含量的测定。

氟离子选择电极的氟化镧单晶膜对氟离子产生选择性的对数响应，氟电极和饱和甘汞电极在被测试液中，电位差可随溶液中氟离子的活度的变化而改变，电位变化规律符合能斯特方程式：

$$E = E_0 - \frac{2.303RT}{F}\log C_F^-$$

式中：2.303RT/F为该直线的斜率（25.0 ℃时为59.16）；E与$\log C_F^-$呈线性关系。

与氟离子形成络合物的Fe^{3+}、Al^{3+}、SiO_3^{2-}等离子干扰测定，其他常见离子无影响。测量溶液的酸度为pH值5～6，用总离子强度缓冲液消除干扰离子及酸度的影响。

二、试剂和溶液

本方法所用试剂均为分析纯，水均为不含氟的去离子水。全部溶液贮于聚乙烯塑料瓶中。

（1）3.0 mol/L乙酸钠溶液　称取204.0 g乙酸钠（$CH_3COONa \cdot 3H_2O$，GB693），溶于约300.0 ml水中，待溶液温度恢复到室温后，以1.0 mol/L乙酸调节pH值至7.0，移入500.0 ml容量瓶，加水至500.0 ml刻度。

（2）0.75 mol/L柠檬酸钠溶液　称取110.0 g柠檬酸钠，溶于约300.0 ml水中，加高氯酸14.0 ml，移入500.0 ml容量瓶，加水至500.0 ml刻度。

（3）总离子强度缓冲液　3.0 mol/L乙酸钠溶液与0.75 mol/L柠檬酸钠溶液等量混合，临用时配制。

（4）1.0 mol/L盐酸　量取10.0 ml盐酸加水稀释至120.0 ml。

（5）氟标准溶液

①氟标准贮备液：称取经100.0 ℃干燥4h冷却的氟化钠0.221 0 g，溶于水，移入100.0 ml容量瓶中，加水至刻度，混匀，置冰箱内保存，此液每毫升相当于1.0 mg氟。

②氟标准溶液：临用时准确吸取氟贮备液10.0 ml于100.0 ml容量瓶中，加水至刻度，混匀，此液每毫升相当于100.0 μg氟。

③氟标准稀溶液：准确吸取氟标准溶液 10.0 ml 于 100.0 ml 容量瓶中，加水至刻度，混匀。此液每毫升相当于 10.0 μg 氟。

三、仪器、设备

（1）氟离子选择电极　测量范围 $10^{-1\sim5}\times10^{-7}$ mol/L，CSB-F-1 型或与之相当的电极。

（2）甘汞电极　232 型或与之相当的电极。

（3）磁力搅拌器。

（4）酸度计　测量范围 0 ~ 1 400 mV，pHS-2 型或与之相当的酸度计或电位计。

（5）分析天平　感量 0.000 1 g。

（6）纳氏比色管　50.0 ml，带盖。

四、测定步骤

（1）氟标准工作液的制备　吸取氟标准稀溶液 5.0 ml（相当于 50.0 μg 氟），再吸取氟标准溶液 5.0 ml（相当于 500.0 μg 氟），分别置于 50.0 ml 容量瓶中，于各容量瓶中分别加入 1.0 mol/L 盐酸 10.0 ml，总离子强度缓冲液 25.0 ml，加水至刻度，混匀。上述标准工作液的浓度分别为每毫升相当于 1.0 μg、10.0 μg 氟。

（2）试液制备　称取 0.5 ~ 1.0 g 试样，精确到 0.001 g，置 50.0 ml 纳氏比色管中，加入 1.0 mol/L 盐酸 10.0 ml，密闭提取 1.0h（不时轻轻摇动比色管），应尽量避免样品粘于管壁上。提取后加总离子强度缓冲液 25.0 ml，加水至刻度混匀，以滤纸过滤，滤液供测定用。

（3）测定　将氟电极和甘汞电极与测定仪器酸度计的负极和正极连接，将电极插入盛有 50.0 ml 水的聚乙烯塑料烧杯中，并预热仪器酸度计 5.0 ~ 7.0 min，在磁力搅拌器上以恒速搅拌，读取平衡电位值，更换 2 ~ 3 次水，电动势达到 320.0 mV 后才能进行标准样品和测试样液的电位测定。

每次测定试样均要制备标准工作液，并在同一条件（温度、搅拌速度相同）测定试样和标准溶液。由低到高浓度分别测定氟标准工作液的平衡电位。电极用蒸馏水清洗后，应用滤纸擦干后进行测试，以防止引起测量误差。试样较多，浓度相差较大时，要用两支氟离子选择电极，以免引起误差。氟电极在用毕后要用去离子水清洗至-320.0 mV 后干放。甘汞电极中的饱和氯化钾溶液要保持装满。

五、计算

根据本方法的原理，设氟标准工作液电位变化的关系式（方程式）为：

$$E = a + b\log C_F^-$$

式中：a— C_F^- 为 1.0 μg/ml 时的平衡电位值；

b— C_F^- 为 10.0 μg/ml 时的平衡电位值减去 a 值。

例如：测得氟标准工作液的平衡电位见表 4 – 5；称取样品 1.211 8 g，测出其试液的平衡电位是 169.0 mV。求样品中氟的含量。

表 4 – 5　氟标准工作液的平衡电位

C_F^-（μg/ml）	1.0	10.0
E（mV）	243.0	188.0

从表4－5中的数据可看出，该氟标准工作液电位变化的关系式为：$E = 243 - 55\log C_F^-$，当E样＝169.0 mV，则 $\log C_F^- = \frac{243 - 169}{55} = 1.345\,45$，使用计算器的“10×”键，计算得到：

$C_F^- = 10^{1.345\,45} = 22.154\,1(\mu g/ml)$，将所得 C_F^- 值代 $A \cdot X = \frac{C}{M} \times 50$ 中，则样品中氟的含量：$X = \frac{22.154\,1}{1.211\,8} \times 50 = 914.1(\mu g/ml)$。

六、结果表示

每个试样取2个平行测定，以其算术平均值作为测定结果，结果表示到0.1 mg/kg。2个平行测定之间的差，在F- ≤5.0 mg/kg时，不得超过平均值的10.0%，在F- >50.0 mg/kg时，不得超过平均值的5.0%。否则，应重做。

实验十六　饲料中铅含量的测定

【学习目标】

了解饲料原料和饲料成品中铅含量检测的重要意义，掌握饲料原料和饲料成品中铅含量检测的实验原理、方法，并对测定结果分析和讨论。

测定方法

（一）样品的前处理

（1）干化灰化法　同重金属的测定方法。

（2）硝酸—硫酸湿法消化　称取5.0～10.0 g粉碎样品于250.0～500.0 ml凯氏瓶中，加少许水润湿，加数粒玻璃珠，10.0～15.0 ml硝酸—硫酸混合液，放置片刻，小心缓慢加热，待作用缓和时，沿瓶壁小心加入5.0～10.0 ml硫酸，再加热，至瓶中液体开始变成棕色时，不断向瓶壁滴加硝酸—硫酸混合液至有机质分解完全，加大火力，至产生白烟，溶液澄清无色或淡黄色，冷却。加20.0 ml水煮沸，除去残余的硝酸至不再产生白烟为止，如此处理2次，将冷却后的溶液移入50.0～100.0 ml容量瓶中，冷却后用水稀释至刻度。

（二）定性分析—铬酸铅法

（1）原理　铅盐与铬酸钾在中性或弱酸性溶液中生成铬酸铅黄色沉淀。

$$Pb(NO_3)_2 + K_2CrO_4 \rightarrow PbCrO_4 + 2KNO_3$$

（2）试剂　10.0%铬酸钾（化学纯）或重铬酸钾溶液。

（3）操作步骤　取待检液少量置试管中，加10.0%铬酸钾溶液数滴，如有铅离子存在，即出现黄色沉淀。

（三）简易定量法

1. 试剂和溶液

（1）冰乙酸溶液　6.0%（v/v）。

（2）硫化钠　称1.0 g硫化钠，用水溶解至10.0 ml，临用时新配。

（3）铅标准液　1.0 ml含0.01 mg铅（称取0.160 g硝酸铅；用10.0 ml（1：9）硝酸溶液溶解，移入1 000.0 ml容量瓶中，稀释至刻度，再稀释10倍。

2. 测定方法

量取样液10.0 ml，置于5.0 ml于纳氏比色管中，加2.0 ml冰乙酸溶液，30.0 ml水和2滴硫化钠溶液，用水稀释至刻度，摇匀，放置5.0 min，其颜色不得深于标准。

标准是取2.0 ml铅标准液与样品同时同样处理。

（四）双硫腙比色法

1. 原理

双硫腙与铅在pH值9.6左右时形成红色络合物，该络合物可溶于许多有机溶剂中，其颜色深浅与铅含量成正比，故可用比色法测定其含量。

加入盐酸羟胺、氰化钾和柠檬酸铵可消除样液中铁离子、铜离子、锡离子、镉离子、锌离子等的干扰。

2. 仪器

分光光度计。

3. 试剂与溶液

① 1∶1氨水溶液A. R。

② 1∶1盐酸溶液A. R。

③ 酚红指示剂0.1%乙醇溶液。

④ 0.01%双硫腙溶液A. R。

⑤ 50.0%柠檬酸铵溶液　称取50.0 g（分析纯）柠檬酸铵，溶于100.0 ml水中，加入2滴酚红指示剂，用1∶1氨水溶液调至溶液呈微红色。把溶液转入250.0 ml分液漏斗中，加入5.0 ml 0.01%双硫腙溶液和40.0 ml三氯甲烷，分3次振摇提取，静置分层，弃去有机相。重复操作直至双硫腙不变色为止。最后用水稀释至250.0 ml。

⑥20.0%盐酸羟胺溶液。称取20.0 g（A. R）盐酸羟胺，溶成100.0 ml水溶液。

⑦10.0%氰化钾溶液A. R。

⑧1.0%硝酸溶液A. R。

⑨15.0%碘化钾溶液A. R。

⑩0.5%淀粉指示剂。

⑪20.0%硫代硫酸钠溶液A. R。

⑫三氯甲烷。A. R，不含氧化物。

检验方法：取5.0 ml三氯甲烷，加入10.0 ml新煮沸并已冷却过的水，振摇3.0 min，静置分层，放出三氯甲烷。在水相中加入几滴15.0%碘化钾溶液和0.5%淀粉指示剂，振摇反应不显蓝色即为不含氧化物。

去氧化物方法：把三氯甲烷倒入大号分液漏斗中，加5.0～10.0倍于三氯甲烷的20.0%硫代硫酸钠溶液，轻轻摇动，弃去水相，再重复2～3次。三氯甲烷经无水硫酸钠脱水后进行蒸馏。弃去初馏和未馏部分，收集中间馏出液使用（注意蒸馏时水温不要过高）。

⑬ 0.05%双硫腙储备液：称取0.5 g双硫腙，溶于50.0 ml三氯甲烷，如果溶解不完全，用滤纸过滤到500.0 ml分液漏斗中，用300.0 ml 11.0%氨水分3次提取。提取液经脱脂棉过滤到250.0 ml分液漏斗中，用1∶1盐酸溶液调溶液呈酸性，使双硫腙沉淀。将沉淀出的双硫腙用500.0 ml三氯甲烷分3次提取，合并提取液即为储备液。

⑭ 双硫腙工作液：移取1.0 ml双硫腙储备液，用三氯甲烷稀释至10.0 ml。在510.0nm

波长处用三氯甲烷调零点，测量工作液的吸光度，并计算出 100.0 ml 双硫腙工作液在 70.0% 透光率时所需的双硫腙溶液的体积毫升数（V）：

$$V=\frac{10\times(2-\lg70)}{A}=\frac{20-10\times1.8451}{A}=\frac{1.55}{A}$$

式中：A—硫腙工作液的吸光度。

⑮1.0 mg/ml 铅标准储备液：准确称取 0.159 8 gGR 或 AR 硝酸铅，溶于 1.0% 硝酸溶液 10.0 ml 中，定量地转入 100.0 ml 容量瓶中，用水稀释至刻度。

⑯10.0 μg/ml 铅标准工作液：准确移取 1.0 ml 铅标准储备液，置于 100.0 ml 容量瓶中，用水稀释至刻度。

4. 测定方法

（1）试样分解　称取试样 5.0 g（准确至 0.000 2 g），置于瓷坩埚中，在电炉上炭化至烟雾逸尽，转入 550.0 ℃高温电炉中灼烧 1.0h，冷却，取出坩埚。加入 1 : 1 硝酸溶液 1.0 ml，并在文火上加热溶解灰分。定量地转入 50.0 ml 容量瓶中，加水稀释至刻度。同时做试剂空白试验。

（2）标准曲线的绘制　准确移取 0 ml、0.1 ml、0.2 ml、0.3 ml、0.4 ml、0.5 ml 铅标准工作液（相当于 0 μg、1.0 μg、2.0 μg、3.0 μg、4.0 μg、5.0 μg 铅），分别置于 100.0 ml分液漏斗中，各加入 1.0% 硝酸溶液 20.0 ml。

（3）试样测定　准确移取 10.0 ml 试样分解液和 10.0 ml 试剂空白液，分别置于 100.0 ml分液漏斗中，各加入 20.0 ml 水。在标准工作液、试样分解液和试剂空白液中各加入 50.0% 柠檬酸铵溶液 2.0 ml、20.0% 盐酸羟胺溶液 1.0 ml 和 2～3 滴酚红指示剂，用 1 : 1 氨水溶液调溶液至浅红色。由于试样分解液酸性很强，加入指示剂后显红色，随着氨水溶液加入量的增大，溶液变成黄色，此时应逐滴加入氨水溶液，直至浅红色。再各加入 10.0% 氰化钾溶液 2.0 ml，摇匀。各加入 10.0 ml 双硫腙工作液，剧烈振摇 1.0h，静置分层。有机相经脱脂棉滤入具塞刻度试管中，在 510.0nm 波长处，测量各溶液的吸光度。根据测得的吸光度绘制铅标准曲线。

5. 计算公式

$$铅(mg/kg)=\frac{A_1-A_0}{m\times\frac{V_2}{V_1}}$$

式中：A_1—从标准曲线上查得的试样溶液中铅的质量（μg）；

A_0—试剂空白液中铅的质量（μg）；

V_1—试样分解液总体积（ml）；

V_2—从试样分解液中移取的体积（ml）；

m—试样的质量（g）。

6. 说明

①该方法测定重金属灵敏度较高，所有玻璃器皿应用 10.0% 硝酸溶液浸泡冲洗干净。再用双硫腙工作液清洗，如果微量双硫腙溶液变色，说明器皿未洗净，应重洗后使用。

②试样分解要彻底，防止有机物与铅形成络离子，影响分析测定。

③双硫腙在空气中易氧化，它不溶于酸、碱性水溶液，可溶于三氯甲烷和四氯化碳中。

应将双硫腙在棕色瓶中密封保存，并置于干燥环境中，以保证其稳定性。

实验十七 饲料中砷含量的测定

【学习目标】

了解饲料原料、配合饲料砷含量检测的重要意义，掌握饲料原料、配合饲料砷含量检测的原理、实验方法，并注意对测定结果的分析和讨论。

测定方法

（一）砷的简单判定法

①将可疑的含砷量高的样品放在火焰上稍加热，如果有砷存在时，从蒸汽中可以明显的嗅到蒜味。

②在硬质玻璃吸管突出一端的底部放一小块被检材料，其稍上放置木炭。在酒精灯上先将木炭加热，然后将被检物加热。如有砷存在时，则在木炭上的管壁上出现"砷镜"。

③取铜片两块，以 1∶1 的硝酸溶液除去氧化物，并用水冲洗后放在水浴锅上加热 1 h。将被检的样品与浓盐酸混合，然后将两块铜片放在混合物中。如有砷存在时，铜片上被灰色的亚砷化铜霜所覆盖，如有汞存在时，则铜片用滤纸擦净后因析出汞而呈现银色闪光。

（二）砷测定的判定法

1. 原理

样品经消化后，在酸性条件以碘化钾，氯化亚锡将五价砷还原为三价砷，然后与锌粒和酸产生的新生态氢生成砷化氢气体，再与溴化汞试纸生成黄色至橙色的色斑，与标准砷斑比较定量。硫化氢气体有类似反应，可用醋酸铅棉花除去干扰。

2. 仪器

①测砷管全长 18.0 cm，自管口向下至 14.0 cm 一段的内径约为 6.5 mm，自此以下逐渐变细，末端内径约为 1.0～3.0 mm，近末端 1.0 cm 处有一孔，直径 2 mm，上部较粗部分装入乙酸铅棉花，长约 6.0 cm，距离管口至少 3.0 cm。管口为圆形平管口，上面磨平，平面两侧各有一钩，为固定玻璃帽用。

②玻璃帽下面磨平，与侧面管口相配。中央有圆孔，孔径为 6.5 mm，上面有弯月形凹槽以便能用橡皮圈与测砷管的小钩固定和易于取走玻璃帽。玻璃帽与测砷管之间夹一溴化汞滤纸。

③100.0 ml 锥形瓶。

④橡皮塞。

3. 试剂

①5.0% 溴化汞—乙醇溶液。

②6.0 mol/L 盐酸。

③硝酸，分析纯。

④10.0% 乙酸铅溶液。

⑤硫酸，分析纯。

⑥硝酸—高氯酸混合液（4∶1）。

⑦氧化镁，分析纯。

⑧盐酸，分析纯。

⑨20.0%氢氧化钠溶液。

⑩无砷锌粒。

⑪硝酸镁及硝酸镁溶液。称取15.0 g硝酸镁溶于100.0 ml水中。

⑫15.0%碘化钾溶液，贮存于棕色瓶中。

⑬氯化亚锡溶液。称取40.0 g氯化亚锡（$SnCl_2 \cdot 2H_2O$），加盐酸溶解并稀释至100.0 ml，加入数颗金属锡粒。

⑭溴化汞试纸。将剪成直径2 cm的圆形滤纸片，在5.0%溴化汞乙醇溶液上浸渍1 h，保存于冰箱中，临用前置暗处阴干备用。

⑮乙酸铅棉花。用10.0%乙酸铅溶液浸透脱脂棉后，压除多余溶液，并使疏松，在100.0 ℃以下干燥后，贮存于玻璃瓶中。

⑯砷标准溶液。精确称取0.132 0 g已在105.0 ℃干燥2 h的三氯化二砷于250.0 ml烧杯中，加5.0 ml 20.0%氢氧化钠溶液，溶解后加25.0 ml 10.0%硫酸，移入1 000.0 ml容量瓶中，加刚煮沸并冷却的水至刻度，贮于棕色瓶中。此溶液相当于0.1 mg/ml；

⑰砷标准使用液。吸取1.0 ml砷标准溶液于100.0 ml容量瓶中，加1.0 ml 10.0%硫酸，加水稀释至刻度。此液每毫升相当于1.0 μg砷；

⑱10.0%硫酸溶液。量取5.7 ml硫酸于80.0 ml水中，冷却后加水至100.0 ml。

4. 操作方法

(1) 样品消化

①硝酸—高氯酸—硫酸湿法消化法。称取5.000 0 g或10.000 0 g粉碎样品于250.0～500.0 ml定氮瓶中，加少许水润湿，加数粒玻璃珠，10.0～15.0 ml硝酸—高氯酸混合液，放置片刻，小火缓慢加热，待作用缓和后，沿瓶壁小心加入5.0 ml或10.0 ml硫酸，再加热，至瓶中液体开始变成棕色时，不断沿瓶壁滴加硝酸—高氯酸混合液至有机质分解完全。加大火力，至产生白烟，溶液澄明无色或略带淡黄色，放冷。加20.0 ml水煮沸，除去残余的硝酸至产生白烟为止，如此处理2次，将冷后的溶液移入50.0 ml或100.0 ml容量瓶中，用水洗涤定氮瓶，洗液并入容量瓶中，放冷，稀释至刻度，摇匀。此液每10.0 ml相当于1.0 g样品。相当加入硫酸量1.0 ml。

取与消化样品相同量的试剂按同一操作做试剂空白试验。

②硝酸—硫酸湿法消化法。以硝酸代替硝酸—高氯酸混合液进行以上操作。

③干法—灰化法。称取5.000 0 g粉碎样品于坩埚中，加1.0 g氧化镁和10.0 ml硝酸镁溶液。浸泡4 h。置于低温或水浴锅上蒸干。用小火炭化至无烟后移入高温炉中，550.0 ℃灼烧2 h。

加水5.0 ml湿润灰分后，用细玻棒搅拌，再用少量水洗净玻棒于坩埚内。在水浴上蒸干后，移入高温炉内，550.0 ℃灼烧2 h。

加水5.0 ml湿润灰分后，慢慢加入10.0 ml6.0 mol/L盐酸，然后将溶液转入50.0 ml容量瓶中，坩埚用6.0 mol/L盐酸洗涤3次，每次5.0 ml。用水洗3次，每次5.0 ml。洗液均并入容量瓶中，用水稀释至刻度，摇匀。定容后的溶液每10.0 ml相当于1.0 g样品，相当于加入盐酸量1.5 ml。

取与灰化样品相同量的试剂按同一操作做试剂空白试验。

（2）测定步骤　吸取20.0 ml消化后样品液（2.0 g）及同量试剂空白液与测砷瓶中，加5.0 ml，15.0%碘化钾溶液，5滴酸性氯化亚锡溶液和5.0 ml盐酸（样品如用湿法消化液，则应减去硫酸的体积。如用干法消化液，则应减去盐酸体积），再加适当水至35.0 ml。

另吸取0.0 ml，0.5 ml，1.0 ml，2.0 ml砷标准使用液（相当于0.0 μl，0.5 μl，1.0 μl，2.0 μl砷）分别置于测砷瓶中，其余步骤同上。

将上述样品、空白、标准溶液的测砷瓶中各加3 g锌粒。立即塞上预先装有乙酸铅棉和溴化汞试纸的测砷管，于25 ℃放置1.0h。取出样品、空白溴化汞试纸与标准砷斑比较。

5. 结果计算

$$砷(mg/kg) = \frac{A_1 - A_0}{m \times \frac{V_2}{V_1}}$$

式中：A_1—测定样品消化液中砷的量（μg）；

A_0—测定空白消化液中砷的量（μg）；

M—样品质量（g）；

V_2—测定样品消化液的体积（ml）；

V_1—样品消化液的总体积（ml）。

实验十八　饲料中汞含量的测定

【学习目标】

了解饲料原料和配合饲料汞监测的重要意义，掌握饲料原料、配合饲料汞含量检测的原理、实验方法，并注意对测定结果的分析和讨论。

一、原理

汞对动物是有毒有害的物质，危害动物的健康和严重影响着动物生产。汞主要是通过污染饮水、空气和饲料进入体内，检测饲料和饮水汞的污染程度，对饲料动物生产有着十分重要的意义。

在光谱分析中，汞原子的波长为253.7nm的共振线有强烈的吸收作用。样品经硝酸-硫酸消化，使Hg转变为离子状态，在强酸中Hg离子与氯化亚锡生成$HgCl_2$沉淀，在过量试剂存在时，$HgCl_2$进一步被还原为金属汞，进行定量测定。

本分析测定方法适用于各种饲料原料及配合饲料中汞的测定。

二、试剂

除特殊规定外，本方法所用试剂均为分析纯，水为重蒸馏水。

①硝酸（HNO_3 GB626—78，分析纯）。

②硫酸（H_2SO_4 GB625—77，分析纯）。

③30.0%氯化亚锡：称取30.0 g氯化亚锡（$SnCl_2$ GB638—78 化学纯），加入少量的水，再加2.0 ml硫酸溶解后，加水稀释至100.0 ml，置冰箱中备用。

④混合酸溶液：分别取200.0 ml容量瓶加100.0 ml水，分别量取20.0 mlH_2SO_4，20.0 mlHNO_3，慢慢地加入100.0 ml水中，冷却后加水稀释至200.0 ml。

⑤汞标准储备液：称取烘干冷却的二氯化汞（$HgCl_2$）0.135 4 g于干净的烧杯中，加入

混合酸溶解后，移入 100.0 ml 容量瓶中，冷却后稀释至 100.0 ml 混匀。此溶液每毫升相当于 1.0 mg Hg，冷藏备用。

⑥汞标准工作液：取 1.0 mlHg 标准液，置 100.0 ml 容量瓶中，加混合酸稀释至 100.0 ml。此溶液每毫升相当于 10.0 μg Hg，再吸取此溶液 1.0 ml，置于 100.0 ml 容量瓶中，加混合酸液稀释至刻度，每毫升相当于 0.1 μg Hg，为 Hg 的标准工作液，此工作液临用时现配。

三、仪器设备

①样品粉碎机或研钵。

②消化装置。

③测汞仪，F-732 型测汞仪或其他型号测汞仪。

④分析天平，感量 0.000 1 g。

⑤三角瓶，250.0 ml。

⑥容量瓶，100.0 ml，200.0 ml。

⑦还原瓶，50.0 ml（测汞仪附件）。

四、试样制备

采取具有代表性的饲料原料或成品饲料样品至少 2.0 kg，以四分法至 250.0 g，磨碎过 20 目筛（1.0 mm 孔径），混匀装瓶密闭，低温保存备用。

五、测定步骤

1. 试样处理

（1）饲料原料及含有有机物质样品　称取 1.000 0 g 样品于 250.0 ml 三角瓶中，加玻璃珠数粒，加 25.0 ml 硝酸、5.0 ml 硫酸，转动三角瓶防止局部炭化。装上冷凝管后，小火加热，待开始发泡时停止加热，发泡停止后，加热回流 2.0h，冷却后从冷凝管上端小心加 20.0 ml 水，继续加热回流 10.0 min，冷却，用适量水冲洗冷凝管，洗液并入消化液，用玻璃棉或滤纸过滤于 100.0 ml 容量瓶中，用少量的水冲洗三角瓶及滤器，冲洗液并入容量瓶。冷却后加水稀释至 100.0 ml 刻度，混匀。取消化样品相同量的硝酸、硫酸，按同一方法做试剂空白。

（2）矿物质及不含有机物质原料　称取 1.000 0 g 样品于 250.0 ml 三角瓶中，加玻璃珠数粒，装上冷凝管后，从冷凝管上端加入 15.0 ml 硝酸，用小火加热 15.0 min，冷却。用少量的水冲洗冷凝管，移入 100.0 ml 的容量瓶中，加水稀释至 100.0 ml 的刻度，混匀。取消化样品相同量的硝酸，按同一方法做空白。

2. 标准曲线的绘制

分别吸取（0、0.10、0.20、0.30、0.40、0.50）ml Hg 标准工作液［相当于（0、0.10、0.20、0.30、0.40、0.50）μg 的 Hg］置于还原瓶内，各加 10.0 ml 混合酸溶液、2.0 ml 30.0% 氯化亚锡后立即盖紧还原瓶 2.0 min，记录“读数指示器”最大的吸光度，以吸光度为纵坐标，Hg 的浓度为横坐标，在坐标纸绘制标准曲线。

3. 试样测定

加 10.0 ml 试样液于还原瓶中，加 30.0% 氯化亚锡 2.0 ml 后立即盖紧还原瓶 2.0 min，记录“读数指示器”最大的吸光度。

4. 结果计算

$$X = \frac{(A_1 - A_2) \times 1000}{M \times V_2/V_1 \times 1000} = \frac{(A_1 - A_2) \times V_1}{M \times V_2}$$

式中：X—样品中 Hg 的含量（mg/kg）；

A_1—测定样品消化液中 Hg 含量（μg）；

A_2—测定空白消化液中 Hg 含量（μg）；

M—样品重量（g），

V_1—样品消化液的体积（ml）；

V_2—测定用样品消化液的体积（ml）。

5. 结果表示

每个样品平行 2 个测定，以算术平均值为结果，结果表示到 0.001 mg/kg。

重复性：同一分析者对同一样品、同时 2 个测定所得结果之间的差值。

Hg 含量≤0.02 mg/kg 时，不得超过平均值的 100.0%；

Hg 含量 >0.02 mg/kg 而 < 0.100 mg/kg 时，不得超过平均值的 50.0%；

Hg 含量 >0.100 mg/kg，不得超过平均值的 20.0%。

实验十九　有机磷农药残留的测定

【学习目标】

了解饲料原料、配合饲料有机磷农药检测的重要意义，掌握饲料原料、配合饲料有机磷农药含量检测的原理、实验方法，并注意对测定结果的分析和讨论。

测定方法

（一）有机磷农药的定性测定

1. 刚果红法

（1）原理　样液中的有机磷农药经溴氧化后，与刚果红作用生成深蓝色产物，可鉴别样品中是否存在有机磷农药。

（2）试剂　饱和溴水，刚果红醇液。

（3）操作方法　取粉碎样品用苯浸泡，振摇，用滤纸过滤，取滤液置于蒸发皿中，加入 10.0% 甘油甲醇溶液 1 滴，沥干，加水 1.0 ml，混匀。将样液滴于定性滤纸上，挥发干。将滤纸置于溴蒸气上熏 5.0 min，取出，在通气处将溴挥发尽，滴入 0.5% 刚果红溶液，置于滤纸的点样处，如果试纸显示出蓝紫色则表示样品中有有机磷存在。呈粉红色者则为溴的色泽。

2. 纸上斑点法

（1）原理　样液中的硫代磷酸酯类有机磷与 2，6-二溴苯醌氯酰亚胺，在溴蒸气作用下，形成各种有颜色的化合物，用以鉴定是否有有机磷存在以及了解是哪一种有机磷。

（2）试剂

①饱和溴水。

②2，6-二溴苯醌氯酰亚胺试纸　称取 0.05 g 2，6-二溴苯醌氯酰亚胺，溶于 10.0 ml 95.0% 乙醇中，将定性滤纸浸湿，晾干备用。

（3）操作方法　吸取按刚果红法制备的样液1滴，置于2，6-二溴苯醌氯酰亚胺试纸上，稍干，置于溴蒸气上蒸熏片刻，呈现出不同颜色的斑点，根据显示出的色泽鉴别属于哪种有机磷农药。试验时防止色素干扰，试纸要临用时制备。有机磷农药呈色反应见表4－6。

表4－6　有机磷农药的呈色反应

农药种类	反应颜色	反应时间（min）
3911	鲜黄，周围较深	5s～3
1605	淡黄—紫红	30s～3
1059	鲜黄—暗黄	30s～3
4049	黄—黄棕	30s～5
乐果	黄—橙黄	20s～5
M—74	淡土黄—暗紫红	30s～5
三硫磷	土黄—杏红	15s～5
1240	鲜黄—暗黄	30s～3

（二）有机磷药的定量测定

1. 原理

用二氯甲烷提取样品中的有机磷农药，样品溶液被气相色谱仪气化成气态组分，由于各种组分在色谱柱中分配系数不同而分离，再用火焰光度检测器（FPD）进行测定。

2. 仪器

①微量注射器。

②真空旋转蒸发器。

③振荡器。

④具有火焰光度检测器的气相色谱。

3. 试剂

①3.0 mol/L盐酸。

②二氯甲烷。

③活性炭10.0 g。活性炭用3.0 mol/L盐酸浸泡24.0h，抽滤水洗干燥备用。

④中性氧化铝，300.0 ℃活化4.0h后备用。

⑤1.0 μg/ml有机磷农药标准储备液。准确称取0.005 mg纯品乐果、马拉硫磷、甲拌磷、乙拌磷、倍硫磷、辛硫磷、杀螟硫磷、虫螨磷、稻瘟净、敌敌畏，用苯溶解并稀释至5.0 ml混匀，冰箱保存。

⑥0.01 μg/ml有机磷农药标准工作液。

4. 操作步骤

（1）提取　称准5.000 0～10.000 0 g样品，置于150.0 ml三角瓶中，加0.5 g中性氧化铝、20.0 ml二氯甲烷，在振荡器上振荡40.0 min，过滤后分取一定体积进行样品测定。

如农药含量过低，可用真空旋转蒸发器浓缩定容至2.0 ml，取2.0～5.0 μl进行样品测定。

（2）标准曲线绘制　依仪器灵敏度不同配制不同浓度的标准液，用微量注射器分 1.0～5.0 μl 进样，由不同浓度有机磷农药标准溶液的峰高或峰面积绘制标准曲线。

（3）气相色谱仪工作条件

①色谱柱：玻璃柱，长 2.0 m，内径 3.0 mm。

②担体：Chromosorb w AW DMCS，60.0～80.0 目。

③固定液：2.5% SE—30 和 3.0% QF—1 混合固定液（或 1.5% QV—17 和 2.0% QF—1 混合固定液，或 2.0% OV—01 和 2.0% QF—1 混合固定液），甲拌磷、乙拌磷、虫螨磷、倍硫磷、杀螟硫磷和稻瘟净的色谱柱用 3.0% PEGA 和 5.0% QF—1 混合固定液。

④检测器：火焰光度检测器（FPD）。

⑤气化室温度：250 ℃。

⑥色谱柱温度：190 ℃（敌敌畏 130 ℃）。

⑦检测器温度：240 ℃。

⑧氮气流速：90.0 ml/min。

⑨空气流速：50.0 ml/min。

⑩氢气流速：180.0 ml/min。

5. 计算

$$\text{有机磷}(\mathrm{mg/kg}) = \frac{H_1 \times C \times Q_2}{H_2 \times Q_1 \times K}$$

式中：H_1—减去空白值的样品溶液峰高或峰面积；

H_2—标准溶液峰高或峰面积；

C—标准溶液浓度（mg/L）；

Q_1—样品溶液的进样量（μl）；

Q_2—标准溶液的进样量（μl）；

K—样品提取液体积相当于样品的质量（kg/L）。

6. 注意事项

①氮气、空气、氢气流量比应按仪器型号特点选各自最佳比例条件。

②含有机磷的样品在氢火焰上燃烧时，以 HPO 碎片的形式发射出波长 526.0nm 特征光。

③Qv—17 为苯基甲基聚硅氧烷，QF—1 为三氟丙基甲基聚硅氧烷，SE—30 为甲基硅橡胶 30，PEGA—为聚乙二醇己二酸酯，Chromosorb w AW DMCS 为酸洗白色硅藻土载体经二甲基二氯硅烷处理。

实验二十　饲料中亚硝酸盐的测定

【学习目标】

了解饲料亚硝酸盐检测的重要意义，掌握饲料亚硝酸盐检测的原理、实验方法，并注意对测定结果的分析和讨论。

一、原理

样品在碱性条件下除去蛋白质，在酸性条件下试样中的亚硝酸盐与对氨基苯磺酸反应，生成重氮化合物，再与 N-1-萘乙二胺盐酸盐偶合成红色物质，进行比色测定。

饲料中硝酸盐由于饲料管理和调制不善，往往会转变为亚硝酸盐，造成对动物毒害。本测定适用于饲料原料（鱼粉）、配合饲料（包括混合饲料）中亚硝酸盐的测定。

二、试剂和溶液

本试验所用试剂均为分析纯，水为蒸馏水。

①四硼酸钠饱和溶液：称取25.0 g四硼酸钠（$Na_2B_4O_7 \cdot 10H_2O$，GB632），溶于500.0 ml温水中，冷却后备用。

②. 10.6%亚铁氰化钾溶液：称取53.0 g亚铁氰化钾［$K_4Fe(CN)_6 \cdot 3H_2O$，GB12—73］，溶于水溶解，加水稀释至500.0 ml。

③22.0%乙酸锌溶液：称取110.0 g乙酸锌［$Zn(CH_3COO)_2 \cdot 2H_2O$，HG3—1098］，溶于适量水和15.0 ml冰乙酸（GB676）中，加水稀释至500.0 ml。

④0.5%对氨基苯磺酸溶液：称取0.5 g对氨基苯磺酸（$NH_2C_6H_4SO_3H \cdot H_2O$，HG3—992），溶于10.0%盐酸中，边加边搅，再加10.0%盐酸稀释至100.0 ml，贮存于棕色试剂瓶中，密闭保存，一周内有效。

⑤0.1% N-1-萘乙二胺盐酸盐溶液：称取0.1 gN-1-萘乙二胺盐酸盐（$C_{10}H_7NHCH_2NH_2 \cdot 2HCl$），用少量水研磨溶解，加水稀释至100.0 ml，贮于棕色试剂瓶中密闭保存，一周内有效。

⑥5.0 mol/L盐酸溶液：量取445.0 ml盐酸（GB622），加水稀释至1 000.0 ml。

⑦亚硝酸钠标准贮备液：称取（115.0 ± 5）℃烘至恒重的亚硝酸钠（GB633）0.300 0 g，用水溶解，移入500.0 ml容量瓶中，加水稀释至刻度，此溶液每毫升相当于400.0 μg亚硝酸根离子。

⑧亚硝酸盐标准工作液：吸取5.0 ml亚硝酸标准贮备液，置于200.0 ml容量瓶中，加水稀释至刻度，此溶液每毫升相当于10.0 μg亚硝酸根离子。

三、仪器设备

①分光光度计：有10.0 mm比色皿，可在538.0nm处测量吸光度。

②分析天平：感量0.000 1 g。

③恒温水浴锅。

④实验室用样品粉碎机或研钵。

⑤容量瓶：50.0（棕色）、100.0、150.0、500.0 ml。

⑥烧杯：100.0 ml、200.0 ml、500.0 ml。

⑦量筒：100.0 ml、200.0 ml、1 000.0 ml。

⑧长颈漏斗：直径75.0 ~ 90.0 mm。

⑨吸量管：1.0 ml、2.0 ml、5.0 ml。

⑩移液管：5.0 ml、10.0 ml、15.0 ml、20.0 ml。

四、试样制备

采集具有代表性的饲料样品，至少2.0 kg，按“四分法”分至250.0 g，磨碎，过1.0 mm孔筛，混匀，装入密闭容器，低温保存备用。

五、测定步骤

1. 试样制备

称取约5.0 g试样，精确到0.001 g，置于200.0 ml烧杯中，加约70.0 ml温水（65.0 ±

5)℃和5.0 ml四硼酸钠饱和溶液，在水浴上加热15.0 min（85.0±5）℃，取出，稍凉，依次加入2.0 ml 10.6%亚铁氰化钾溶液、2.0 ml 22.0%乙酸锌溶液，每一步须充分搅拌，将烧杯内溶液全部转移至150.0 ml容量瓶中，用水洗涤烧杯数次，并入容量瓶中，加水稀释至刻度，摇匀，静置澄清，用滤纸过滤，滤液备用。

2. 标准曲线绘制

吸取（0、0.25、0.50、1.00、2.00、3.00）ml亚硝酸钠标准工作液，分别置于50.0 ml容量瓶中，加水约30.0 ml，依次加入2.0 ml 0.5%对氨基苯磺酸溶液、2.0 ml 0.1% N-1-萘乙二胺盐酸盐溶液，加水稀释至刻度，混匀，在避光处放置15.0 min，以0 ml亚硝酸钠标准工作液为参比，用10.0 mm比色皿，在波长538.0nm处，用分光光度计测其他各溶液的吸光度，以吸光度为纵坐标，各溶液中所含亚硝酸根离子质量为横坐标，绘制标准曲线或计算回归方程。

3. 测定

准确吸取试液约30.0 ml，置于50.0 ml棕色容量瓶中，依次加入2.0 ml 0.5%对氨基苯磺酸溶液、2.0 ml盐酸溶液，按2校准曲线测量的方法显色和测量试液的吸光度。

六、测定结果

1. 计算公式

$$X = m_1 \times \frac{150}{V \times m} \times 1.5 = \frac{m_1}{Vm} \times 225$$

式中：X—试样中亚硝酸盐（以亚硝酸钠）计（mg/kg）；

V—试样测定时吸取试液的体积（ml）；

m—测定是式样的取量（g）；

m_1—Vm_1 试液中所含亚硝酸根离子质量（μg）（由标准曲线查得或由回归方程求出）；

1.5—亚硝酸钠质量和亚硝酸根离子质量的比值。

2. 结果表示

每个试样取2个平行测定，以其算术平均值为结果。结果以mg/kg表示。

重复性：同一分析者对同一试样同时或快速连续地进行两次测定，所得结果之间的差值应在亚硝酸盐含量≤1.0 mg/kg时，不得超过平均值的50.0%；在亚硝酸盐含量 >1.0 mg/kg时，不得超过平均值的20.0%。

实验二十一　饲料中氰化物的测定

【学习目标】

了解饲料氰化物检测的重要意义，掌握饲料氰化物检测的原理、实验方法，并注意对测定结果的分析和讨论。

一、原理

以氰苷形式存在于植物体内的氰化物经水浸泡水解后，进行水蒸气蒸馏，蒸出的氢氰酸被碱液吸收。在碱性条件下，以碘化钾为指示剂，用硝酸银标准溶液滴定测定含量。

适于饲料原料（木薯、胡麻饼和豆类）、配合饲料（包括混合饲料）中的氰化物的

测定。

二、试剂和溶液

除特殊规定外，本试验所用的试剂均为分析纯，水为蒸馏水。

①5.0%氢氧化钠溶液：称取5.0 g氢氧化钠（GB625），溶于水，加水稀释至100.0 ml。

②6.0 mol/L氨水：量取400.0 ml浓氨水（GB631），加水稀释至1 000.0 ml。

③0.5%硝酸铅溶液：称取0.5 g硝酸铅（HG3—1070），溶于水，加水稀释至100.0 ml。

④0.1 mol/L硝酸银标准贮备液：称取17.5 g硝酸银（GB—670），溶于1 000.0 ml水中，混匀，置暗处，密闭保存。

标定：称取经500.0～600.0 ℃灼烧至恒重的基准氯化钠（GB12—53）1.5 g，准确至0.000 2 g。移入250.0 ml容量瓶中，加水稀释至刻度，摇匀，准确吸取此溶液25.0 ml于250.0 ml三角瓶，加入25.0 ml水及1.0 ml铬酸钾盐，再用0.01 mol/L硝酸银标准贮备液滴定至溶液呈微红色为终点。

硝酸银标准贮备液的摩尔浓度按下式计算：

$$C_0 = \frac{m_0 \times 25}{V_1 \times 0.058\,45 \times 250} = \frac{m_0}{V_1} \times 1.710\,9$$

式中：C_0—硝酸银标准贮备液的摩尔浓度（mol/L）；

m_0—基准物质氯化钠的质量（g）；

V_1—硝酸银标准贮备液的用量（ml）；

0.058 45—每毫摩尔氯化钠的质量（g）。

⑤0.01 mol/L硝酸银标准工作液 于临用前将0.1 mol/L硝酸银标准贮备液煮沸，并冷却用水稀释10倍，必要时应重新标定。

⑥5.0%碘化钾溶液 称取5 .0 g碘化钾（GB12—72），溶解于水，加水稀释至100.0 ml。

⑦5.0%铬酸钾溶液 称取5.0 g铬酸钾（HG3—918），溶解于水，加水稀释至100.0 ml。

三、仪器设备

①水蒸气蒸馏装置：蒸馏烧瓶2 500.0～3 000.0 ml。

②微量滴定管：2.0 ml。

③分析天平：感量0.000 1 g。

④凯氏烧瓶：500.0 ml。

⑤容量瓶：250.0 ml。

⑥三角瓶：250.0 ml。

⑦刻度移液管：2.0 ml、10.0 ml。

⑧移液管：100.0 ml。

四、试样制备

采集具有代表性的饲料样品至少2.0 kg，“四分法”分至250.0 g，磨碎，过1.0 mm孔筛，混匀，装入密闭容器，低温保存备用。

五、测定步骤

(1) 试样水解　称取10.0～20.0 g试样于凯氏烧瓶中，精确到0.001 g，加水约200.0

ml，塞严瓶口，在室温下放置2.0~4.0h，使其水解。

（2）试样蒸馏　将盛有水解试样的凯氏烧瓶迅速连接于水蒸气蒸馏装置，使冷凝管下端浸入盛有20.0 ml 5.0%氢氧化钠溶液的三角瓶的液面内，通过水蒸气进行蒸馏，收集蒸馏液150.0~160.0 ml，取下三角瓶，加入10.0 ml 0.5%硝酸铅溶液，混匀，静置15.0 min，经滤纸过滤于250.0 ml容量瓶中，用水洗涤沉淀物和三角瓶3次，每次10.0 ml，并入滤液中，加水稀释至刻度，混匀。

（3）测定　准确移取100.0 ml滤液置另一三角瓶中，加入8.0 ml 6.0 mol/L氨水和2.0 ml 5.0%碘化钾溶液，混匀，在黑色背景衬托下，用微量滴定管以硝酸银标准工作液滴定出现浑浊时为终点，记录硝酸银标准工作液消耗体积。

六、测定结果

1. 计算公式

$$X = \frac{C \times (V - V_0) \times 54 \times 250}{100 \times 1\,000/m} = C \times (V - V_0) \times 135\,000/m$$

式中：X—试样中氰化物（以氢氰酸计）的含量（mg/kg）；

m—试样质量（g）；

C—硝酸银标准工作液摩尔浓度（mol/L）；

V—试样测定消耗硝酸银标准工作液体积（ml）；

V_0—空白试验消耗硝酸银标准工作液体积（ml）；

54—1.0 ml 1.0 mol/L硝酸银相当于氢氰酸的质量（mg）。

2. 结果表示

每个试样取2个平行测定，以其算术平均值为结果，结果表示到mg/kg。

重复性：同一分析者对同一试样同时或快速连续地进行两次测定，所得结果之间的差值。

氰化物含量≤50.0 mg/kg时，不得超过平均值的20.0%；氰化物含量 >50.0 mg/kg时，不得超过平均值的10.0%。

试验二十二　常用饲料原料掺杂鉴别

【学习目标】

理解饲料原料掺假鉴别的重要意义，掌握饲料原料掺假鉴别的实验方法、原理，并注意对测定结果的分析和讨论。

一、磷酸氢钙产品鉴别

磷酸氢钙作为不可缺少的常量矿物质饲料，因其成本造价较高，其质量问题越来越受到人们的重视。伪劣磷酸氢钙严重影响着饲料产品的质量，掌握磷酸氢钙快速鉴别十分必要。

1. 一般鉴别方法

（1）性状识别　饲料级磷酸氢钙为白色或灰白色粉末或微粒，细度均匀，手感柔软，不溶于水，也不易失水。

（2）鉴别方法

①磷酸根检验：取少量样品于表面皿，加数滴5.0%硝酸银溶液，如全部变为黄色，则说明有磷酸根离子存在，可进行下一步检验。若无此现象，说明此样品不是磷酸氢钙。

②失重检验：准确称取样品2.000 0～5.000 0 g，置于105 ℃干燥箱，烘干3～6h，失重的是磷酸氢钙，不失重的可能是掺假产品，正常的磷酸氢钙失重率应为18.9%～20.9%。

2. 几种伪劣产品的鉴别

（1）用石粉或轻质碳酸钙与工业磷酸混合而得劣质磷酸氢钙的鉴别　取样品1.0～2.0 g，加入稀盐酸5.0～10.0 ml，轻轻振摇，即发生强烈的反应，有气泡产生，继续加入5.0～10.0 ml，样品完全溶解后，溶液呈亮黄色，即可判断为劣质产品。气泡产生越多，说明掺入的石粉和轻质碳酸钙越多。

（2）磷酸盐掺入骨粉充当磷酸氢钙

①磷酸盐掺入骨粉的目的是降低氟的含量，其色泽偏灰暗或偏黄褐色。掺入一半骨粉以上既有骨粉气味。

②取样品1.0～2.0 g，加入过量的稀盐酸后产生大量浑浊的泡沫，反应结束后溶液浑黄，底层有不容物存在，说明是掺骨粉的伪劣产品。

③测定水分含量，视骨粉的掺入量，水分含量可达到3.0%～6.0%。

（3）磷矿分充当磷酸氢钙的鉴别　磷矿粉是磷矿石磨成的细粉，呈灰白色或黄棕色或白色，氟含量达2.0%左右，钙含量达32.0%左右，不溶于稀盐酸，可以此鉴别。

（4）农用过磷酸钙充当磷酸氢钙的鉴别　农用过磷酸钙呈灰白色，加入稀盐酸后溶液呈土灰色，底部有部分不溶物，可以此鉴别。

（5）磷酸三钙充当磷酸氢钙的鉴别　煅烧法生产的磷酸氢钙感官状态类似磷酸氢钙，只是比重稍大，含钙量26.0%～32.0%，加入稀盐酸后，少部分溶解，溶液呈淡黄色，可以此鉴别。

（6）辅以溶液pH值检测，则能判断其所用脱氟矿化剂的种类　方法是取样品10.0 g加蒸馏水100.0 ml，摇匀，用pH试纸检测，若pH值 <4.0，说明加入了磷酸作为脱氟剂；pH值 >8.0，说明加入了碱性盐类作为脱氟剂；pH值中性，说明加入了石英作为脱氟剂。

（7）滑石粉充当磷酸氢钙的鉴别　滑石粉（$3MgO \cdot SiO_2 \cdot H_2O$）的感官形态于优质磷酸氢钙相似，但加入稀盐酸不溶解，伴有半透明薄膜浮于表面，可以此鉴别。

（8）石粉和轻质磷酸钙充当磷酸氢钙的鉴别　石粉粉碎至80目以上，形态与磷酸氢钙相似，但比重大，而轻质碳酸钙无论从感官形态、比重都与磷酸氢钙相似，可加入稀盐酸鉴别。石粉和轻质碳酸钙与稀盐酸强烈反应并产生大量气泡，反应结束后，溶液较澄清。

二、豆粕品质的鉴别

豆粕为大豆经溶剂浸提油脂后，再经适当热处理与干燥后的产品。

（1）感官特征　豆粕为淡黄色直至深褐色，具有烤黄豆的香味，外形为碎片状。膨化豆粕为颗粒状，有团块。

（2）显微特征　体视显微镜下观察，可见豆粕皮外表面光滑，有光泽，可看见明、显凹痕和针状小孔。内表面为白色多孔海绵状组织，并可看到种脐。豆粕颗粒形状不规则，一般硬而脆，颗粒无光泽、不透明，奶油色或黄褐色。

生物显微镜下观察豆粕皮，是鉴定豆粕的主要依据，在处理后的大豆种皮表面，可见多个凹陷的小孔及向四周呈现的辐射状，犹如一朵朵小花，同时还可见表皮的“I”字形细胞。

（3）品质判断

①新鲜的豆粕需色泽一致，无发霉、结块、异味、异嗅等。要控制好适合本地区安全储存的水分。

②豆粕不应焦化或有生豆味。否则为加热过度或烘烤不足。加热过度导致赖氨酸、胱氨酸、蛋氨酸及其他必需氨基酸的变性反应而失去可利用性。烘烤不足，不足以破坏抗营养因子，蛋白质利用性差，必须正确鉴别，可用感官方法（根据颜色深浅）鉴别，也可利用快速测定尿素酶法进行鉴定。

③豆粕多数为碎片状，但粒度大小不一，豆粕皮大小不一，可依据豆粕皮所占比例，大致判断其品质好坏。

④大豆在储存期间，若因保存不当而发热，甚至烧焦者，所制得豆粕颜色较深，利用率也差，甚至发生霉变，产生毒素，采购时需认真检查。

三、菜籽饼粕品质的鉴别

菜籽饼粕是油菜籽榨油或浸提油后的产品。

（1）感官特征　菜籽饼粕颜色因品种而异，有黑褐色、黑红色或黄褐色，小碎片状。种皮较薄，有些品种外表光滑，也有网状结构，种皮与种仁是相互分离的。具有淡淡的菜籽压榨后特有的味道。菜籽饼粕质脆易碎。

（2）显微特征　体视显微镜下观察，种皮是主要的鉴定特征，菜籽种皮和籽仁片不连在一起，很薄，易碎，表面有油光泽，可见凹陷的刻窝，形成网状结构。种皮内表面有柔软的半透明白色薄片附着，籽仁（子叶）为小碎片状，形状不规则，黄色无光泽，质脆。

生物显微镜下观察，菜籽饼粕最典型的特征是种皮上的栅栏细胞，有褐色色素，为4～5边形，壁厚且有宽大的内腔，其直径超过细胞壁宽度，表面观察，这些栅栏细胞无论在形状上，大小上都比较接近，相邻的两细胞间总以较长的一边相对排列，细胞间连接紧密。

（3）品质判断

①菜籽饼粕有菜籽的特殊气味，但不应有酸味及其他异味，不能有发霉、结块，外观要新鲜。同时，确定本地区的安全水分，以保证安全储存及使用安全。

②种皮的多少决定着其质量的好坏，根据皮的多少大致估测其结果。

③菜籽饼粕在生产过程中不能温度过高，否则导致有焦糊味，影响蛋白质品质，使蛋白质溶解度降低，对这种产品除感官进行鉴别外，还可做蛋白质溶解度试验，以确定是否可以使用。

④菜籽饼粕中含有配糖类硫甙葡萄糖苷（芥子苷），在芥子水解酶的作用下，产生挥发性芥子油，含有异硫氰酸丙烯酯和噁唑烷硫酮等有毒物质，引起菜籽饼粕的辣味而影响饲料的适口性，且具有强烈的刺激黏膜的作用。因此，长期饲喂菜籽饼粕可能造成消化道黏膜损害，引起下痢，因此必须对异硫氰酸丙烯酯进行检验。

（4）菜籽饼粕中异硫氰酸丙烯酯的简易检验方法

①硝酸显色反应：取菜籽饼粕20.0 g，加等量蒸馏水，混合搅拌，静置过夜，取浸出液5.0 ml，加浓硝酸3～4滴，如迅速呈明显的红色，即为阳性。

②氨水显色反应：取菜籽饼粕20.0 g，加等量蒸馏水，混合搅拌，静置过夜，取浸出液5.0 ml，加浓氨水3～4滴，如迅速呈明显的黄色，即为阳性。

(5) 质量参考指标

菜籽饼（粕）的质量参考指标见表4－7

表4－7　菜籽粕（饼）的质量参考指标

项目	菜籽粕	菜籽饼
水分（%）	≤12.0	≤12.0
粗蛋白质（%）	33.0～40.0	30.0～37.0
粗纤维（%）	<14.0	<14.0
粗灰分（%）	<8.0	<12.0

四、棉籽饼粕品质的鉴别

棉籽饼粕是棉籽经压榨或浸提油后的产品。

(1) 感官特征　棉籽饼粕上存留有棉纤维，一般为黄褐色、暗褐色至黑色，有坚果味，略带棉籽油气味，但溶剂浸提棉籽粕无类似坚果的味道。通常为粉状或碎块状。

(2) 显微特征　体视显微镜下观察，可见短纤维附着在外壳及饼粕的颗粒中，棉纤维中空、扁平、卷曲、半透明、有光泽、白色，较易与其他纤维区别，棉籽壳碎片为棕色或红棕色，厚且硬，沿其边缘方向有淡褐色和深褐色的不同色层，并带有阶梯似的表面，棉籽仁碎片为黄色或黄褐色，含有许多圆形扁平的黑色或红褐色油腺体或棉酚色腺体。压榨棉籽时，将棉籽仁碎片和外壳都压在一起了，看起来颜色较暗，碎片的结构难以看清。

生物显微镜下观察，可见棉籽种皮细胞壁厚，似纤维带状，呈不规则弯曲，细胞空腔小，多个相邻细胞排列成花瓣状。

(3) 品质判断

①棉籽饼粕应新鲜一致，无发酵、腐败及异味，亦不可有过热的焦味，而影响蛋白质品质，必须认真用感官鉴别。如有条件，可做蛋白质溶解度试验，以确保是否接收。同时确定本地区的安全水分，以保证储存及使用安全。

②棉籽饼粕通常淡色者品质较佳，储存太久或加热过度均会加深色泽，注意鉴别。

③棉籽饼粕含有棉纤维及棉籽壳（多数不脱壳），它们所占比例的多少，直接影响其质量，所占比例多，营养价值相应降低，感官可大致估测。

④过热的棉籽饼粕，造成赖氨酸、胱氨酸、蛋氨酸及其他必需氨基酸的破坏，利用率很差，注意感官鉴别。

⑤棉籽饼粕感染黄曲霉毒素的可能性高，应留意，必要时可做黄曲霉毒素的检验。

⑥棉籽饼粕中含有棉酚，棉酚含量是品质判断的重要指标，含量太高，则利用程度受到很大限制。生产过程中须以脱毒处理。测定脱毒处理后残留的游离棉酚是否低于国家饲料卫生标准，以保证产品的安全性。

(4) 游离棉酚　测定方法参见饲料中游离棉酚检验。

五、肉粉、肉骨粉品质鉴别

肉骨粉乃哺乳动物废弃组织经干式熬油后的干燥产品。肉粉定义与肉骨粉相同，唯一区别在于磷含量，含磷在4.4%以上者称之肉骨粉，含磷在4.4%以下者称为肉粉。

（1）感官特征　肉粉、肉骨粉为油状，金黄色至淡褐色或深褐色，含脂肪高时，色较深，过热处理时颜色也会加深。一般用猪肉骨制成者颜色较浅。肉粉、肉骨粉具有新鲜的肉味，并具有烤肉香及牛油或猪油味。正常情况下为粉状。

（2）显微特征　肌肉纤维有条纹，白色至黄色，表面有较暗及较淡的区分。

动物骨头颜色较白，较硬，形状为多角形，组织较致密，边缘较平整，内有点状孔洞存在；家禽骨头为淡黄、白色椭圆长条形，较松软，易碎，骨头上孔较大。

动物的毛呈杆状，有横纹，内腔是直的，家禽的羽毛有卷曲状。

（3）品质判断

①肉粉、肉骨粉颜色、气味及成分应均匀一致，不可含有过多的毛发、蹄、角及血液等（肉骨粉可包括毛发、蹄、角、骨、血粉、皮、胃内容物及家禽的废弃物或血管等。检验时除可用含磷量区别外，还可以从毛、蹄、角及骨等区别）。

②肉骨粉与肉粉所含的脂肪高，易变质，重点嗅其气味，是否有腐臭味等异味，还应检测酸价、过氧化物等。

③肉骨粉掺假的情形相当普遍，最常见的是掺水解羽毛粉、血粉等，最恶劣者则添加生羽毛、贝壳粉、蹄、角、皮革粉等。因此要做掺假检查。

④正常产品的钙含量应为磷含量的2倍左右，比例异常者即有掺假的可能。

⑤灰分含量应为磷含量的6.5倍以下，否则既有掺假嫌疑。肉骨粉的钙、磷含量可用下法估计：

$$磷量（\%）=0.165\times 灰分\%$$

$$钙量（\%）=0.348\times 灰分\%$$

⑥腐败原料制成产品品质必然不良，甚至有中毒的可能。过热产品会降低适口性及消化率。溶剂法提取油脂肪含量较低。温度控制较容易，含血多者蛋白质较高，但消化率差，品质不良。

⑦肉骨粉及肉粉是品质变异较大的饲料，原料成分与利用率高低之间相差较大，采购时，必须慎重，综合判断，以确保质量。

（4）质量参考指标　肉骨粉、肉粉的质量标准见表4－8。

表4－8　肉骨粉、肉粉的质量指标

指标 \ 种类	50.0%肉骨粉	50.0%肉骨粉（溶剂浸提）	45.0%肉骨粉	50.0%～55.0%肉粉
水分（%）	5.0～10.0	5.0～10.0	5.0～10.0	4.0～8.0
粗蛋白质（%）	48.5～52.5	48.5～52.5	44.0～48.0	50.0～57.0
粗脂肪（%）	7.5～10.5	1.0～4.0	7.0～13.0	6.0～11.0
粗纤维（%）	1.5～3.0	1.75～3.5	1.5～3.0	—
粗灰分（%）	27.0～33.0	29.0～32.0	31.0～38.0	27.5～30.0
钙（%）	9.0～13.0	10.0～14.0	9.5～12.0	6.0～10.0
磷（%）	4.6～6.5	5.0～7.0	4.5～6.0	3.0～4.5

六、乳清粉品质检验

（1）感官特征　甜乳清粉呈乳白色，有时会因添加人工色素而呈粉红色；酸乳清粉呈蛋黄色或褐色。酪蛋白乳清粉颜色更淡，味道为温和带甜的乳品味，酸乳清粉尝之会酸。一般乳清粉为细粉末或细粒状。

（2）品质判断

①色泽新鲜一致，有正常的气味，无其他异味。

②色泽深浅可显示加热干燥程度，加热过度即呈褐色，表示乳糖已焦化，其氨基酸，尤其赖氨酸利用率会降低很多。

③乳清粉于高温高湿环境下，储存太久会呈褐色，适口性、利用率降低。接收或储存过程中需加以注意检查。

④颜色愈白，品质愈佳，但有些产品在制造过程中添加着色剂，只要该着色剂对禽畜没有影响，并不降低产品价值。

⑤酸度及灰分含量亦为重要的品质指标，酸度高者品质较差，适口性不好。乳清液若未及时干燥处理，中和时会产生乳酸，增加灰分含量并降低适口性，正常的产品灰分含量约为7.5%～9.0%，经过中和处理者则为11.0%，此类产品易引起下痢。

（3）质量参考指标

乳清粉质量参考指标如表4－9所示。

表4－9　乳清粉质量参考指标

成分（%）	指标	成分（%）	指标
水分	4.4～10.2	粗灰分	6.0～14.0
粗蛋白质	8.4～18.6	钙	0.65～1.1
粗脂肪	0.2～1.2	磷	0.7～1.0
乳糖	67.0～71.0	食盐	1.5～3.0

七、麦麸的掺假识别

麦麸主要掺杂一些石粉、贝粉、砂土、花生皮及稻糠等，识别方法如下。

（1）显微镜检测法　将待检样品均匀放在玻片上，在15倍的体视显微镜下观察，如果视野里看小麦麸两面发白发亮，多个视野都可看到，则认为掺有石粉。若视野中看到有长而硬没有淀粉的皮，有井字条纹，则认为有稻壳粉掺入。掺入贝粉、沙土、花生皮均可通过显微镜观察，可依据前述这几种原料的显微特征。

（2）水浸法　此法对掺有贝粉、沙土、花生皮者较明显。方法是取5.0～10.0 g麸皮于小烧杯中，加入10倍的水搅拌，静置10.0 min，将烧杯倾斜，若掺假则看到底面有贝粉、沙土，上面浮有花生壳、稻壳。

（3）盐酸法　取试样少量于小烧杯中，加入10.0%的盐酸，若出现发泡，则说明掺有贝粉，石粉。

（4）成分分析法　麦麸粗蛋白质一般在13.0%～17.0%，粗灰分在6.0%以下，粗纤维低于10.0%，可依据此标准进行验证。

八、玉米蛋白粉的掺假识别

玉米蛋白粉掺假主要是尿素，掺尿素的检查方法如下。

（1）方法一　称取10.0 g样品于烧杯中，加入100.0 ml蒸馏水，搅拌，过滤，取滤液1.0 ml于点滴板上，加入2～3滴甲基红指示剂，再滴加2～3滴尿素酶溶液，约经5.0 min，如点滴板上呈深红色，则说明样品中掺有尿素。

尿素酶溶液的配制称取0.2 g尿素酶溶解于100.0 ml 95.0%的乙醇中。

甲基红指示剂的配制：称取甲基红0.1 g，溶解于100.0 ml 95.0%的乙醇中。

（2）方法二　若无尿素酶试剂时，则可采用下列方法检测。

取两份1.5 g样品于两只试管中，其中一支加入少许黄豆粉，两管加蒸馏水5.0 ml，振荡，置60.0～70.0 ℃恒温水浴3.0 min，滴6～7滴甲基红指示剂，若加黄豆粉的试管中出现较深紫红色，则说明玉米蛋白粉中掺有尿素。

九、酵母粉的掺假识别

酵母粉掺假主要有非发酵产物、羽毛粉、血粉、皮革粉、无机氮、尿素等。鉴别如下。

（1）非发酵产物的检查　取1.0 g样品溶于99.0 ml蒸馏水中，多次振荡，以血球计数板在显微镜下计数检验，结果与标准相符为纯发酵产物，否则为非纯发酵产物。

（2）掺羽毛粉、血粉、皮革粉的检查

①掺羽毛粉用肉眼观察产品中有闪光亮点，在显镜下观察可见羽毛管和羽毛轴，并且可见像松香样的半透明颗粒，如果掺入未水解完全的羽毛粉，可见外廓羽毛的羽轴大多有锯齿状边缘。

②掺血粉的检查，掺入血粉颜色偏黑，显微镜下进一步观察可见有紫黑色似沥青状的颗粒，边缘锐利，或者可见血红色晶亮的小珠，这二者均为掺入血粉，只是血粉的加工方法不同，显微镜下特征不一样。

③掺皮革粉的检查，掺入皮革粉显微镜下观察，可见绿色（含铬）、深褐色及砖红色块状物或丝状物，像锯末样，不像水解羽毛粉那样透明。

此外掺羽毛粉、血粉、皮革粉还可用物理法和化学法进行检查，请参照鱼粉掺假检查部分。

（3）掺无机氮及尿素的检查　掺无机氮［$(NH_4)_2SO_4$、NH_4Cl］等及尿素，目的在于补充产品中的含氮量，以提高粗蛋白质含量。检验方法如下。

①掺无机氮检查，取样品5.0～10.0 g，溶于50.0 ml蒸馏水中，滴加$AgNO_3$溶液数滴，如有白色沉淀生成则产品中有氯离子存在，可能掺有NH_4Cl。如滴加$BaCl_2$溶液，有白色沉淀生成，则产品中有硫酸根存在，可能掺有$(NH_4)_2SO_4$。

②掺尿素的检查，可参见玉米蛋白粉掺尿素的检查方法。

（4）柠檬黄染色检查　一般固体发酵生产的产品中，因残留大量的培养基，所以原料的选用不仅影响产品质量，同时也决定产品的颜色。随着豆粕、鱼粉等蛋白原料的短缺，为了降低成本，许多厂家选用了棉籽粕、菜籽粕等原料，但又要掩盖其较深（偏黑）的颜色，于是采取了两种方法，一是微粉碎；二是高剂量柠檬黄染色（在原料灭菌时加入），以使产品呈金黄色。检查方法，取样品10.0 g左右，溶于50.0 ml水中，多次振荡，1.0h后观察上清液颜色，如颜色深则加染色剂。

十、水解羽毛粉的掺假识别

水解羽毛粉同鱼粉一样属高价产品，所含蛋白质优良，并含有未知生长因子，所以掺假机会大，如掺石灰、玉米芯、生羽毛、禽内脏、头和脚及一些淀粉类、饼粕类物质，检查方法如下。

（1）掺石灰的检查　可用盐酸法，取样品 10.0 g，放在烧杯中，加入 2.0 ml 盐酸，立即产生大量气泡，即掺有石灰。

（2）掺玉米芯的检查　可利用显微镜检查，如果在显镜下可见浅色海绵状物，证明掺有玉米芯粉。

（3）掺生羽毛、禽内脏及头和脚的检查　可利用显微镜镜检，掺生羽毛可见羽毛、羽干和羽片片断，羽干片断有锯齿边，中心呈沟槽。掺禽内脏、头和脚在镜下可见禽内脏粉、头骨、脚骨和皮等，正常的水解羽毛粉为羽干长短不一，厚而硬，表面光滑，透明，呈黄色至褐色。

（4）掺淀粉类、饼粕类原料的检验　掺淀粉类原料可采用碘蓝反应来鉴别，方法同鱼粉掺淀粉类原料的检验。掺饼粕类可利用显微镜镜检进行检查，方法同鱼粉。

十一、血粉的掺假识别

血粉也同鱼粉、水解羽毛粉一样价高，蛋白质含量高，并具未知生长因子，常有掺假情况发生。一般掺有植物性原料、屠宰下脚料、胃内容物等，检查方法如下。

（1）掺植物性原料的检查　可利用碘蓝反应及镜检，同鱼粉掺假检查。

（2）掺屠宰下脚料、胃内容物等检查　利用显微镜镜检进行检查，如果在显微镜下可见毛、骨、肉等杂物，证明掺有上述物质。正常血粉像干硬的沥青块样，黑中透暗红或为紫红色的小珠状，很易与之区别。

实验二十三　维生素添加剂掺假鉴别

【学习目标】

了解饲料添加剂掺假鉴别的重要意义，掌握饲料微量元素、维生素添加剂掺假鉴别的实验方法、原理，并注意对测定结果的分析和讨论。

饲料添加剂作为饲料工业的核心，决定着饲料产品的质量，合格、优质的饲料添加剂原料使生产合格、优质配合饲料的基本保证。饲料工业在商品经济中高速的发展，不免伴随着假冒伪劣的弊端。尤其是市场经济的初级阶段，商品饲料及其原料的制造、销售、使用等环节存在较多问题，情况复杂而混乱，制假、售假、违禁产品、假冒伪劣更为严重。而且多数饲料产品（包括各种添加剂单体和复合预混料），在商业运行中有效成分是保密的，个别制造商或经营者编造假的说明书或虚假广告，滥制、滥用一些违禁物品，药物添加剂。掺假、冒牌、伪造、劣质现象严重扰乱了饲料市场，影响饲料产品质量，坑害养殖户的事件屡屡发生，严重阻碍饲料工业的发展和养殖业健康。

打假、淘劣是饲料工作者的一项重要任务，国家政府部门一方面加大执法力度，严厉打击生产、流通等环节的假冒伪劣行为，堵截进入市场；另一方面要提高经营者自身辨别力，把好进货购料关，杜绝假冒、伪劣原料和产品进入。本实验就商品饲料添加剂真伪、优劣鉴别的实用技能和方法作介绍。

维生素添加剂快速鉴别方法

【学习目标】

了解饲料维生素掺假鉴别的重要意义，掌握饲料维生素掺假鉴别的实验方法、原理，并注意对测定结果的分析和讨论。

（一）检验样品的采集

按照一般样品采集方法，按四分法采集分析样品。

（二）仪器与用具

①工业用天平。

②研钵。

③试管。

④分样筛。

⑤滴管。

（三）化学试剂

①无水乙醇，分析纯。

②氯仿，分析纯。

③三氯化锑的氯仿溶液（三氯化锑 1.0 g 加氯仿至 4.0 ml）。

④硝酸。

⑤盐酸，3.0 mol/L 盐酸；1.0 mol/L 盐酸溶液。

⑥碘化钾。

⑦碳酸钠。

⑧氢氧化钠溶液（氢氧化钠 4.3 g 加水溶解至 100.0 ml）。

⑨铁氰化钾溶液（铁氢化钾 1.0 g 加水 10.0 ml 溶解，临时配制）。

⑩正丁醇。

⑪碘溶液。

⑫连二亚硫酸钠。

⑬0.1 mol/L 硝酸银溶液。

⑭0.1%2，6-二氯靛钠溶液。

⑮硫酸铜溶液（12.5 g 硫酸铜加蒸馏水溶解至 100.0 ml）。

⑯酚酞指示剂。

⑰三氯化铁溶液（9.0 g 三氯化铁加蒸馏水溶解至 100.0 ml）。

⑱硫氰酸铬胺溶液（0.5 g 硫氰酸铬胺加 20.0 ml 蒸馏水溶解，静置 30.0 min，过滤，现用现配）。

⑲碘化钾汞溶液（1.36 g 二氯化汞用 60.0 ml 蒸馏水溶解，另取 5.0 g 碘化钾用 10.0 ml 蒸馏水溶解，两液均匀稀释至 100.0 ml）。

（四）检验方法

1. 维生素 A 乙酸酯微粒

（1）性状识别　维生素 A 乙酸酯微粒外观和性状为灰黄色至浅的褐色颗粒，易吸潮，遇热、见光或吸潮后容易分解，有效成分含量下降，粒度应全部通过 24 目筛。

（2）鉴别方法　称取样品 0.2 g，用无水乙醇湿润后，研磨数分钟，加氯仿 10.0 ml，振摇过滤，去滤液 2.0 ml，加三氯化锑的氯仿溶液 0.5 ml，立即呈蓝色，并立即退色，说明是真品。

（3）适用范围　以 β-紫罗兰酮为起始原料，经化学合成法制得的维生素 A 乙酸酯，加入抗氧化剂和明胶等辅料制成的微粒。

2. 维生素 E 粉

（1）性状识别　维生素 E 粉外观和性状为白色或淡黄色粉末，易吸潮，粒度 90.0% 通过 30 目筛。

（2）鉴别方法　称取样品约含维生素 E15.0 mg，用无水乙醇 10.0 ml 溶解后，再加 2.0 ml硝酸，摇匀，加热至 75.0 ℃约 15.0 min，溶液呈橙红色，说明是真品。

（3）适用范围　以维生素 E 为原料，加入适量的吸附剂制成的维生素 E 粉。

3. 亚硒酸纳维生素 E 粉

（1）性状识别　为白色或类白色粉末。

（2）鉴别方法

①用牛角勺取试样少许，加无水乙醇 30 滴，振摇、过滤，滤液置试管中加硝酸 5 滴，加热，渐呈红色，说明是真品；

②用牛角勺取试样少许，加蒸馏水 40 滴，振摇、过滤，滤液加稀盐酸 2 滴，加碘化钾少许，即显棕色，缓缓出现黑色硒颗粒，说明是真品。

（3）适用范围　化学法制得的亚硒酸纳维生素 E 粉。

4. 维生素 K_3（亚硫酸氢纳甲萘醌）

（1）性状识别　本品为白色或灰黄褐色结晶性粉末，无臭或微有特臭，有吸湿性，遇光易分解。易溶于水，在乙醇中微溶，在乙醚或苯中几乎不溶。

（2）鉴别方法

①称取样品 0.1 g，加蒸馏水 10.0 ml 溶解，加碳酸钠溶液 3.0 ml，即发生甲萘醌的鲜黄色沉淀，说明为真品。

②取样品少许呈 4.0% 水溶液 2.0 ml，加数滴 3.0 mol/L 盐酸溶液，加至微热，即产生二氧化硫臭气，说明为真品。

（3）适用范围　化学合成法制得的维生素 K_3。

5. 维生素 B_1（盐酸硫胺素）

（1）性状识别　盐酸硫胺素为白色结晶或结晶性粉末，有微臭，味苦。干燥品在空气中迅速吸收约 4.0% 的水分，易溶于水，微溶于乙醇，不溶于乙醚。

（2）鉴别方法

①称取样品约 5.0 g，加氢氧化钠溶液（氢氧化钠 4.3 g 加水溶解至 100.0 ml）2.5 ml 溶解后，加铁氰化钾溶液（铁氢化钾 1.0 g 加水 10.0 ml 溶解，临时配制）0.5 ml 与正丁醇 5.0 ml，强力振摇 5.0 min，放置分层。上面的醇层显强烈的蓝色荧光，加稀盐酸 2 滴，荧光消失，再加氢氧化钠溶液 4 ~6 滴，荧光复出，说明为真品。

②取样品半药匙，置试管中，慢慢加水 50 滴，振摇、过滤，滤液加碘溶液 1 滴，即生成综红色沉淀，说明为真品。

（3）适用范围　化学合成法制得的维生素 B_1。

6. 维生素 B_2（核黄素）

（1）性状识别　核黄素为黄色至橙黄色结晶性粉末，微臭，味微苦。

（2）鉴别方法　取样品半药匙，置试管中，慢慢加水 5.0 ml，振摇、静置，上清液呈黄色荧光，吸取上清液 60 滴，分别置 3 个试管中，一管加稀盐酸溶液 1 滴，二管加氢氧化钠试液 1 滴，三管加连二亚硫酸钠数粒，荧光均消失，说明为真品。

（3）适用范围　生物发酵法或合成法制得的维生素 B_2。

7. 维生素 C（抗坏血酸）

（1）性状识别　维生素 C 为白色结晶性粉末，无臭、味酸，久放色渐变微黄，易溶于水，水溶液显酸性反应。

（2）鉴别方法 取样品 0.2 g，加蒸馏水 100.0 ml 溶解后，取溶液 5.0 ml，加 0.1 mol/L 硝酸银溶液 0.5 ml，即产生银的黑色沉淀。另取溶液 5.0 ml，加 2，6-二氯靛钠溶液（0.1%）1~3 滴，颜色即消失，说明为真品。

（3）适用范围　合成法和发酵法制得的维生素 C。

8. D-泛酸钙（维生素 B_3）

（1）性状识别　D-泛酸钙为类白色粉末，无臭，味微苦，有吸湿性。水溶液中显中性或弱碱性。

（2）鉴别方法

①称取样品 50.0 mg，加氢氧化钠溶液（4.3 g 氢氧化钠加蒸馏水溶解至 100.0 ml）5.0 ml，加硫酸铜溶液（12.5 g 硫酸铜加蒸馏水溶解至 100.0 ml）2 滴，即显蓝紫色，说明为真品。

②称取样品 50.0 mg，加氢氧化钠溶液 5.0 ml，水浴煮沸 1.0 min，冷却，加酚酞指示剂 1 滴，加 1.0 mol/L 盐酸溶液至溶液退色，再加约 0.5 ml 盐酸溶液，加三氯化铁溶液（9.0 g 三氯化铁加蒸馏水溶解至 100.0 ml）2 滴，即显鲜明的黄色，说明为真品。

（3）适用范围　化学合成法制得的 D-泛酸钙。

9. 50.0% 粉剂氯化胆碱

（1）性状识别　50.0% 粉剂氯化胆碱白色或黄色（赋形剂不同而异）干燥的流动性粉末或微粒。有吸湿性和特异臭味。密封保存比较稳定。

（2）鉴别方法

①称取样品 2.0 g，用 20.0 ml 蒸馏水溶解，过滤，弃去滤渣，取 5.0 ml 滤液，加入 3.0 ml硫氰酸铬胺溶液（0.5 g 硫氰酸铬胺加 20.0 ml 蒸馏水溶解，静置 30.0 min，过滤，现用现配），生成红色沉淀，说明为真品。

②取上述分样滤液 5.0 ml，加入 2 滴碘化钾汞溶液（1.36 g 二氯化汞用 60.0 ml 蒸馏水溶解，另取 5.0 g 碘化钾用 10.0 ml 蒸馏水溶解，两液均匀稀释至 100.0 ml），生成黄色沉淀，说明为真品。

（3）适用范围　以 70.0% 液态氯化胆碱为原料，加入适量赋形剂制得的 50.0% 粉剂氯化胆碱饲料添加剂。

10. 进口速补-14

（1）性状识别　速补-14 为橙色粉末，味甜，溶于水。

（2）鉴别方法　取样品少量于试管中，加水 20 滴，振摇，加连二亚硫酸钠数粒，黄色消失，荧光亦消失，说明为真品。

试验二十四　微量元素添加剂快速鉴别

【学习目标】

了解微量元素饲料添加剂掺假鉴别的重要意义，掌握饲料微量元素添加剂掺假鉴别的实验方法、原理，并注意对测定结果的分析和讨论。

一、检验样品的采集

按照一般样品采集方法，按四分法采集分析样品。

二、仪器与用具

①工业天平。
②滴管。
③50.0 ml 烧杯。
④铂丝。
⑤酒精灯。
⑥50.0 ml 烧杯。
⑦250.0 ml 三角瓶。
⑧试管。
⑨定性滤纸。
⑩定量滤纸。
⑪瓷蒸发皿。
⑫水浴锅。

三、化学试剂

①10.0% 铁氰化钾溶液。
②铋酸钠粉。
③1.0 mol/L 盐酸，0.1 mol/L 盐酸溶液，6.0 mol/L 盐酸。
④硝酸。
⑤氨水。
⑥氯化铵。
⑦5.0% 磷酸氢二钠。
⑧15.0% EDTA-2Na 试剂，[15.0%（g/ml）乙二胺四乙酸二钠]。
⑨10.0% 甲酸溶液。
⑩0.5% 硒试剂（3，3-二氨基联苯胺盐）。
⑪1：1 盐酸溶液。
⑫双硫脲溶液（1.0% 四氯化碳溶液）。
⑬三氯甲烷。
⑭10.0% 乙酸溶液。
⑮25.0% 硫酸钠溶液。

⑯1.0%淀粉溶液。

⑰浓硫酸。

⑱无离子水。

⑲ 0.1 mol/LNaOH 试液。

⑳铜试剂溶液（5.0 g 铜试剂于 100.0 ml 92.0%乙醇中）。

㉑乙酸乙酯。

㉒酸性氯化亚锡（1.5 g 氯化亚锡加盐酸溶解，加无离子水至 100.0 ml）。

㉓2.0%（g/ml）联吡啶乙醇溶液 2.0%（g/ml）联吡啶乙醇溶液。

㉔氯仿。

㉕稀乙酸［6.0%（ml/ml）乙酸溶液］。

㉖25.0%硫代硫酸钠试液［25.0%（g/ml）］。

㉗ 0.01%（g/ml）二硫腙四氯化碳溶液。

㉘ 乙酸钠-乙酸缓冲液（27.0 g 乙酸钠加60.0 ml冰乙酸，溶于 100.0 ml 水中）。

㉙ 0.1%钴试剂｛0.1 g4-［（5-氯-2-吡啶）偶氮］-1，3-二氨基苯溶于 100.0 ml95.0%乙醇中，置棕色瓶保存｝。

㉚铋酸钠。

㉛0.5%硒试剂溶液［0.5%（g/ml）盐酸-3，3-二氨基联苯胺溶液，现用现配］。

㉜氨试剂（取 40.0 ml 浓氨水加水至 100.0 ml）。

㉝三氯化铁试液。

㉞丙二酸。

㉟醋酐。

㊱β-萘粉。

㊲二甲基甲酰胺。

㊳亚硝基铁氰化钠。

㊴三硝基苯酚试液。

四、检验方法

1. 单体微量元素化学检测

（1）硫酸亚铁　取 1.0 g 样品，溶于 10.0 ml 蒸馏水中，加入 2 ~ 3 滴 10.0%铁氰化钾溶液，生成深蓝色沉淀，该沉淀不溶于稀盐酸。

（2）硫酸锰　取 0.2 g 样品，溶于 50.0 ml 蒸馏水中，取 3 滴样品溶液置于瓷板上，加入 2 滴硝酸，再加入少许铋酸钠粉，即生成紫红色。

（3）硫酸镁　取 1.0 g 样品，溶于 10.0 ml 蒸馏水中，加入氨水即生成白色沉淀，加适量的氯化铵，沉淀则溶解，加入 5.0%磷酸氢二钠溶液，即生成白色沉淀，该沉淀不溶于氨溶液。

（4）亚硒酸钠

①取 0.5 g 样品，用 5.0 ml 水溶解，加入 5 滴 15.0% EDTA 溶液和 5 滴 10.0%甲酸溶液。用 1 : 1 盐酸溶液调溶液 pH 值为 2 ~ 3，加入 5 滴 0.5%硒试剂（3，3-二氨基联苯胺盐），摇匀，放置 10 min，即生成沉淀。

②用铂丝蘸取 1 : 1 盐酸溶液，在火焰中燃烧至无色，再蘸取样品，在火焰中燃烧，火

焰呈黄色。

（5）碳酸锌　将数滴样品液与1滴2.0 mol/L氢氧化钠溶液混合于小皿中，加入数滴双硫脲溶液（1.0%四氯化碳溶液），轻轻晃动，或用电吹风机吹蒸发四氯化碳，样品液应呈红色，若样液中含铜盐或汞盐，应用硫化氢使其沉淀并除去，试液pH值4.0～5.5为宜。

（6）硫酸锌　称取0.2 g样品，溶于5.0 ml蒸馏水中，分取1.0 ml样品溶液于试管中，用10.0%乙酸溶液调溶液pH值为4.0～5.0，加入2滴25.0%硫酸钠溶液，再加入1.0%双硫脲溶液1.0 ml和1.0 ml三氯甲烷，振摇，并静置分层，有机相呈紫红色。

（7）碘化钾　称取0.5 g样品，置于50.0 ml烧杯中，用5.0 ml蒸馏水溶解，再加入1∶1盐酸溶液1.0 ml，加入1.0 ml 1.0%淀粉溶液，溶液呈蓝色。

（8）碘酸钾

①称取1.0 g样品，置于白色瓷板上，加入2.0 ml硫酸，放置10.0 min，有氢气产生。

②检验方法与碘化钾相同。

2. 预混料中微量元素定性检验

（1）样品处理　称取微量元素预混料50.0 g置于250.0 ml三角瓶中，加无离子水100.0 ml，使其溶解；加塞放置过夜、过滤、收集滤液。

（2）检验方法

①Cu^{2+}检验：取滤液20.0 ml于试管中，加15.0%EDTA-2Na试剂［15.0%（g/ml）乙二胺四乙酸二钠］5滴，0.1 mol/L NaOH试液5滴，加铜试剂溶液（5.0 g铜试剂于100.0 ml 92.0%乙醇中）1.0 ml，再加乙酸乙酯1.0 ml，振摇，有机层显黄棕色，示有Cu^{2+}。

②Fe^{2+}检验：取滤液1.0 ml于试管中，加0.1 mol/L盐酸溶液1.0 ml，酸性氯化亚锡（1.5 g氯化亚锡加盐酸溶解，加无离子水至100.0 ml）3滴，加2.0%（g/ml）联吡啶乙醇溶液10滴，放置5.0 min，加1.0 ml氯仿，振摇，水层显淡红色，示有Fe^{2+}。

③Zn^{2+}检验：取滤液1.0 ml于试管中，加稀乙酸［6.0%（mg/ml）乙酸溶液］调至pH值为4.0～5.0，加25.0%硫代硫酸钠试液［25.0%（g/ml）］2滴，再加0.01%（g/ml）二硫腙四氯化碳溶液数滴，加1.0 ml氯仿，振摇，有机层显紫红色，示有Zn^{2+}。

④Co^{2+}检验：取滤液2.0 ml于试管中，加乙酸钠-乙酸缓冲液（27.0 g乙酸钠加60.0 ml冰乙酸，溶于100.0 ml水中）2.0 ml，再加0.1%钴试剂｛0.1 g4-［(5-氯-2-吡啶）偶氮］-1，3-二氨基苯溶于100.0 ml 95.0%乙醇中，置棕色瓶保存｝3滴，加稀盐酸3滴，呈显红色，示有Co^{2+}。

⑤Mn^{2+}检验：取滤液3滴，加稀盐酸2滴，加少许铋酸钠粉末，产生紫红色，示有Mn^{2+}。

⑥亚硒酸根检验：取滤液2.0 ml于试管中，加15.0% EDTA-2Na溶液5滴，加10.0%（mg/ml）甲酸溶液5滴，然后用6.0 mol/L盐酸调pH值至2～3，加0.5%硒试剂溶液（0.5%（g/ml）盐酸-3，3-二氨基联苯胺溶液，现用现配）5滴，摇匀后放置10.0～20.0 min，有沉淀产生。取2滴于载玻片上，置显微镜下观察，可见灰紫色透明棒状结晶，示有SeO_3^{2-}。

⑦I^-检验：取滤液2.0 ml于试管中，加少量氨试剂（取40.0 ml浓氨水加水至100.0 ml），碘即游离，再加1.0 ml氯仿，振摇，氯仿层显紫色；再加1.0 ml淀粉指示剂［1.0%(g/ml)溶液］，溶液显蓝色，示有I^-。

第五章　配合饲料配方设计

【学习目标】

掌握全价配合饲料、蛋白质浓缩饲料、复合预混料的配方设计方法，并能设计和计算各类饲料配方。

各类饲料，无论是植物性饲料还是动物性饲料或矿物质饲料都含有动物需要的营养物质。不同的营养物质在同一种饲料中含量不同，不同种类饲料其含量也不同，生产实际中，没有一种饲料营养物质含量都能满足动物的营养需要。所以再好的饲料，单独饲喂畜禽，效果都不好，且易使动物患营养缺乏症。解决这些问题的最好办法，是把多种不同饲料按一定的要求（营养需要或饲养标准）混合起来，使营养物质的种类和数量互相补充、平衡，饲料种类选择适当，混合有方，就能形成一种能满足动物需要的高质量的饲料，这是合理利用饲料资源，科学饲养畜禽的有效方法。

全价配合饲料的配方设计可用手算法，也可借助于计算机优化配方设计。根据饲喂对象不同可分为猪、禽、草食家畜等的全价饲料，不同种类畜禽配方设计特点各异。

一、猪的饲粮配合

（一）目的

了解饲养标准的应用，掌握配制不同生长阶段、不同生产目的猪日粮的原则和方法。

（二）日粮配合的原则

1. 要考虑不同生长阶段、不同生产目的猪的生理特点

以饲养标准为基础，根据各时期生长发育的营养需要，日粮要求优质、全价，以满足不同生长阶段、不同生产目的猪营养需要。

2. 要考虑猪体况要求

不同生长阶段、不同生产目的猪体况要求不同，应保持中上等体况，注意能量的供给不宜偏高，以保证猪的正常生长发育。

3. 注意日粮的容积

容积过少会使猪有饥饿感，过多又会吃不完，影响生长发育。一般每 100.0 kg 体重猪每日可喂干物质 2.0 ~ 2.5 kg；优质粗料（风干重）1.0 kg，精料 1.5 ~ 2.0 kg，青绿、多汁料是粗料的 3 倍。以妊娠母猪为例，各种饲料的配合比例见表 5 – 1。

表 5 – 1　妊娠母猪各类饲料配合的比例参考表　（%）

期别	冬季			夏季		
	混合精料	块根、瓜类	青贮料	豆科干草	混合精料	青饲料
妊娠前期	50 ~ 70	15 ~ 25	5 ~ 10	10 ~ 15	70	30
妊娠后期	70 ~ 80	10	5 ~ 10	5 ~ 10	80	20

4. 控制粗纤维含量

日粮中粗纤维含量控制在8.0%~10.0%以内。

5. 要注意日粮的全价性

特别注意蛋白质、氨基酸、维生素、常量和微量元素的供给，这是保证胎儿正常发育的不可缺少的营养物质。

6. 饲料资源

尽可能根据本地饲料资源实际，选用来源广、高产、优质、价廉的饲料，在保证日常全价性的条件下，尽量降低成本。

（三）配合日粮的方法和步骤

（1）首先了解母猪的情况　按初产、经产和体重等情况确定其营养物质的需要量。

（2）了解所用饲料的供应情况　确定所选饲料的各种营养成分含量。

（3）试配　根据日粮配合原则，确定所选饲料种类和数量，并计算出试配日粮中各营养成分含量。

（4）调整　将计算的饲料中各种营养成分含量与确定的需要量相比较，对过多或过少部分重新进行调整，直至营养与标准比较平衡为止。

【实验实训】

根据当地饲料资源，选择适当的饲料为平均体重150.0 kg的成年母猪设计一全价饲料。

二、家禽的饲粮配合

（一）目的

熟悉蛋用、肉用家禽的饲养标准及营养需要，掌握家禽日粮配制的原则和方法。

（二）日粮配合的原则

1. 家禽的种类

鸡、鸭对粗纤维消化能力较差，其饲粮应以精料为主，使日粮全价平衡。鹅耐粗饲，可消化部分粗纤维，其饲粮应精粗适当搭配。

2. 选用饲料应多样化

以增强适口性和保证营养物质的完善，提高饲料的消化率和家禽的生产性能。各类饲料的适宜用量如下：谷物饲料（2种以上）45.0%~70.0%；糠麸类饲料5.0%~15.0%；植物性蛋白质饲料15.0%~25.0%；动物性蛋白质饲料3.0%~7.0%；矿物质饲料2.0%~9.0%；干草粉类2.0%~5.0%；青饲料0~30.0%；微量元素和维生素添加剂1.0%。

3. 粒度

家禽日粮的原料不能用大量过细的粉类饲料，以免过细粉料较快通过消化道，饲料中的养分不能完全被消化、吸收，一般情况下，以粉料不超过30.0%为适当。

4. 饲粮成本

选用优质、价廉的饲料，尽量降低饲粮成本，并注意日粮中粗纤维的含量不要超过饲养标准规定。

（三）配合日粮的方法和步骤

（1）依据家禽的体重和生产性能　根据家禽的体重和产蛋率，增重。以饲养标准为基础，确定产蛋鸡的营养需要量。

（2）根据饲料资源和价格　家禽饲粮配制应根据饲料资源及价格，确定选用饲料种类及饲料各种营养成分的含量。

（3）试配　根据日粮配合原则，确定所用饲料种类及数量，计算初配日粮中各种营养物质的含量。

（4）调整　将计算结果与需要量相比较，对过多或不足部分重新进行调整计算，直到完全符合饲养标准为止。

【实验实训】

自己组织现有饲料种类，拟定蛋鸡产蛋高峰期的日粮配方。

三、奶牛的日粮配合

（一）目的

熟悉奶牛营养需要量的计算方法和乳牛饲料营养价值，掌握泌乳牛日粮配合技术。

（二）方法和步骤

1. 确定奶牛营养需要量

（1）应注意的事项　奶牛实际饲养中，除优秀的高产奶牛和种公牛单独配料饲养外，通常是为整个牛群配合饲粮，因此，须按全场乳牛群的体重、生产力和机能等状态等进行编组，以便于较确切地为泌乳牛群配合日粮，分群饲养和管理。

①按奶牛体重来分组：

350.0～400.0 kg，401.0～450.0 kg，451.0～500.0 kg，501.0～550.0 kg，551.0～600.0 kg，

601.0～650.0 kg，651.0～700.0 kg，701.0～750.0 kg，751.0～800.0 kg，801.0～950.0 kg。

②按奶牛生产性能分组：

低产牛：年泌乳量在 3 000.0 kg 以下（日产乳 20.0 kg 以下）；

中产牛：年泌乳量在 3 000.0～5 000.0 kg（日产乳 20.0～30.0 kg）；

高产牛：年泌乳量在 5 000.0 kg 以上（日产乳 30.0 kg 以上）。

③按乳脂率高低编组：

3.0%～3.4%，3.5%～3.9%，4.0%～4.4%，4.5%～4.9%。

为正确计算泌乳牛的营养需要，可将不同乳脂率的乳按公式换算为 4.0% 乳脂标准乳（FCM）。

$$FCM(kg) = (0.4 + 15F) \times M$$

M—为牛乳的重量（kg）；

F—为牛乳脂率（乳脂率以小数表示：3.67% 为 0.036 7）。

④按乳牛的生理状态来分组：泌乳母牛、干乳母牛、育成牛、犊牛。

⑤按乳牛的年龄编组：生长母牛、成年母牛、青年生长牛在第一个泌乳期可按饲养标准规定的量再增加 20.0%，在第二个泌乳期增加 10.0% 以满足青年生长牛营养需要。

（2）根据乳牛体重，确定维持需要　根据产乳量和乳脂率（青年牛应考虑其生长，妊

娠后期母牛应考虑胚胎发育的需要，干乳期母牛应考虑其下一胎预计的产乳量需要）求出其生产的营养需要，将维持需要加生产需要即为乳牛每天的总需要量。

2. 饲料的选择

列出所选用饲料的各种营养成分。

3. 根据牛群的生理特点

要根据牛群生理状况，饲料供应情况，进行日粮试配。配料时，可首先考虑粗料和多汁饲料的给量。每100.0 kg体重喂2.0 kg优质干草；3.0 kg青饲料或4.0 kg根、茎类饲料可代替1.0 kg干草；一般每100.0 kg体重喂1.0 kg~2.0 kg干草和3.0 kg青贮料，不足的营养部分，再用混合精料补充。

4. 矿物元素的考虑

可用矿物质补充其钙、磷的不足，食盐以每100.0 kg体重5.0 g，每产1.0 kg奶给予2.0 g补充，微量元素以预混料形式添加。

（三）配方计算示例

为体重500.0 kg，日产奶20.0 kg，乳脂率为3.5%的成年泌乳牛配合日粮。现有饲料，野青干草、玉米青贮、玉米、高粱、小麦麸、大豆粕、脱氟磷酸钙、食盐。

1. 乳牛营养需要

乳牛营养需要量见表5－2。

表5－2　乳牛营养需要量

项目	日粮干物质	产奶净能（MJ）	粗蛋白质（g）	钙（g）	磷（g）	胡萝卜素（mg）
维持需要	6.56	37.57	488	30	22	53
生产需要	7.4	58.58	1 600	84	56	
总需要量	13.96	96.15	2 088	114	78	53

2. 列出所用饲料的营养成分

饲料营养成分见表5－3。

表5－3　配方所用饲料的营养成分

饲料	干物质（%）	产奶净能（MJ/kg）	粗蛋白质（%）	钙（%）	磷（%）	胡萝卜素（mg）
野干草	87.9	4.02	9.3	0.33		
玉米青贮	22.7	1.13	1.6	0.1	0.06	
玉米	88.4	8.66	8.6	0.08	0.21	1.3
高粱	89.3	7.74	8.7	0.09	0.28	
小麦麸	88.6	6.53	14.4	0.18	0.76	
大豆饼	90.6	8.49	43	0.32	0.5	
脱氟磷酸钙				27.91	14.38	

3. 配合精料补充料

乳牛精料补充料配方见表5－4。

表5－4　乳牛精料补充料配方

饲料	数量（kg）	干物质（kg）	产奶净能（MJ）	粗蛋白质（%）	钙（%）	磷（%）
玉米	39	34.48	3.38	3.35	0.031	0.082
高粱	5	4.47	0.39	0.44	0.005	0.014
小麦麸	30	26.58	1.96	4.32	0.054	0.234
大豆饼	23	20.84	1.95	9.89	0.074	0.115
脱氟磷酸钙	3				0.837	0.431
合计	100	86.37	7.68	18	1	0.876

4. 试配

先试配青、粗料和多汁饲料，并计算其中营养成分含量，然后与饲养标准相比（表5－5）。

表5－5　乳牛青粗饲料配方

饲料	数量（kg）	干物质（kg）	产奶净能（MJ）	粗蛋白质（g）	钙（%）	磷（%）
野干草	5	4.49	20.08	456	16.5	
玉米青贮	15	3.41	16.95	240	15	9
试配共计	20	7.9	37.03	705	31.5	9
饲养标准		13.96	96.15	2 088	114	78
与标准比较		－6.06	－59.12	－1 383	－82.5	－69

5. 调整

用精料补充料调整青、粗料和多汁料不足的营养部分。用精料补充料7.7 kg（59.12÷7.68＝7.7 kg），即可满足产奶净能需要。同时，又可补充粗蛋白质1 386 g（180×7.7＝1 386g），钙77 g（10×7.7 ＝77 g），磷67.76 g（8.8×7.7＝67.76 g）。调整后，计算结果如下（表5－6）。

表5－6　乳牛青粗饲料、精料补充料配方

饲料	数量（kg）	干物质（kg）	产奶净能（MJ）	粗蛋白质（%）	钙（g）	磷（g）
野干草	5	4.49	20.08	4.56	16.5	
玉米青贮料	15	3.41	16.95	2.4	15	9
精料补充料	7.7	6.63	59.14	13.86	77	67.76
试配共计	27.7	14.53	96.17	20.91	108.5	76.76
饲养标准		13.96	96.15	20.88	114	78
与标准比较		0.57	0.02	0.03	－5.5	－1.24

由表5-6可见，干物质、产奶净能、粗蛋白质、钙和磷已基本符合奶牛的营养需要。因此，该奶牛的日粮组成应为：野干草5.0 kg，玉米青贮15.0 kg，精料补充料7.7 kg。在精料中玉米为3.0 kg，高粱0.39 kg，小麦麸2.31 kg，豆粕1.77 kg，脱氟磷酸钙0.23 kg。加喂食盐65.0 g，微量元素和维生素添加剂适量。

上述日粮组成基本能满足该产奶牛的营养需要。

【实验实训】

为泌乳期奶牛设计全日粮型配方，分为青粗饲料配方和精料补充料配方。

四、全价饲料配方设计方法

饲料配方的设计方法主要有手工计算法和计算机辅助设计方法两种。手工计算法常见的有试差法、方形法、代数法等。计算时一般先满足配方的能量和蛋白质的水平要求，后满足钙、磷等其他成分的水平，氨基酸不足部分由合成氨基酸补足。我国从20世纪80年代中期开始较为普遍地应用计算机技术、运筹学及线性规划方法设计配合饲料配方。尽管计算机配方技术日益普及，但手算法在动物生产中，如一般养殖场（户）及中小型饲料加工企业仍普遍采用。因此，这里仅介绍常用手算配方的基本方法，有关计算机配方设计方法请参考有关专业书籍。

（一）试差法

试差法也称凑数法，是目前中小型饲料企业和养殖场（户）经常采用的方法。用试差法计算饲料配方的方法是：首先根据配合饲粮的一般原则或以往经验自定一个饲料配方，计算出该配方中各种营养成分的含量，再与饲养标准或自定的营养需求进行比较，根据原定配方中养分的余缺情况，调整各类饲料的用量，直至各种养分含量符合要求为止。这种方法简单易学，尤其是对于配料经验比较丰富的人，非常容易掌握。缺点是计算量大，尤其当自定的配方不够恰当或饲料种类及所需营养指标较多时，往往需反复调整各类饲料的用量，且不易筛选出最佳配方，成本也可能较高。下面举例说明。

例题1：为蛋雏鸡（0~6周）设计一个全价饲料配方。可按下列步骤进行。

第一步：查营养需要量。从饲养标准中查得蛋雏鸡（0~6周）的营养需要（表5-7）。

表5-7　0~6周蛋雏鸡的营养需要　　（MJ/kg，%，g/kg）

代谢能	粗蛋白质	蛋白能量比	钙	总磷	有效磷	食盐	蛋氨酸	赖氨酸	色氨酸
11.92	18.0	15.0	0.80	0.70	0.40	0.37	0.30	0.85	0.17

第二步：确定所用饲料原料，根据饲料营养价值表查得各种饲料原料的营养成分含量（表5-8）。

表 5-8 所用各种原料的营养成分

饲料	代谢能 (MJ/kg)	粗蛋白质 (%)	钙 (%)	总磷 (%)	有效磷 (%)	食盐 (%)	蛋氨酸 (%)	赖氨酸 (%)	色氨酸 (%)
玉米	14.06	8.6	0.01	0.20	0.06		0.13	0.27	0.08
小麦麸	6.57	14.4	0.18	0.54	0.16		0.15	0.47	0.23
豆粕	10.29	44.0	0.32	0.50	0.15		0.51	2.54	0.65
鱼粉	12.13	62.0	3.91	2.90	2.90		1.65	4.35	0.80
预混料			14.00			2.0	8.00		
磷酸氢钙			23.00	16.00	16.00				
碳酸钙			35.00						
食盐						100.0			

注：各原料的营养成分摘自中国饲料数据库

第三步：根据设计者的经验和营养原理知识，初步拟定饲料配方并验算养分含量。如表5-9。

第四步：调整饲料配方。首先考虑调整能量和蛋白质，使其符合标准。方法是降低配方中某种原料的比例，同时增加另一原料的比例，二者的增减数相同，即用一定比例的某种原料替代另一种原料。计算时，可先求出每代替1.0%时，日粮能量和蛋白质的改变程度，然后结合第三步中求出的与标准相差的数值，计算出应代替的百分数。

由表5-9可知，上述配方中代谢能水平与标准比较低0.15MJ/kg，而粗蛋白质则比标准高0.22%，由此可见需有能量高的玉米替代同比例的小麦麸，每使用1%玉米代替麸皮，可使蛋白质降低0.058% [（0.144~0.086）/100]，能量增加0.0749 MJ/kg [（14.06~6.57）/100]，要使日粮的能量达到标准，需要增加玉米2%（0.15/0.0749≈2），小麦麸相应减少2%，其余饲料含量暂时不变。经调整后日粮中各种养分的浓度见表5-10。

表 5-9 初步拟定的日粮配方

饲料	配方比例 (%)	代谢能 (MJ/kg)	粗蛋白质 (%)	钙 (%)	总磷 (%)	有效磷 (%)	食盐 (%)	蛋氨酸 (%)	赖氨酸 (%)	色氨酸 (%)
玉米	59.6	8.38	5.13	0.02	0.12	0.04		0.08	0.16	0.05
小麦麸	12.0	0.78	1.73	0.02	0.06	0.02		0.02	0.06	0.03
豆粕	23.0	2.37	10.12	0.07	0.12	0.04		0.12	0.58	0.15
鱼粉	2.0	0.24	1.24	0.08	0.06	0.04	0.04	0.03	0.09	0.02
磷酸氢钙	1.6			0.37	0.26	0.26				
碳酸钙	0.5			0.18						
预混料	1.0			0.14			0.08			
食盐	0.3						0.30			
合计	100.0	11.77	18.22	0.88	0.62	0.42	0.34	0.33	0.89	0.25
标准		11.92	18.00	0.80	0.70	0.40	0.37	0.30	0.85	0.17
比较		-0.15	0.22	0.08	-0.08	0.02	-0.03	0.03	0.04	0.08

表 5-10　第一次调整后的日粮组成和营养成分

饲料	配方比例（%）	代谢能（MJ/kg）	粗蛋白质（%）	钙（%）	总磷（%）	有效磷（%）	食盐（%）	蛋氨酸（%）	赖氨酸（%）	色氨酸（%）
玉米	61.6	8.66	5.30	0.02	0.12	0.04		0.08	0.16	0.05
小麦麸	10.0	0.66	1.44	0.02	0.05	0.02		0.02	0.05	0.02
豆粕	23.0	2.37	10.12	0.07	0.12	0.04		0.12	0.58	0.15
鱼粉	2.0	0.24	1.24	0.08	0.06	0.04	0.04	0.03	0.09	0.02
磷酸氢钙	1.6			0.37	0.26	0.26				
碳酸钙	0.5			0.18						
预混料	1.0			0.14			0.08			
食盐	0.3						0.30			
合计	100.0	11.98	18.10	0.88	0.61	0.42	0.34	0.33	0.89	0.24
标准		11.92	18.00	0.80	0.70	0.40	0.37	0.30	0.85	0.17
比较		0.06	0.10	0.08	-0.09	0.02	-0.03	0.03	0.04	0.08

在能量和蛋白质基本接近标准后，调整日粮的钙、磷和氨基酸含量。观察第一次调整后的配方发现，钙高于标准值，总磷低于标准值，但有效磷高于标准值；食盐稍低于标准值，可通过增加食盐用量，降低相应比例的碳酸钙的用量进行微调。调整后的配方见表 5-11。

表 5-11　第二次调整后的日粮组成和营养成分

饲料	配方比例（%）	代谢能（MJ/kg）	粗蛋白质（%）	钙（%）	总磷（%）	有效磷（%）	食盐（%）	蛋氨酸（%）	赖氨酸（%）	色氨酸（%）
玉米	61.6	8.66	5.30	0.02	0.12	0.04		0.08	0.16	0.05
小麦麸	10.0	0.66	1.44	0.02	0.05	0.02		0.02	0.05	0.02
豆粕	23.0	2.37	10.12	0.07	0.12	0.04		0.12	0.58	0.15
鱼粉	2.0	0.24	1.24	0.08	0.06	0.04	0.04	0.03	0.09	0.02
磷酸氢钙	1.6			0.37	0.26	0.26				
碳酸钙	0.47			0.17						
预混料	1.0			0.14			0.08			
食盐	0.33						0.33			
合计	100.0	11.93	18.10	0.87	0.61	0.42	0.37	0.33	0.89	0.24
标准		11.92	18.00	0.80	0.70	0.40	0.37	0.30	0.85	0.17
比较		0.01	0.10	0.07	-0.09	0.02	0	0.03	0.04	0.08

经过两次调整后，所有营养成分均接近饲养标准，饲料配方计算完成。可以用同样的方式定出几组饲料配方，以便比较和选择。试差法设计饲料配方需要一定的配方经验，设计过程中应注意的主要问题是初拟配方时，先将矿物质、食盐、预混料等的用量确定；调整配方时，先以能量和蛋白质为目标，然后考虑矿物质和氨基酸；矿物质不足时，先以含磷高的饲

料原料满足磷的需要，再计算钙的含量，不足的钙以低磷高钙原料补足；氨基酸不足时，以合成氨基酸补充。

（二）十字交叉法

方形法又称交叉法、四角法、对角线法或图解法。这是一种将简单的作图与计算相结合的运算方法。在饲料原料种类不多及考虑营养指标较少的情况下，可较快地获得比较准确的结果。但其缺点是在饲料种类及营养指标较多的情况下，需反复进行两两组合，计算比较麻烦。

例题2：用玉米（粗蛋白质8.7%）和豆饼（粗蛋白质40.9%）为35.0～60.0 kg生长肥育猪配合粗蛋白质含量为14.0%的日粮。

首先，画一个正方形，将玉米和豆饼的粗蛋白质含量写在左边两个角上，将所要求日粮的粗蛋白质水平写在正方形的中间（图5-1）。

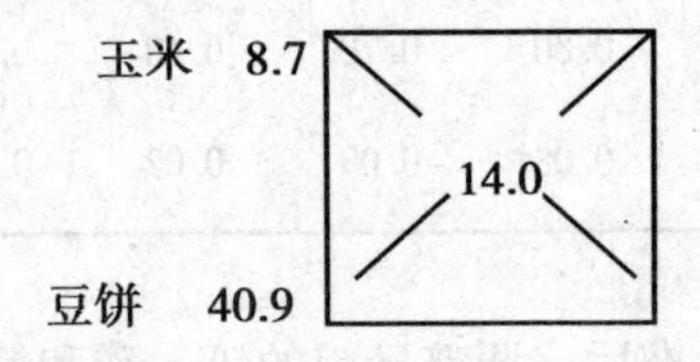

图5-1　方形法计算图第一步

然后分别以正方形左方上、下角为出发点，通过中心向各自的对角作对角线，每条对角线上均以大数减小数，所得数值写在对角上。同一行上所得数值即为左边所对应原料在最终饲料中所占的份数（图5-2）。

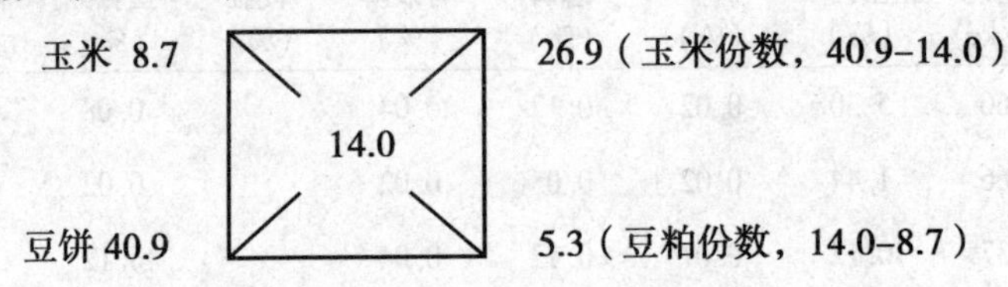

图5-2　方形法计算图第二步

最后，折算成百分比配方。方法是分别用每种原料的份数除以各种原料的总份数。

玉米用量为：26.9/（26.9+5.3）×100%=83.54%

豆饼用量为：5.3/（26.9+5.3）×100%=16.46%

因此，由83.54%的玉米和16.46%的豆饼。即为35.0～60.0 kg的生长肥育猪配合出粗蛋白质为14.0%的日粮。

例题3：用玉米、麸皮、豆饼、棉籽饼、磷酸氢钙、石粉为35.0～60.0 kg的生长肥育猪配合日粮。

第一步：查营养需要量和所用原料的营养成分，见表5-12和表5-13。

表5-12　35.0～60.0 kg的生长肥育猪的营养需要

消化能（MJ/kg）	粗蛋白质（%）	钙（%）	磷（%）	赖氨酸（%）	蛋+胱氨酸（%）
12.97	14.0	0.50	0.41	0.56	0.37

表5-13 所用各种原料的营养成分表

名称	消化能（MJ/kg）	粗蛋白质（%）	钙（%）	磷（%）	赖氨酸（%）	蛋+胱氨酸（%）
玉米	14.27	8.7	0.02	0.27	0.24	0.38
麸皮	9.37	15.7	0.11	0.92	0.58	0.39
豆饼	13.51	40.9	0.30	0.49	2.38	1.20
棉籽饼	9.92	40.5	0.21	0.83	1.56	1.24
石粉			38.0			
磷酸氢钙			26.0	18.0		

第二步：计算各种原料及拟配饲料的粗蛋白质（g/kg）与能量（MJ/kg）之比。

玉米：87/14.27 = 6.1；麸皮：157/9.37 = 16.76；豆饼：409/13.51 = 30.27；棉籽饼：405/9.92 = 40.83；拟配饲料：140/12.97 = 10.79。

第三步：计算各种原料用量。首先，将蛋白能量比按高于或低于拟配要求（10.79）分成两大类，然后一高一低两两搭配。本例中低于拟配饲料（10.79）的只有玉米一种，而高于拟配饲料的有麸皮、豆饼、棉籽饼3种，所以玉米要分别与这3种饲料搭配。其方法是每组画一个正方形，将需搭配饲料的蛋白能量比依次写在正方形的左上角和左下角，拟配饲料的蛋白能量比写在正方形的中间（图5-3）。

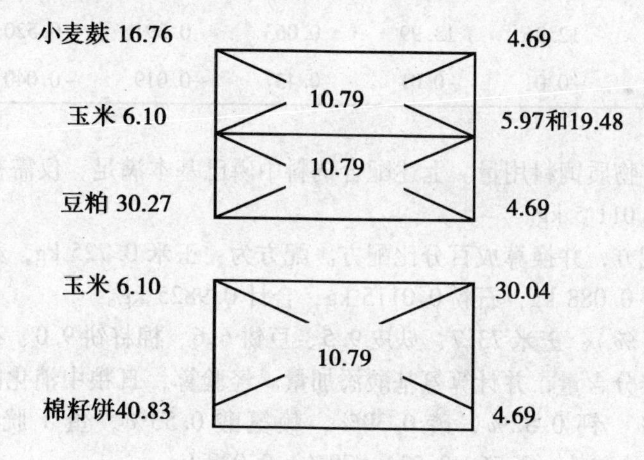

图5-3 方形法计算图第三步

其次，按前述方法分别用正方形中心数字分别减去左边数字，所得数字的绝对值写在右边的对角上。与某种饲料在同一行的右角数字，就是这种饲料在混合料中应占有的能量比例数。玉米由于搭配了3次，所以，三数之和（5.97 + 19.48 + 30.04 = 55.49）就是它应占的能量比例数。说明分别用4.69MJ的麸皮、豆饼和棉籽饼与55.49MJ的玉米搭配就可以配成蛋白能量比为10.79的配合料。

由于要求的配合料中应含消化能为12.97MJ，所以应将上述比例换算成消化能为12.97MJ时的比例。其方法是：将各种原料的比例数分别除以原料的比例数之和，再乘以12.97。

麸皮、豆饼、棉籽饼为：4.69/69.56×12.97=0.874。

玉米：55.49/69.56×12.97=10.347。

最后分别以上述数值除以各种原料的消化能含量（MJ/kg），即可计算出各种饲料的用量。即：

麸皮：0.874/9.37=0.093（kg）；

豆饼：0.874/13.51=0.065（kg）；

棉籽饼：0.874/9.92=0.088（kg）；

玉米：10.347/14.27=0.725（kg）。

第四步：验算混合料养分含量（方法同试差法）见表5-14。

由此可见，上述配方中的消化能和粗蛋白质含量基本符合要求（有时可能有微小误差，主要是由于计算过程中的四舍五入造成的，若差异较大，则应检查计算过程是否有误）。

表5-14　验算混合料料养分含量

名称	用量（kg）	消化能（MJ/kg）	粗蛋白质（%）	钙（%）	磷（%）	赖氨酸（%）	蛋+胱氨酸（%）
玉米	0.725	10.35	6.31	0.015	0.196	0.174	0.276
麸皮	0.093	0.87	1.46	0.010	0.086	0.054	0.036
豆饼	0.065	0.87	2.66	0.020	0.032	0.155	0.078
棉籽饼	0.088	0.87	3.56	0.018	0.073	0.137	0.109
合计	0.971	12.96	13.99	0.063	0.391	0.520	0.499
与标准相差		-0.01	-0.01	-0.437	-0.019	-0.040	0.129

第五步：计算矿物质饲料用量。上述配合饲料中磷已基本满足，仅需补充钙，所用石粉重量为0.437/38=0.0115 kg。

第六步：列出配方，并换算成百分比配方。配方为：玉米0.725 kg，麸皮0.093 kg，豆饼0.065 kg，棉籽饼0.088 kg，石粉0.0115 kg，合计0.9825 kg。

百分比配方为（%）：玉米73.7、麸皮9.5、豆饼6.6、棉籽饼9.0、石粉1.2。

第七步：验算养分含量，并计算氨基酸添加量。经验算，日粮中消化能为13.19MJ/kg，粗蛋白质为14.25%，钙0.52%，磷0.39%，赖氨酸0.53%，蛋+胱氨酸0.51%。每100 kg需外加赖氨酸盐酸盐（0.56-0.53）/78%=0.038 kg。

由此可见，利用“四角法”配合饲料不需反复调整，因而速度较快、结果也较准确，但值得注意的是，配合饲料的蛋白能量比必须“一高一低”，否则会出现误差。若饲料种类较多时，也可按蛋白能量比分为高于或低于要求的两组，每组饲料配比自行确定，计算出养分含量和蛋白能量比后，再用“四角法”计算高低两组的配比和各种饲料用量。

（三）代数法

代数法又称公式法或联立方程法。该法是利用数学上的联立方程计算饲料配方。优点是条理清晰，方法简单。用公式法计算时，方程式必须与饲料种类数相等，一般以2～3个方程求解2～3种饲料用量为宜。若饲料种类多，可先自定几种饲料用量，余下2～3种饲料进行计算。

例题4：用玉米、小麦麸、豆饼、棉籽饼、石粉、磷酸氢钙、食盐、微量元素及维生素预混料为35.0～60.0 kg生长肥育猪配合饲料。

第一步：查35.0～60.0 kg生长肥育猪营养需要量和饲料营养成分，见表5－12和表5－13。

第二步：确定部分饲料用量，并计算需由其他饲料提供的营养成分数量。先定下棉籽饼用量为5.0%，食盐0.3%，预混料1.0%，那么应由其他饲料提供的养分见表5－15。

第三步：求其他饲料用量。以每100 kg配合饲料中玉米、小麦麸、豆饼的用量、消化能、粗蛋白质量列出方程，求其用量。

设：玉米用量为X kg，麸皮为Y kg，豆饼为Z kg。则：

$$X + Y + Z = 93.7 \tag{1}$$

$$14.27X + 9.37Y + 13.51Z = 12.47 \tag{2}$$

$$0.087X + 0.157Y + 0.409Z = 11.98 \tag{3}$$

且X、Y、Z均应大于等于零。

对上列方程求解得：$X=68.5$，$Y=17.0$，$Z=8.2$

表5－15　其他饲料提供的养分

名称	用量（kg）	消化能（MJ）	粗蛋白质（kg）	钙（kg）	磷（kg）	赖氨酸（kg）	蛋＋胱氨酸（kg）
棉籽饼	5.0	0.50	2.025	0.011	0.042	0.078	0.062
食盐	0.3						
预混料	1.0						
其他饲料补充的养分	93.7	12.47	11.975	0.490	0.369	0.482	0.308

第四步：计算矿物质饲料的用量。先计算出混合料的养分含量（表5－16）。混合料中除钙、赖氨酸略有不足外，其他养分均略有多余，所以只要添加1.16 kg石粉（0.442/0.38）和0.03 kg赖氨酸盐酸盐（0.024/0.78）即可满足赖氨酸和钙的需求。

表5－16　混合料的养分含量

名称	用量（kg）	消化能（MJ/kg）	粗蛋白质（%）	钙（%）	磷（%）	赖氨酸（%）	蛋＋胱氨酸（%）
玉　米	68.5	9.78	5.96	0.014	0.185	0.164	0.260
小麦麸	17.0	1.59	2.67	0.019	0.156	0.099	0.066
豆　饼	8.2	1.11	3.35	0.025	0.040	0.195	0.098
合　计	93.7	12.48	11.98	0.058	0.381	0.458	0.425
与标准比	0	−0.49	−1.578	−0.442	−0.030	−0.024	＋0.117

第五步：列出日粮组成和百分比配方。

日粮组成：玉米68.5 kg，小麦麸17.0 kg，豆饼8.2 kg，棉籽饼5.0 kg，食盐0.3 kg，

石粉 1.16 kg，预混料 1.0 kg，赖氨酸盐酸盐 0.03 kg。

百分比配方：玉米 67.72%，麸皮 16.81%，豆饼 8.11%，棉籽饼 4.94%，食盐 0.30%，石粉 1.09%，预混料 1.00%，赖氨酸盐酸盐 0.03%。

其养分含量为：消化能 12.82MJ/kg，粗蛋白质 13.85%，钙 0.48%，磷 0.55%，食盐 0.3%，赖氨酸 0.56%，蛋+胱氨酸 0.48%。

【实验实训】

分别用试差法、十字交叉法、代数法计算猪、鸡、奶牛全价饲料配方。

五、浓缩饲料的配制方法

浓缩饲料是由蛋白质、矿物质、微量元素、维生素和非营养性添加剂等成分按一定比例配制而成的混合物。使用时，只要将其按一定比例配入由玉米、麸皮、高粱、大麦等原料配制成的能量饲料中，即可成为能够满足畜禽营养需要的全价配合饲料。

（一）浓缩饲料的优越性及意义

（1）充分利用当地能量饲料　由于能量饲料在全价配合饲料中约占 60.0% ~80.0% 的比例，配成浓缩饲料时不需加入能量饲料，可以明显减少能量饲料原料的往返运输，降低运输成本，还能充分利用自有的或当地的能量饲料。

（2）利用方便　使用浓缩饲料再配制成全价配合饲料，技术简单，设备要求不高，使用方便，只要按一定比例添加能量饲料即可保证畜禽的生长发育及生产性能的营养需要，在小型饲料厂、养殖场及农户养殖业发展中具有推广价值。

（3）促进饲料资源的开发　有利于地区性典型饲料配方的深入研究，促进地区性能量饲料和青、粗饲料的科学利用及饲料资源的合理开发。

（4）完善了饲料工业体系　经过浓缩饲料厂对当地典型饲料配方的全面研究，配制与生产出浓缩饲料销售到乡镇和农村，既方便养殖户的使用，促进了农村养殖业的发展，又完善了整个饲料工业体系。

（5）促进农村养殖业的发展　能充分发挥大型饲料厂先进加工设备的生产能力及在推广动物营养与饲料科技成果中的主导作用，提高养殖户的饲养效果及饲料转化率，是减少饲料量浪费的一种重要途径，促进农村养殖业的发展。

（二）浓缩饲料的使用

（1）注意贮存时间　购买浓缩饲料时一次不要买得太多，要按养殖规模适量购买，以防存放时间过长变质或失效。浓缩饲料一般存放时间不能超过 2 个月，贮存的地方应保持阴凉、干燥、通风。

（2）正确配比　浓缩饲料是一种高蛋白饲料，浓缩饲料中要加入足够的能量饲料。在配制时，必须按产品说明书推荐的比例进行配制，这样才能确保饲料的营养均衡和达到预期效果。配制饲料时，浓缩饲料的比例一般不要超过 40.0%，随意配制就达不到节约饲料，降低成本的目的。配制时，一定要先用少量的饲料原料与浓缩料混匀，再与大量的饲料原料混匀。

（3）饲喂要科学　浓缩饲料不要单独饲喂，要配成配合饲料后再饲喂，宜采用生料干喂或将饲料拌潮后即拌即喂，不必煮或采取其他方法再加工，以防其中的营养物质变性或失效。饲喂时，可加入适量的青饲料，若长期饲喂青饲料，要注意定期驱虫，这样可以提高饲

料的利用率，增加经济效益。

（三）非反刍动物猪禽用浓缩饲料的配制

1. 配方设计原则

对猪和禽来说，浓缩饲料加上能量饲料即为全价配合饲料。因此在设计浓缩饲料配方时要考虑待搭配能量饲料的种类和数量，并在商品标签上明确注明，让用户按说明书上的要求配制饲料，使能量、蛋白质、氨基酸、矿物质和维生素等养分均满足动物的营养需要。应从实际出发，合理选用蛋白质饲料原料。目前我国的动物蛋白质饲料资源匮乏，在大豆粕等优质植物蛋白质饲料供给不足的情况下，可以合理利用杂粕，如棉籽粕、菜籽粕等，同时考虑添加某些必需氨基酸，使得蛋白质的各种氨基酸组成平衡，同样也可以取得良好的饲喂效果。

猪、禽等非反刍动物在各自不同的生长时期和不同的生产水平下，对浓缩饲料占配合日粮比例的要求各不相同。一般浓缩饲料可占全价饲料的15.0%～40.0%。

2. 配方设计方法

（1）根据全价配合饲料推算浓缩饲料配方　方法是先依据全价配合饲料配方的设计方法，设计出全价配合饲料的配方，然后由全价料配方推算出浓缩料配方。这是一种比较常见、直观且简单的方法。

例题：蛋鸡产蛋高峰期全价料配方为：玉米60.0%、豆粕18.0%、菜籽粕2.0%、棉籽粕8.0%、鱼粉0.5%、石粉9.0%、磷酸氢钙1.2%、食盐0.3%、预混料1.0%。其中浓缩饲料部分共占40.0%，故设计40.0%浓缩料。设计方法如下。

①扣除玉米60.0%。

②将其余组分各除以0.4，即为浓缩料配方，见表5-17。

③计算出浓缩料中的营养水平。

表5－17　浓缩料的计算方法

饲料原料	全价料中剩余组分（%）	浓缩料配比（%）
豆粕	18.0	45.00
菜籽粕	2.0	5.00
棉仁粕	8.0	20.00
鱼粉	0.5	1.25
石粉	9.0	22.50
磷酸氢钙	1.2	3.00
食盐	0.3	0.75
预混料	1.0	2.50
合计	40.0	100.00

（2）直接计算浓缩饲料配方

①依据各种动物浓缩饲料的国家标准设计：目前，我国已发布了猪、鸡、牛等动物浓缩饲料的国家标准，可以按照设计全价配合饲料的方法直接计算浓缩饲料配方。

②由设定的搭配比例计算浓缩饲料配方：通常根据用户的使用习惯或特定要求，确定浓缩饲料在全价料中的搭配比例，然后根据该比例计算浓缩料配方。

例题：给20.0～60.0 kg的猪配制25.0%的浓缩饲料。此例，能量饲料应占75.0%，设定为玉米65.0%，麸皮10.0%。然后用总营养需要减去能量饲料提供的各种养分，即为浓缩饲料的养分浓度，再按全价配合饲料的设计方法即可计算出浓缩饲料配方（表5－18）。

表5－18　25.0%生长猪浓缩饲料应达到的营养水平

饲料原料	配合饲料中的比例（%）	消化能（MJ/kg）	粗蛋白质（%）	钙（%）	磷（%）	赖氨酸（%）	蛋氨酸＋胱氨酸（%）
玉米	65.0	9.28	5.66	0.013	0.18	0.16	0.25
麸皮	10.0	0.94	1.57	0.011	0.10	0.06	0.04
能量饲料总和	75.0	10.22	7.23	0.024	0.28	0.22	0.29
总需要量		12.97	16.00	0.60	0.50	0.75	0.38
浓缩饲料应满足	25.0	2.75	8.77	0.576	0.22	0.53	0.09
浓缩料养分含量		11.00	35.08	2.304	0.88	2.12	0.36

（四）反刍动物浓缩饲料的配方

1. 反刍动物浓缩饲料的特点

设计反刍动物浓缩饲料配方时必须注意如下几点：

①与浓缩饲料配伍制成的精料混合料：不仅有能量饲料，而且还有青饲料、粗饲料和多汁饲料等，故在设计配方时需了解它们的特性和用量。

②由于反刍动物瘤胃微生物的特殊功能：所以不必考虑日粮中有效磷、必需氨基酸、B族维生素及维生素C的供给问题。但应特别注意维生素A、D、E及微量元素钴的供应，因为钴是合成维生素B_{12}的原料之一。

③可用尿素等非蛋白氮饲料补充部分粗蛋白质。

2. 反刍动物浓缩饲料配方设计

反刍动物浓缩饲料配方制作的程序和单胃动物浓缩饲料基本相同。根据选用的蛋白质饲料原料种类不同，可分为以常规蛋白质饲料原料配制方法和以非蛋白质类含氮化合物配制方法。

①以常规蛋白质饲料制作反刍动物浓缩饲料：以常规蛋白质饲料制作反刍动物浓缩饲料时，其配方设计方法与单胃动物相同。一般首先设计反刍动物精料补充料配方，然后再推算出浓缩饲料配方。

例题：为泌乳母牛设计浓缩饲料配方。其设计主要方法及步骤如下。

第一步：根据奶牛饲养标准及饲料营养特点，设计泌乳母牛的精料补充料配方见表5－19。

表5－19　泌乳母牛配合精料补充料配方　（%）

饲料原料	比例	饲料原料	比例	饲料原料	比例
玉米	55.0	饲料酵母	1.5	石粉	2.0
小麦麸	12.0	鱼粉	2.5	碳酸氢钠	1.5
大豆粕	8.0	酒精蛋白粉	4.5	食盐	1.5
花生饼	3.0	棉籽饼	3.0	预混料	1.0
菜籽饼	3.0	磷酸氢钙	1.5	合计	100.0

第二步：确定浓缩饲料配方。由精料补充料配方中去掉55.0%玉米和12.0%小麦麸，其他饲料分别除以33.0%（100.0% -55.0% -12.0% =33.0%），即得33.0%用量的泌乳母牛浓缩饲料配方（表5-20）。

表5-20　泌乳母牛浓缩饲料配方　（%）

饲料原料	比例	饲料原料	比例	饲料原料	比例
酒精蛋白粉	13.63	饲料酵母	4.55	石粉	6.06
大豆粕	24.24	鱼粉	7.57	碳酸氢钠	4.55
花生饼	9.09	棉籽饼	9.09	食盐	4.55
菜籽饼	9.09	磷酸氢钙	4.55	预混料	3.03

②非蛋白质含氮化合物浓缩饲料：成年反刍动物除使用常规蛋白质饲料外，还可使用一定比例的尿素，尿素的用量一般为饲粮粗蛋白质的20.0%～30.0%。当使用非蛋白质类含氮化合物来配制反刍动物浓缩饲料时，应考虑把非蛋白质含氮化合物的含氮量折算成粗蛋白质的量，还应考虑其进入瘤胃后分解释放出氨的速度，应与其他原料（包括浓缩饲料本身或精料混合料中原料）相匹配。另外，还应考虑增强瘤胃内微生物活动所需的条件，并适当补充必需的营养素，如矿物质元素和维生素A、D等。

【实验实训】

自己动手分别为猪、鸡、奶牛设计浓缩饲料配方。

六、预混料的配制方法

添加剂预混料是配合饲料的核心，其配方质量的高低直接影响着配合饲料的质量。添加剂预混料的设计与生产技术，是提高配合饲料质量、降低饲料成本、增强饲养效果、提高企业经济效益的关键技术。

（一）添加剂预混料的种类

添加剂预混料由饲料添加剂与载体或稀释剂构成，就其中含有的添加剂种类的多少，可将添加剂预混料分为单一预混料和复合预混料两大类。

1. 单一预混料

指由同一种类的饲料添加剂配制而成的均匀混合物。如微量元素预混料和维生素预混料等。微量元素预混料是指；两种或多种微量元素化合物与载体或稀释剂按一定比例配制的均匀混合物；维生素预混料是指两种或多种维生素与载体或稀释剂按一定比例配制的均匀混合物。

2. 综合性预混料

综合性预混料又叫复合预混料指由微量元素、维生素、氨基酸或非营养性添加剂中任何两类或两类以上的组分与载体或稀释剂按一定比例配制的均匀混合物。

（二）载体和稀释剂的选择

为保证添加剂预混料中活性成分的有效性及在饲料中的均匀分布，配制添加剂预混料必须使用载体或稀释剂。

1. 载体和稀释剂的概念

载体是指能够承载或吸附微量活性成分的可饲物质。它不仅能承载和吸附微量添加剂，而且能够提高添加剂的散落性，使添加剂能均匀地分布于饲料中。通常对载体的基本要求是：本身为非活性物料；对微量活性成分有良好的吸附能力且不损害其活性；稳定性好；无药理作用；价格低廉。常用的载体种类包括有机载体和无机载体。有机载体包括次粉、小麦麸、脱脂米糠、玉米粉、稻壳粉、大豆粉、淀粉、乳糖等；无机载体包括碳酸钙、磷酸钙、二氧化硅、沸石粉、陶土、磷酸氢钙等。可根据不同预混料的制作要求合理选用。

稀释剂与载体不同，它是掺入到一种或多种微量添加剂中起稀释作用的物料。它可以稀释活性组分的浓度，但不起承载添加剂的作用。对稀释剂的基本要求是：本身为非活性物料；粒度大小均匀；不能被活性组分吸收、固定；对动物无害；水分含量低且流动性好；化学性质稳定；不带静电荷。常用的稀释剂也包括有机物和无机物两类，有机类如脱胚玉米粉、葡萄糖、蔗糖、大豆粉、豆粕粉等，无机类有石粉、磷酸二钙、碳酸钙、磷酸氢钙、贝壳粉等。

2. 载体和稀释剂的选择

载体和稀释剂是保证预混料混合均匀的重要条件，也是预混料中数量最大的组分。为保证活性组分的均匀分布，获得良好的混合效果，必须正确选用载体和稀释剂。

（1）含水量　载体和稀释剂的含水量是一个必须着重考虑的因素。通常认为载体和稀释剂的含水量越低越好，一般为8.0%～10.0%，最高含水量不能超过12.0%。若含水量达到15.0%时，不仅造成预混料配制困难，还易使微量活性组分在贮藏过程中失去活性，降低应用效能。

（2）粒度较细　用于制作预混料的载体，粒度一般要求在30～80目（0.59～0.177 mm）之间，而稀释剂的粒度一般比载体的粒度要细、均匀一些，一般在30～200目（0.59～0.074 mm）之间。

（3）质量浓度　载体或稀释剂的质量浓度是影响预混料混合均匀度的重要因素，只有载体或稀释剂的质量浓度与微量活性组分接近，才能保证活性组分在混合过程中的均匀分布。否则，若质量浓度相差太大，则易造成分级现象，降低混合均匀度。生产微量元素预混料时可选用质量浓度较大的载体（如石粉、沸石粉、碳酸钙等），生产维生素预混料时可选用质量浓度较小的载体（如玉米粉、脱脂米糠、细麦麸等）。复合预混料的载体质量浓度一般应为各种微量活性组分质量浓度的平均值，即500.0～800.0 kg/m^3。常用饲料添加剂、饲料载体的质量浓度见表5－21和表5－22所示。

表5－21　常用饲料添加剂的浓度　（kg/m^3）

饲料添加剂	质量浓度	饲料添加剂	质量浓度
L－赖氨酸	670	七水硫酸亚铁	1 120
维生素A	810	一水硫酸亚铁	1 000
维生素E	450	七水硫酸锌	1 250
维生素D_3	650	一水硫酸锌	1 060

表 5-22　常用饲料载体的质量浓度　(kg/m^3)

饲料载体	质量浓度	饲料载体	质量浓度
玉米粉	760	鱼粉	640
大麦碎粉	560	食盐	1 100
小麦麸	310~340	石粉	1 300
苜蓿粉	370	碳酸钙	940
大豆饼粉	600	脱氟磷酸钙	1 200
棉籽饼粉	730		

(4) 表面特性　载体的表面特性是影响载体承载能力的重要因素。载体应有粗糙的表面，或表面有小孔、皱脊等，以便当载体与微量成分充分混合时，微量活性成分能吸附在粗糙的表面上或进入载体的小孔内。一般认为，粗纤维含量较高的小麦麸、脱脂米糠、大豆皮、玉米芯粉、稻壳粉等都是较好的载体。而稀释剂则不同，它不具备承载性能，所以要求表面光滑，流动性好，一般选用粒度较细的脱胚玉米粉、碳酸钙、磷酸氢钙等。

(5) 化学稳定性　载体或稀释剂必须是化学性质稳定，不易被氧化破坏，而且不与活性组分发生化学反应的物质。

(6) 酸碱度（pH 值）　载体或稀释剂的酸碱度直接影响微量活性组分的活性，偏酸或偏碱都对活性成分产生不利影响。如泛酸钙在 pH 值≤5 时活性损失较快，而有些活性组分在 pH 值>9 时，则活性受到损失。因此，载体或稀释剂的酸碱度一般以中性为好。常见载体的 pH 值见表 5-23。

表 5-23　常见载体的酸碱度

载体	石粉	小麦细麸	次小麦粉	稻壳粉	玉米干酒糟	玉米粉	大豆皮粉	玉米芯粉
pH 值	8.1	6.4	6.5	5.7	3.6	4.0	6.2	4.8

(7) 静电吸附性　过度粉碎或干燥的活性成分、载体、稀释剂等通常带有静电荷，且颗粒越小，化合物越纯、越干燥，静电荷越多，从而造成活性成分吸附在混合机及输送设备的金属表面，既造成金属腐蚀，又导致混合不均匀，并且由于残留量大而污染下批混合物，还可造成粉尘飞扬等一系列问题，同时静电作用还可影响物料的流动性，使预混料难以均匀混合。鉴于此，可在搅拌过程中加入不饱和的植物油或糖蜜等抗静电物质，以消除静电荷的影响。但一般认为，载体或稀释剂还是不带静电荷为宜。

(8) 卫生指标　一般要求，载体或稀释剂的卫生指标必须符合国家饲料卫生标准。

总之，要生产优质的预混料，必须严格选择载体或稀释剂。在众多影响因素中，应着重考虑粒度、质量浓度、酸碱度等因素，同时应注意因地制宜，尽量选用价格低廉的物料，力求获得高质量、低成本的预混料。

（三）预混料生产的基本要求和特点

由于预混料具有数量少、作用大、成本高、稳定性差、加工贮存要求高、检测复杂等种种特点，更重要的是预混料中常常使用各种药物，抗生素等饲料添加剂，直接影响到动物与人类的健康与安全，因而使得预混料在饲料生产中更为重要。其基本要求和特点如下：

（1）尽可能地保护微量成分的活性　首先要选择纯正的原料，其次在原料的贮存、预处理乃至加工过程中，要注意添加剂的配伍禁忌，避免相互影响。

（2）工艺要简便高效　在有利于保证成品质量的前提下，减少长距离输送而造成污染和分级，预混料生产工艺要简化，缩短路线，减少运送环节，不必对自动化，机械化过于苛求，设备无残留，便于观察、检测，各部位没有死角，这样也比较适合我国目前的情况。即使在技术较为先进的发达国家，生产规模比较大的预混料厂的生产工艺也往往比较简短。

（3）生产设备要求高　预混料厂和配合饲料厂不同，它所涉及的物料大都是微量成分，用量很少，有的甚至极微量，而且安全剂量与中毒剂量十分接近（如硒），因此对配料精度和混合均匀度要求很高。要实现这个目标，必须选择高精度的秤具和混合机，设计出合理的配料和混合工艺，例如采用多级稀释混合，分组配料工艺，对某些级微量成分甚至可在配制室内用微量天平称取，以保证称量精确。此外，在预混料中，除了一部分粮食类原料或其副产品外，其余部分不同程度地呈现出化学活性，有些甚至会产生腐蚀作用，因而还要考虑设备的抗腐蚀性。

（4）生产技术水平高、经营管理要严格　预混料活性成分用量少，作用大，某些成分有时效性，所以预混料的生产，要求有精度高的生产设备和高素质的生产、技术管理人员。

（5）劳动保护要求高　组成预混料的某些成分对人体健康有一定的影响，甚至在一定的剂量下有毒，所以要求有严格的除尘设备和其他劳动保护措施。

（四）预混料配方设计注意事项

设计预混料配方，必须保证微量活性组分的稳定性及均匀一致性，保证人和动物的安全。因此，添加剂预混料配方的设计应注意以下问题。

（1）设计应以饲养标准为依据　标准是设计预混料配方的重要依据，但饲养标准中的营养需要量通常是动物的最低需要量，因此，确定各活性成分的添加量时，应在饲养标准的基础上增加一定的安全系数，以保证满足动物在生产条件下对各种营养物质的需要。

（2）添加剂原料　添加剂原料的质量，直接影响到添加剂预混料的质量，因此，对各种添加剂原料的质量要严格把关，正确选用。在设计含有药物的预混料时，要特别注意安全性，充分考虑到药物添加剂的应用条件、使用期、停药期及其他注意事项，以保障动物和人类的健康。

（3）注意添加剂之间的配伍性和配伍禁忌　添加剂预混料的各组分之间存在配伍性和配伍禁忌问题，设计配方时应注意。

（五）复合预混料配方设计

复合预混料使用方便，是市场上较为常见的一种料型。它主要由微量元素、维生素、氨基酸、抗生素、药物、酶制剂、调味剂、抗氧化剂等多种添加剂和载体或稀释剂组成，几乎包括了所有需预混的成分。由于所含成分复杂，性质变异大，要特别注意各组分之间的配伍禁忌，以免影响使用效果。

1. 设计复合预混料配方应注意的问题

（1）维生素的添加　由于影响维生素活性的因素很多，制作复合预混料时，维生素的添加量应比制作维生素预混料时更大，尤其随着贮存时间的延长，更应超量添加。

（2）微量元素原料的选择　应尽量选用低结晶水或无结晶水的盐类，或选用微量元素

的氧化物或微量元素氨基酸螯合物。

(3) 氨基酸的添加 预混料产品中的氨基酸有赖氨酸、蛋氨酸、色氨酸、苏氨酸等，但目前广泛应用的主要为前两种。氨基酸的具体添加量可依市场定位、产品销售区域及推荐配方而定。但由于添加氨基酸对预混料产品的成本及销售价格影响较大，为兼顾成本与质量，氨基酸的添加量要适中，一般为正常添加量的50.0%左右。因此，市售预混料产品，应标明氨基酸的含量，以便用户使用时参考。

(4) 药物添加剂的添加 设计加药预混料时，应特别慎重。由于药物添加剂易导致残留，产生抗药性，我国农业部对许多药物添加剂的使用（包括可以使用的药物添加剂种类、适用动物、适用年龄、使用方法、用量、停药期及其他注意事项等）都作了明确的限制，这些规定在设计预混料配方时必须严格遵守。

2. 复合预混料配方的设计方法

①确定标准或添加量及预混料的添加比例。

②选择原料。包括各活性组分、药物、抗氧化剂、油脂、载体、稀释剂等。

③根据添加量及原料中有效成分的含量计算各商品原料的用量及百分比，并计算出每一生产批次的原料用量。

现以设计1.0%生长肥育猪复合预混料配方为例作一介绍，见表5－24。

表5－24 1.0%生长肥育猪复合预混料配方设计（批量1 000.0 kg）

原料	有效成分含量	每千克全价料中添加量	每千克预混料中有效成分含量	百分比（%）	原料批次用量
维生素A醋酸酯	50万IU/g	5 000IU	50万IU	0.10	1 000.0 g
维生素 D_3	50万IU/g	1 000IU	10万IU	0.02	200.0 g
维生素E醋酸酯	50.0%	10.0 mg	1 000.0 mg	0.20	2 000.0 g
维生素 K_3	50.0%	2.0 mg	200.0 mg	0.04	400.0 g
维生素 B_1	98.0%	1.0 mg	100.0 mg	0.01	102.0 g
维生素 B_2	96.0%	2.0 mg	200.0 mg	0.021	208.0 g
维生素 B_6	98.0%				
维生素 B_{12}	1.0%	0.01 mg	1.0 mg	0.01	100.0 g
叶酸	80.0%	0.10 mg	10.0 mg	0.0013	12.5 g
生物素	2.0%				
烟酸	98.0%	20.0 mg	2 000.0 mg	0.204	2.04 kg
泛酸钙	98.0%	10.0 mg	1 000.0 mg	0.102	1.02 kg
氯化胆碱	50.0%	250.0 mg	25 000.0 mg	5.00	50.0 kg
黄霉素	4.0%	5.0 mg	500.0 mg	1.25	12.5 kg
赖氨酸	98.5%	700.0 mg	70 000.0 mg	8.88	88.8 kg
BHT	50.0%		250.0 mg	0.05	0.5 kg

（续表 5-24）

原料	有效成分含量	每千克全价料中添加量	每千克预混料中有效成分含量	百分比（%）	原料批次用量
$FeSO_4 \cdot 7H_2O$(98%)	20.1% × 98.0%	100.0 mg	10 000.0 mg	5.07	50.7 kg
$MnSO_4 \cdot 5H_2O$(98%)	22.8% × 98.0%	60.0 mg	6 000.0 mg	2.69	26.86 kg
$CuSO_4 \cdot 5H_2O$(98%)	25.5% × 98.0%	6.0 mg	600.0 mg	0.24	2.40 kg
$ZnSO_4 \cdot 7H_2O$(98%)	22.7% × 98.0%	145.0 mg	14 500.0 mg	6.52	65.20 kg
1.0% KI	1.0% × 76.4%	0.5 mg	50.0 mg	0.65	6.544 g
1.0% $NaSeO_3$	1.0% × 45.65%	0.3 mg	30.0 mg	0.66	6.592 g
合计				31.72	317.18 kg
油脂				2.00	20.00 kg
载体				66.28	662.82 kg
总计				100.00	1 000.0 kg

（引自李德发，1997）

七、日粮配方检查

一个配方设计完成后，应反复审查、估计，其内容包括：

（1）适口性　必要时配以小料，做动物学试验。

（2）适宜用量　各种饲料的用量比例是否在适宜范围内。

（3）有毒有害成分控制低于国家标准　饲料中有害物质是否可能达到显著影响动物生产程度，生长促进剂等添加剂使用是否适宜。

（4）营养指标平衡　各种营养物质是否平衡，其相互作用、拮抗、协同程度如何。

（5）各种营养成分达标　保证值是否可靠。

（6）合理的加工工艺　为保证产品达到配方设计要求，对加工、混合的特殊要求是否合理。

（7）产品说明　产品使用说明是否简明易懂，与配方产品是否符合。

【实验实训】

①根据当前市场饲料价格，选用适当的饲料原料，为猪、鸡、奶牛设计蛋白质浓缩饲料配方，使粗蛋白质含量分别达到42.0%、40.0%、38.0%。

②根据市售的微量元素原料，为猪设计一种微量元素添加剂配方，日粮添加量为0.2%。

③经过市场调查，根据市售的维生素单体原料，为家禽设计一种维生素预混料配方，在饲粮中的添加量为30.0 g/100.0 kg。

④选用适当的饲料原料，为猪、鸡、奶牛设计预混料配方，饲粮中的添加量分别为4.0%、5.0%、8.0%。并各设计一个推荐配方。

⑤试用黄玉米51.0%、豆粕20.0%、大麦10.0%、鱼粉（国产）5.0%、麸皮5.0%、骨粉1.0%、细米糠5.0%、贝壳粉2.5%、食盐0.5%计算肉用仔鸡饲料配方，

根据各种营养成分含量与相应标准进行比较，对该配方进行分析与检查，并提出改进意见。

⑥用黄玉米 55.6%、玉米糠 3.1%、高粱糠 3.1%、大豆粕 12.0%、苜蓿青干草粉 25.0%、碳酸钙 0.8%、食盐 0.4% 计算妊娠前期母猪日粮配方，根据各种营养成分含量与相应标准进行比较，对该配方进行分析与检查，并提出改进意见。

第六章　动物学试验方法

第一节　家畜消化试验

全部收粪法

【试验目的】

①了解用全部收粪法进行消化试验的具体方法与步骤。

②测定饲料或日粮中各养分和能量的消化率。

一、原理

饲料的营养价值虽然可以用化学分析方法来测定，但其真正的营养价值只有在扣除了消化、吸收与代谢的损失后才能得到。通过测定饲料中各养分的消化率或总能消化率，利用饲料中的可消化养分或消化能来评定饲料的营养价值。

用全部收粪法来评定饲料的消化率要求准确计量家畜在一定时期内食入饲料量及全部排粪量。用这种方法求得的消化率为表观消化率。因为，粪中所含各种养分并非完全来自饲料，如消化道的消化液、肠壁脱落细胞及微生物等。也包括在粪中，而在计算表观消化率时，将这些成分都看作饲料中不消化的养分；饲料中部分碳水化合物经消化道微生物分解成 CO_2 与 CH_4 损失掉，而在计算表观消化率时都计算为家畜消化吸收的养分。

在测定日粮某种养分的消化率时，一般只需进行一次消化试验就可直接求出。但对多种不能或不宜单独饲喂的饲料就需要用复测法测定某养分的消化率。即先测出某种基础饲料中某种养分的消化率，然后再进行一次由基础饲料和部分被测饲料组成的日粮同种养分的消化试验。用复测法计算某种养分消化率时是假设当日粮组成改变后，而基础日粮中某一养分消化率保持不变的前提下得到的。事实上则不然。因此在设计消化试验时在保证全价饲养的前提下，尽量使两次试验日粮的结构与营养水平相近，以减少日粮内容与结构改变对养分消化率所产生的影响。

用全部收粪法测定饲料养分消化率时，通常使用几头试畜以检验误差与个体间的变异。最好采用公畜，便于分别收集粪与尿。试畜要求健康、温顺。小家畜进行消化试验时，可将试畜置于消化笼中，大家畜须用集粪袋。对于禽类可用外科手术——人工肛门手术，使粪尿分开排出体外。

二、试验仪器和试剂

①消化代谢笼（猪用或羊用）　1个。

②集粪袋（羊用或牛用）　1个。

③饲料粉碎机　2个。

④铡草机（或铡刀）　1把。

⑤电子秤（称量 5.0 kg、感量 5.0 g）　1 个。
⑥天平（称量 200.0 g、感量 0.2 g）　1 个。
⑦口袋、饲料袋　10 ~ 20 个。
⑧喂槽　1 个。
⑨饮水器　1 个。
⑩量筒（100.0 ml）　1 个。
⑪集粪盒（铝饭盒）　10 个。
⑫瓷盘（50.0 cm × 40.0 cm）　1 个。
⑬广口瓶（500.0 ml）　4 个。
⑭干燥箱　1 ~ 2 个。
⑮干燥器（直径 50.0 cm）　2 个。
⑯瓷勺　2 个。
⑰铝锅（直径 24.0 cm 带盖）　2 个。
⑱集粪桶（每头试验动物）　1 个。
⑲粪铲　2 把。
⑳小桶　1 个。
㉑酒石酸（分析纯）　1 瓶。
㉒氯仿（分析纯）　1 瓶。
㉓蒸馏水　适量。

三、试验方法与步骤

1. 试验动物选择

要求选择品种相同，体重、年龄相近、健康、去势家畜 6 ~ 12 头。条件允许时，试验设计可采用拉丁方设计，以消除家畜个体差异，增加试验数据。进行方差分析时，其自由度不少于 15。

2. 日粮配合

按照试验设计规定的日粮组成，配备所需的饲料种类（包括矿物质、维生素添加剂）及数量，并一次准备齐全。按每天需要量称重、包装供试验时用。同时采样供分析其他化学成分及干物质样品。

3. 试验步骤

试验分两期进行，即预试期和正试期。

各种家畜消化试验的预试期与正试期，大致时间范围：

家畜种类	预试期	正试期
牛、羊	10 ~ 14 d	10 ~ 14 d
猪	5 ~ 10 d	5 ~ 7 d

（1）预试期　不同家畜经过上述的预试期后，它们消化道中原有的饲料肠道内容物可全部排出。同时使试畜适应新的饲粮及饲养管理环境。在预试期的最后 3 d 开始定量饲喂，以摸索试验期动物的准确采食量，注意对粪样应加防腐剂或置于冰箱中。

（2）正试期　预试期结束，即进入正试期，在试验开始与结束的前后一天清晨，空腹称重，作为试畜的起始体重与结束体重，以备参考应用。

测定新鲜的多汁饲料或带水的糟渣类饲料的消化率时，应在临饲前抽样测定干物质含量并及时采样供分析用。尤其要注意使这类被测饲料中所含干物质与基础饲料的比例保持稳定。如有剩余饲料时，必须每日详细称出剩余量，立即测定其干物质含量。做反刍家畜的消化试验，需要分别测定剩料中混合精料、青饲、干草的干物质含量。以便计算试畜每日净采食量。

4. 饲养管理

试畜在预试期与正试期的饲养管理，均由专人负责。每日饲喂饮水、运动、清扫等工作有明确职责。管理人员应认真执行，并详细观察、记录试验情况，做好交接班，搞好清洁卫生。

5. 粪样收集

可在试验期的第一天早饲前开始，连续收集试畜粪便5～7 d。收集粪便的天数随每日试畜排粪量的稳定程度而定，如每日变异较大时，则需要增加收集粪便的时间，以减少试验误差。

每头试畜每日的排粪量要分别收集，并严防粪中混入尿液及其他杂物。粪便分别放入各自的集粪容器中，盖严，4.0 ℃下保存。逐日称重并记录排粪量。每日粪便在混匀后分三部分取样：第一份在105.0 ℃下烘干测水分；第二份鲜粪样立即测定粪氮；第三份取日鲜粪量的1/10粪样，70.0 ℃下烘干，测初水分后，粉碎过40目制样筛，贮存于磨口瓶，供测定其他养分。

为避免粪中氨态氮的损失，试畜粪便在每日称重后，可按1/50～1/10取样，然后，按每百克鲜粪加10.0% H_2SO_4 溶液20.0 ml处理，保存氨氮，其他步骤与前述相同。

在用硫酸保存氨氮时，往往会因为无机酸与粪中有机物加水分解，导致粪样干物质的绝对量减少，从而使氮的测定结果偏高。因此有些学者建议采用在粪样中加入数量相当于所取鲜粪重的1/4而浓度为10.0%的酒石酸，与粪样拌匀后连同搅拌用的玻璃棒一起置于105.0 ℃烘箱中烘干。

此外，试验证明，鲜粪样中的含氮量与烘干后的粪样中的含氮量呈强正相关。据此，不少学者提出各种回归公式。如中国农业大学试验场曾用以下公式进行校正：

$$Y = 1.0067X + 0.6975$$

式中：Y—鲜样测定的粗蛋白质（%）

X—绝干粪测定的粗蛋白质（%）

但在借用前人公式时应注意饲喂不同营养水平日粮。

四、试验记录与试验表格（表6－1～表6－4）

表6－1　消化试验动物食入量与排粪量记录表

项目________试畜号________测定人________计算人________复查人________

时间	饲料种类	供饲量（g）	剩余量（g）	食入量（g）	鲜粪加盒重（g）	盒重（g）	鲜粪量（g）	备注

表6-2 饲料及粪中含水量的测定记录表

项目________采样人________测定人________复查人________

时间	样品名称	器皿号	器皿+样重（g）	皿重（g）	样重（g）	烘后重（g）	干物质重（g）	干物质（%）	备注

表6-3 食入饲料干物质及排出粪干物质量记录表

项目________试畜号________采样人________整理人________复查人________

时间	食入饲料量 鲜重（g）	食入饲料量 干物质重（g）	食入饲料量 干物质（%）	排粪量 鲜重（g）	排粪量 干物质重（g）	排粪量 干物质（%）	备注

表6-4 日粮消化率测定结果汇总表

项目	食入各种成分与数量						
饲料种类	干物质（%.g）	能量（kJ/kg）	粗蛋白质（%.g）	粗脂肪（%.g）	粗纤维（%.g）	无氮浸出物（%.g）	粗灰分（%.g）
成分							
重量							
成分							
重量							
计（1）成分							
重量							
项目	排出各种成分与数量						
饲料种类	干物质（%.g）	能量（kJ/kg）	粗蛋白质（%.g）	粗脂肪（%.g）	粗纤维（%.g）	无氮浸出物（%.g）	粗灰分（%.g）
计（2）成分							
重量							
（1）－（2）＝消化量（3）							
（3）÷（1）×100＝							
消化率（%）（4）							
（1）×（4）＝							
可消化成分或消化能							

指示剂法

【试验目的】

①掌握用指示剂测定日粮中养分消化率的方法。

②比较全部粪法和简化法测定的结果。

一、原理

用指示剂法测定日粮的消化率，不必计算采食量与排粪量。选用的指示剂要求：①完全不消化，在消化道中既不丢失又不分离，同时又要无毒；②养分须与指示剂保持恒定的比例关系。

常用的外源指示剂为Cr_2O_3，一般只能回收75.0%~87.0%。指示剂也可利用饲料中的天然成分如木质素和氧化硅。

应用指示剂法测定日粮养分消化率计算公式为：

$$某养分消化率\ D\ (\%) = 100.0 - 100.0 \times \frac{C_1}{C_2} \times \frac{N_2}{N_1}$$

式中：D—饲料或日粮某养分消化率（%）；

C_1—饲料中指示剂含量（%）；

C_2—粪中指示剂含量（%）；

N_1—饲料中某养分含量（%）；

N_2—粪中某养分含量（%）。

二、主要仪器和试剂

①分光光度计　1台。

②毒气橱　1个。

③凯氏烧瓶，100.0 ml　16个。

④量筒，10.0 ml　1个。

⑤容量瓶，50.0 ml　15个。

⑥漏斗，直径6.0 cm　15个。

⑦带盖量筒，50.0 ml　12个。

⑧移液管，10.0 ml、5.0 ml、2.0 ml、1.0 ml数支。

⑨滤纸　1盒。

⑩氧化剂。氧化剂配制：将10.0 g钼酸钠溶于150.0 ml蒸馏水中，慢慢加入150.0 ml浓硫酸（比重1.84）。冷却后，加200.0 ml过氯酸（70.0%~72.0%），混匀备用。

⑪Cr_2O_3，分析纯。

三、试验步骤与方法

1. 试验家畜

要求品种相同，体重、年龄相近，健康、去势6~12头。条件允许时，试验设计可采用拉丁方设计，以消除个体间差异，增加试验数据。进行方差分析时，自由度不少于15。

2. 日粮配合

按照试验设计规定的日粮组成，配备所需的饲料种类和数量，并一次准备齐全，再按每日需要量称重，包装供试验用。同时采集分析样品。

3. 试验步骤

按要求进行预试期和正试期。

外加指示剂（Cr_2O_3）可在混合日粮中加入0.5%，充分混匀后饲喂。对于反刍家畜，可由预试期开始，每日每头试畜在日粮中加喂Cr_2O_3 4.0 g，分两次饲喂。喂时先将2.0 g Cr_2O_3加入少量精料中拌匀，待试畜吃净后，再喂剩余精料与粗料。

粪样的采集与处理与全部收粪法相同。

Cr_2O_3的分析测定

①称风干混合日粮或粪样0.500 0 g左右，置于100.0 ml凯氏烧瓶中，加5.0～10.0 ml氧化剂。将凯氏烧瓶在毒气柜中加热，至瓶中溶液呈橙色。

②待凯氏烧瓶冷却后，加入10.0 ml左右的蒸馏水稀释并摇匀。将瓶中溶液无损地转移到100.0 ml容量瓶中。反复洗涤凯氏烧瓶，洗液一并注入容量瓶中，冷却后定容至刻度，摇匀。

③比色：以蒸馏水为空白对照，在分光光度计的440.0nm与480.0nm波长处测定样品溶液中Cr_2O_3的光密度，在Cr_2O_3标准曲线查出Cr_2O_3含量，求得样本中Cr_2O_3的百分含量。

④Cr_2O_3标准曲线的制作：称取$Cr_2O_3$0.05 g置于凯氏烧瓶中，加氧化剂5.0 ml后小火加热直至瓶中溶液呈透明橙色为止。转移此溶液入100.0 ml容量瓶中并稀释至刻度。吸取瓶内溶液放入若干个50.0 ml带盖量筒中并加入蒸馏水，配成一系列不同浓度的溶液，然后在分光光度计440.0nm与480.0nm下测定其光密度。根据浓度与光密度制成一条Cr_2O_3标准曲线。

4. 结果与计算

试验观察记录与全部收粪法相同。

计算公式：

$$日粮中\ Cr_2O_3（\%）=\frac{Cr_2O_3\ 食入量}{日粮食入量（精料+粗料）}\times 100.0\%$$

$$粪中\ Cr_2O_3（\%）=\frac{a}{W}\times\frac{V}{100\ 0}\times 100\%$$

式中：a—光密度读数在标准曲线上查出的Cr_2O_3的含量（μg）；

W—样本重量（g）；

V—粪便消化稀释容量（ml）。

第二节 畜禽代谢试验

物质代谢－日粮蛋白质代谢试验

【试验目的】

①了解并熟悉氮平衡试验的方法。

②应用氮平衡试验测定日粮蛋白质的营养价值。

一、原理

氮平衡表示畜禽体内氮的代谢“收支”情况，用以说明畜禽机体是贮存了蛋白质，还是损失了蛋白质。当食入的氮多于排出的氮时，称氮正平衡；食入氮等于排出的氮时，称氮的零平衡；食入氮小于排出的氮时，称氮负平衡。

氮平衡试验只需在消化试验的基础上，再增加集尿装置，测定排尿量及尿氮含量，就可根据上述原理进行计算。

$$日粮氮存留率(\%)=\frac{食入氮-粪氮-尿氮}{食入氮-粪氮}\times 100.0\%\ 或=\frac{沉积氮}{消化氮}\times 100.0\%$$

二、仪器和试剂（在消化试验基础上另外增加）

①消化代谢笼 1个。

②集尿装置 1套。

③棕色集尿瓶，2 000.0 ml 3 个。

④量筒，2 000.0 ml 2 个。

⑤凯氏半微量定氮仪 1 套。

⑥容量瓶，100.0 ml 2 个。

⑦移液管，10.0 ml；5.0 ml 8 个。

⑧pH 测定仪 1 台。

⑨洗瓶，装 1∶10 H_2SO_4 溶液 2 个。

⑩真空泵及抽滤装置 1 套。

⑪浓硫酸（比重 1.84），分析纯。

⑫甲苯，分析纯。

三、试验方法与步骤

代谢试验是在消化试验基础上进行的。具体测定方法在消化试验基础上增加收集尿液装置。测定步骤为：

①试畜选择与准备。

②饲料及饲粮的配合。

③试验期分预试期与正试期。

④粪样收集与处理，此步骤同消化试验完全相同。

⑤尿样收集。

每天 24 h 的尿样应定时收集。记录每天每头试畜排出总尿量。将收集的尿样摇匀取其 1/10 倾入棕色瓶中，并向瓶中加入 5.0 ml 浓硫酸及 10.0 ml 甲苯保存氨态氮。4.0 ℃下贮存。在整个试验期内，每头试畜每天尿样均按此法收集与处理。试验结束后，取一定量尿液供测总氮用。

6. 氮平衡的计算

（1）食入氮量 试畜 24h 食入总氮量（g）＝（$a \times b$）×16.67/100

式中：a—试畜 24h 食入总氮量（g）；

b—日粮中蛋白质含量（%）。

（2）排出氮量 试畜 24h 排出氮量等于由粪中排出氮量加上由尿中排出的氮量。

试畜 24h 粪中排出总氮量（g）$= c \times d \times 16.67/100$

式中：c—试畜 24h 排出 粪量（g）；

d—粪中蛋白质含量（g）。

试畜 24h 尿中排出总氮量（g）$= X \times Y/100 \times 16.67/100$

式中：X—试畜 24h 排出 尿量（ml）；

Y—每 100.0 ml 尿中蛋白质含量（g）。

（3）日粮氮代谢率计算公式

$$日粮氮存留率(\%) = \frac{食入氮 - 粪氮 - 尿氮}{食入氮 - 粪氮} \times 100.0 \text{ 或 } = \frac{沉积氮}{消化氮} \times 100.0$$

能量代谢－鸡饲料代谢测定

1. 试禽选择

选择成年、健康、品种一致、体重 1.5～2.0 kg 的公鸡 5～8 只，经 2～3 天饲养观察，

淘汰一些与试验要求不一致的个体，最终至少选留3只公鸡。

2. 测试饲料

所用饲料可是单一饲料，也可是全价颗粒饲料。将饲料磨成直径3.0 mm的碎粒，除去粉末部分。供试饲料喂量，精料每次5.00 g，粗料3.00 g左右。试验用料一次备齐，称重分装，每鸡一袋。

先从供试饲料中称取4份样品，其中两份在105.0 ℃下测定干物质含量，另两份在氧弹式热量计测定其总能（GE），求平均值。

3. 试验期安排

预试期6天，进行编号，免疫注射，训练采食供试饲料，正试期5天，正试前与结束后试鸡空腹称重一次，试验期内每日喂鸡3次，每次限1小时吃尽规定饲料量，剩料在称重后从采食量中扣除。同时每日收集排泄物至试验结束。在整个试验期内，供试鸡单个笼养，自由饮水。

4. 排泄物收集与处理

在正试期内应将瓷盘置于代谢笼内，按鸡号分别收集排泄物，并仔细将杂物拣出，将排泄物盛于粪盒内，在4.0 ℃下保存，待试验期满后将全部排泄物称重，在65.0 ℃鼓风干燥至恒重，取出回潮2 h，然后称重磨碎、混匀、装瓶，制成风干粪样，再测干物质含量；另外，将制好的风干粪样测定求总能，求出3只（组）鸡排泄物热能的平均值（折合干物质基础）。

5. 测试条件

测试环境温度以15.0～20.0 ℃为宜。

6. 结果计算

整理所得数据并核实，填入表格，并按下式计算供试饲料的表观代谢能（AME）值：

$$\text{AME (kJ/kg)} = \frac{\text{GE} \times \text{饲料进食量} - \text{排泄物能量} \times \text{排泄物量}}{\text{饲料进食量}}$$

【思考题】

（1）在进行消化试验时应注意哪些问题？

（2）畜禽的代谢试验的原理及有哪些注意事项？

第三节　比较屠宰试验

一、原理（以鸡为例说明）

应用比较屠宰试验法评定饲料或日粮的营养价值的原理，可用下列两个公式说明：

$$\text{NEF} = \text{FNE} - \text{INE} \quad (1)$$

其中：INE—每一只试验鸡在饲喂试验开始时活体平均沉积净能含量（kcal）；

FNE—每一只试验鸡在饲喂试验结束时活体平均沉积净能含量（kcal）；

NEF—每一只试验鸡在整个饲喂试验期内活体平均沉积净能量（kcal）。

NEF实际上为沉积脂肪净能与沉积蛋白质净能之总合，两者合并，便于计算饲料或日粮的沉积净能营养价值（NV）。

$$\text{NV} = \text{NEF}/\text{RI} \quad (2)$$

其中：RI——一只试验鸡在整个试验期饲喂风干日粮或日粮干物质总采食量，用 kg 表示。如用前者计算，则代入公式（2）内得出每千克风干日粮或饲料的沉积净能营养价值。

求 INE 值的方法是用与试验组鸡品种、性别和日龄均相同而体重相近的零组鸡若干只，在试验开始时屠宰，分析屠体，计算其活体的粗蛋白质与粗脂肪含量百分数；再假定此数值代表试验组鸡在试验开始时的活体粗蛋白质与粗脂肪含量百分数，乘以每一只试验鸡当时的体重即可求出每一只试验鸡活体的粗蛋白质总含量和粗脂肪总含量。每 1.0 g 粗蛋白质乘以 23.68 kJ 和每 1.0 g 粗脂肪乘以 39.12 kJ，再将求出的两个数值相加，即等于试验鸡的 INE 值。

求 FNE 值可将试验组鸡在试验结束时屠宰，分析屠体的粗蛋白质与粗脂肪含量；每 1.0 g粗蛋白质和粗脂肪分别乘以 23.68 kJ 和 39.12 kJ，再将求得的两值相加，即可计算出试验鸡活体的 FNE 值。

二、仪器设备

①鸡笼（铁丝制）　（参照代谢试验）　15 只。

②铝盒（500.0 g 装、250.0 g 装）　各 15 只。

③瓷盘　20 只。

④台秤　2.0 kg　1 台。

⑤刀　2 把。

⑥剪刀　5 把。

⑦电动绞肉机（或手摇）　1 台。

⑧天平　载重 200.0 g，感量 0.1 g　1 台。

⑨天平　载重 500.0 g，感量 0.01 g　2 台。

测定屠体干物质、粗蛋白质、粗脂肪与粗灰分所需的各种仪器，参见相应饲料养分测定方法。

三、试剂

测定屠体干物质、粗蛋白质、粗脂肪与粗灰分所需的各种试剂，参见相应饲料养分测定方法。

四、试验家禽的要求与数量

试验中挑选同品种、同日龄、体重近似的蛋用母鸡或肉用母鸡 5 ~ 10 只。如为幼雏可将 2 只装入一个笼中，作为一个重复。这样可得到较多的屠体样本，供作多种分析用。

五、方法与步骤

下面用白来航母鸡评定日粮营养价值为例说明。

①挑选 5 周龄、体重近似的白来航母鸡 25 只，带进实验室。

②幼雏放入铁丝笼中，使雏适应笼饲环境，任雏随意采食，饲喂 4 ~ 5 d。

③试验开始前一日 18 时停食、停水。试验开始第一日 6 时称空腹鸡的体重。根据体重，将鸡平均分配到小组。如果同时评定两组日粮的能量营养价值，则可分为 3 个组，即零组、试验 A 组与试验 B 组。零组幼雏为 5 只。两个试验组各为 10 只，分别装入 5 只铁丝笼，每笼 2 只（大鸡每笼放 1 只）作为一个重复。零组鸡数与试验组鸡数之比以 1 : 1 ~ 4 为宜。两个试验组鸡用两种日粮饲喂，即可评定出两种日粮的沉积净能值。如需要同时评定数种日粮的净能值，则可增加组数和鸡数。

④分组结束后，立即将零组5只幼雏屠宰，并采样分析屠体的干物质、粗蛋白质、粗脂肪、粗灰分等。根据此项资料即可用以推算两个试验组雏鸡在试验开始时的活体成分。

⑤试验组雏鸡每日定时（7：00时、10：00时、14：00时与18：00时）喂料和加水各4次，任鸡自由采食和饮水，并记录每笼鸡每日的采食量（即添入量减剩余量）。

⑥经过一段时间的饲喂，结束试验，试验期愈长，鸡体内成分变化愈大且愈明显。在试验期最末一天18时停水停食，次日晨6时称空腹鸡的体重。称毕，立即屠宰全部雏鸡。

六、屠体的制样、采样与分析方法

零组与试验组鸡屠体的制样、称样以及分析等方法均一致。

1. 制样方法

用手指紧闭鸡口和鼻孔，将鸡闷死或用氯仿麻醉死，不放血。45 min后（待血液凝固），剖开腹部，取出内脏，排尽肠道全部污物。称取屠体重。将屠体上的毛剪下，并剪碎。再用刀剁碎屠体（包括血、头、胴体、内脏、爪、翅膀、毛等），将上述各部分混匀，后用绞肉机绞碎两次，即得屠体匀浆，如用电动绞肉机、速度较快。在制样过程中，操作力求敏捷，并设法减少标样中水分的蒸发量。

2. 称样方法

各只鸡屠体匀浆制备后，分装数个带盖铝盒中，立即称出屠体匀浆的分析样品。各项分析样品称取的重量应占屠体重的一定比例。为使样品具有代表性，各个分析样品重量宜多，约10.0 g左右，采用减重法称样，并用镊子取样，速度较快。为防止屠体匀浆水分的损失，对4个分析项目应立即同时称出下列测定样品。

①干物质：3个平行测定的结果；

②粗蛋白质：3~5平行测定的结果；

③粗脂肪测定：3个平行测定的结果；

④粗灰分测定：3个平行测定的结果（当屠体重量不够时，粗灰分测定可用干物质测定后的样品）。

3. 屠体成分分析方法

关于屠体成分分析法操作上的某些特点，略加说明。其他一般操作步骤参见前述。

（1）干物质测定　在带盖已知重量的铝盒中称取鲜样约10.0 g，将盒放入105.0 ℃烘箱中烘干，称重，求得屠体干物质重。

（2）粗蛋白质（N×6.25）测定　称鲜样约10.0 g，用滤纸包裹，放入250.0 ml凯氏烧瓶，加入0.5 g硫酸铜、3.0~4.0 g无水硫酸钠、40.0~50.0 ml浓硫酸和2粒玻璃珠。烧瓶先用极弱火力加热，以防瓶中发生泡沫，直至黑色固体物消失后，再用大火加热消化。将消化清液冲淡至250.0 ml容量瓶，定容后吸取5.0~10.0 ml消化液蒸馏定氮。用0.02 mol/L标准HCl或H_2SO_4溶液滴定。

（3）粗脂肪测定　称鲜样约10.0 g，放于铺有少量石棉的滤纸上，将滤纸移入瓷盘中于100.0~102.0 ℃烘箱内烘6.0h；取出瓷盘，冷却后，摺叠滤纸成包，以棉线捆扎，放入索氏抽提器中，用乙醚提取。当屠体脂肪含量高达20.0%，宜适当增加滤纸上的石棉量；另外，折叠滤纸包时可再添加一张滤纸，以免样品漏出。

（4）粗灰分测定　称约10.0 g鲜样放于已知重量的坩埚中，先在105.0 ℃烘箱内烘干后，再在电热板或电炉上灰化至无烟，放入650.0 ℃高温炉烧灼待有机物质烧尽为止，称其残渣，恒重。

（5）鸡体中沉积净能的计算　鸡体中沉积净能的计算系根据鸡体沉积粗蛋白质量与粗脂肪量，再按照每克粗蛋白质产热能量23.68 kJ和每克粗脂肪产热能量39.12 kJ而计算鸡体沉积净能量。

七、试验记录表格（表6－5～表6－10）

表6－5　鸡的采食量表

阶段_____　组别_____　日龄_____　屠宰试验期_____

家禽编号	饲喂时间	风干日粮水分（%）	风干日粮采食量（g）		全干日粮采食量（g）	
			合计	1天	合计	1天

表6－6　比较屠宰试验记录表

阶段_____　组别_____　日龄_____　屠宰试验期_____

家禽号	活重（g）	屠体重（g）	屠体占活重（%）	分析样本占活重比例	分析样本重（g）	屠体成分（%）			
						干物质	粗蛋白质	粗脂肪	粗灰分

分 析 人_____分析日期_____复 查 人_____

八、试验记录计算示例

表6－7　两组日粮配方示例

日粮组成（%）*	试验A组日粮	试验B组日粮
黄玉米籽实	47.0	45.0
小米	12.0	8.0
小麦籽实	7.0	10.0
大豆饼	14.5	11.0
麸皮	4.5	9.0
鱼粉	9.75	9.75
苜蓿青干草	3.0	5.0
食盐	0.25	0.25
矿物质	2.0	2.0
合计	100.0	100.0

* 日粮中另补加维生素与微量元素

表6－8　日粮营养成分表（实测结果）

组别	干物质（%）	粗蛋白质（N×6.25）%	粗脂肪（%）	粗纤维（%）	无氮浸出物（%）	粗灰分（%）
试验A组日粮	90.0	19.2	3.7	5.6	55.0	6.5
试验B组日粮	90.0	18.4	3.9	7.0	54.3	6.5

表 6-9　零组鸡与试验组鸡活重表

组别	鸡数（只）	试验开始平均活重（g）	试验结束平均活重（g）
零组	5	195 ±10	
试验 A 组	10	195 ±15	518 ±32
试验 B 组	10	194 ±14	501 ±36

表 6-10　零组鸡屠体 34 日龄的粗蛋白质与粗脂肪含量表

鸡数	平均活重（g）	平均屠体重（g）	平均屠体成分（%）		平均屠体含量（g）	
			粗蛋白质（N×6.25）	粗脂肪	粗蛋白质（N×6.25）	粗脂肪
5	195 ±10	177 ±10	21.3 ±0.5	6.0 ±1.5	37.7 ±3.4	10.6 ±2.6

由表 6-10 可以求出零组活体的粗蛋白质百分数为 19.33%（37.7 ÷195 ×100 = 19.33%），粗脂肪百分数为 5.44%（10.6 ÷195 ×100 =5.44%）。应用零组鸡活体的成分可推算两个试验组鸡试验开始时活体的成分（表 6-11 ~ 表 6-14）。

表 6-11　两个试验组鸡试验开始 34 日龄时鸡活体的粗蛋白质与粗脂肪及沉积净能推算量表

组别	重复数（每笼 2 只）	平均每只鸡活重（g）	平均每只鸡粗蛋白质含量（g）	平均每只鸡粗脂肪含量（g）	平均每只鸡沉积净能量（INE kJ）
试验 A 组	5	195 ±15	37.7 ±2.8	10.6 ±0.8	1 305 ±100
试验 B 组	5	194 ±14	37.5 ±2.6	10.6 ±0.7	1 301 ±96

表 6-12　两个试验组鸡试验结束 56 日龄时每只活体（按屠体计算）的粗蛋白质与粗脂肪含量实测值以及体内沉积净能量计算值表

组别	重复（2 只/笼）	平均活重（g）	平均屠体重（g）	平均屠体成分（%）		平均屠体含量（g）		平均只鸡体沉积净能量（FNE kJ）
				粗蛋白质（N×6.25）	粗脂肪	粗蛋白质（N×6.25）	粗脂肪	
试验 A 组	5	518 ±32	484 ±21	22.0 ±1.6	8.7 ±1.5	106.5 ±6.5	42.1 ±6.1	4167 ±176
试验 B 组	5	501 ±36	470 ±33	22.4 ±1.2	7.9 ±2.5	105.3 ±9.3	37.1 ±6.8	3946 ±276

表 6-13　两组雏鸡 23 天（由 34 ~ 56 日龄）饲喂期每只鸡活体沉积粗蛋白质与粗脂肪量比较表

组别	重复（2 只/笼）	平均只鸡粗蛋白质含量（g）		试验期平均每只鸡沉积粗蛋白质量（g）	平均只鸡粗脂肪含量（g）		试验期平均每只鸡沉积粗脂肪量（g）
		56 日龄	34 日龄		56 日龄	34 日龄	
试验 A 组	5	106.5 ±6.5	37.7 ±2.8	68.8 ±4.2	42.1 ±6.1	10.6 ±0.8	31.5 ±4.8
试验 B 组	5	105.3 ±9.3	37.5 ±2.6	67.8 ±7.9	37.1 ±6.8	10.6 ±0.7	26.5 ±5.9

表 6－14　两组雏鸡 23 天（由 34—56 日龄）饲喂期每只鸡体内沉积净能量比较表

组别	重复（2 只/笼）	平均每只鸡含净能量（kJ）		试验期平均每鸡体内沉积净能量（NEF，kJ）
		56 日龄（FNE）	34 日龄（INE）	
试验 A 组	5	4 167 ±176	1 305 ±100	2 862 ±222
试验 B 组	5	3 946 ±276	1 301 ±96	2 644 ±197

表 6－15　每千克风干日粮的营养价值评定结果

组别	每鸡试验期平均食入风干日粮（RI，g）	每千克风干日粮的沉积净能值（NV，kJ）	每千克风干日粮在鸡体内沉积	
			粗蛋白质（g）	粗脂肪（g）
试验 A 组	1019 ±44	2862/1019 ×1000 =2807 ±230	68. 8/1019 ×1000 =67. 5 ±4. 2	31. 5/1019 ×1000 =30. 9 ±4. 8
试验 B 组	1030 ±62	2644/1030 ×1000 =2565 ±188	67. 8/1030 ×1000 =65. 8 ±7. 9	26. 5/1030 ×1000 =25. 7 ±5. 9

由表 6－15 评得每千克风干日粮在鸡体的平均沉积净能值，试验 A 组为（671. 0 ±55. 0）kcal；验 B 组为（613. 0 ±46. 0）kcal，两组相差 58. 0 kcal，A 组高于 B 组。每千克风干日粮在鸡体内沉积粗蛋白质量，A 组为（67. 5 ±4. 2）g，B 组为（65. 8 ±7. 9）g，两组相差仅 1. 7 g，A 组稍高于 B 组。每千克风干日粮在鸡体内沉积粗脂肪量，A 组为（30. 9 ±4. 8）g，B 组为（25. 7 ±5. 9）g，两组相差 5. 2 g，A 组高于 B 组。由此可知，试验 A 组日粮的营养价值高于试验 B 组日粮。

试验 A 组与试验 B 组的风干日粮均含有干物质 90. 0%，由此可计算两组日粮每千克干物质的营养价值，详见表 6－16。

表 6－16　日粮每千克干物质的营养价值

日粮组别	日粮干物质（%）	每千克干物质沉积净能值	每千克干物质在鸡体内沉积	
			粗蛋白质（g）	粗脂肪（g）
试验 A 组	90. 0	746	75. 0	34. 3
试验 B 组	90. 0	681	73. 1	28. 6

由表 6－16 求得日粮每千克干物质的营养价值为 A 组沉积净能值 746. 0 kcal 与 B 组 681. 0 kcal；在鸡体内沉积粗蛋白质量 A 组为 75. 0 g 与 B 组 73. 1 g；在鸡体内沉积粗脂肪量为 A 组 34. 3 g 与 B 组 28. 6 g。

第四节　畜禽饲养试验

一、原理与设计

饲养试验是畜禽饲养研究中最常用的一种试验方法。它是评定饲料营养价值，测定家畜对营养物质的需要及比较饲养方式优劣时的最可靠方法。通常的饲养试验都是通过比较，获得结果的一种对比方法。即设处理组和对照组，根据生产性能的差异，以判断试验处理的结

果。但是，畜禽的变异性很大，即使是同品种、条件比较一致的畜禽，分成两组，在同样条件下饲养，也会有差异。因此，在进行饲养试验以前要充分考虑到生物统计对试验设计的要求。可根据试验目的、试畜情况以及试验圈舍的条件，制订适宜可行的试验方案。一般饲养试验设计包括以下一些内容。

（一）研究题目

题目简要概括以下主要研究内容。

（二）前言

前言讨论题目研究的内容，对前人研究所获得的结果，存在问题等作简要的综述和讨论。并阐明对本次试验所希望达到的目的。

（三）研究方法

研究方法包括试验设计、实施方案、试验日粮的组成及营养水平；试畜、圈舍大小、设备条件；预试期长短、饲养管理方法，如称重、饲料消耗的记录、饲喂方法等。

（四）试畜规格

试验动物要求尽量一致，按品种血缘、性别、日龄、体重来考虑。分配到各处理组时要采用随机化，以消除人为的偏差。试验畜舍要求大小、方向、设施等均一致。

二、方法与步骤

根据试验目的和条件，饲养试验设计方法有下列几种。

（一）完全随机试验设计

当我们对畜禽群来源不清楚，不知道哪些因素会影响试验结果时，应采取完全随机化的试验设计。使影响试验结果的因素在各组中都相同、互相抵消、突出不同处理的影响。

例如，在畜牧场，选择体重在10.0 kg左右的断乳、去势及驱虫、防疫注射过的小公猪40头，进行喂土霉素（每千克饲料含20.0 mg土霉素）对猪增重、促进生长的试验研究，对照组不给土霉素。试验前，空腹12h后进行个体称重，并打耳号、按要求进行记录。并按体重顺序编号为1～40号。从随机数字表中选任意一数字，开始连续选出40个两位数的数字，分别代表1～40号猪，抽签，将其单数与双数分别代表对照组与处理组。尽量使两组试验个数相等，如有两组以上的试验猪，同样可用随机方法选出。

随机分组后，预饲15～30 d，观察猪的生长及健康情况，必要时，可调整或淘汰。预试期间的体增重，用不成对的“t”测验方法测定两组猪增重的差异。如差异不显著，即可开始正式试验。在试验开始或结束时，应持续二天早晨空腹称重，以检查两天称重情况，如发现有异常，应进行复查。

分组也可以分为3组、4组或更多的组，统计处理时用一次分类的变量分析进行“F”测验。

（二）配对分组试验设计

选各方面条件相同的试畜，双双搭配成对，同一对内的两头试畜要求尽量一致。随机分组时，可将每对的两头试畜分别分配到对照组或处理组。理想的配对是同窝、同性别、同体重的个体。不能满足配对条件时，不要勉强配对，可选用不配对随机化试验设计。试验的结果或预试期间增重的结果，可用成对“t”测验进行分析。

（三）随机区组（或窝组）试验设计

随机区组的试验设计是发展了的配对分组试验，当试验处理的水平增加到两个以上时，配对分组试验和随机化设计不能适应这种情况，为了突出处理项目的效果减少随机误差，将已知变异来源事先加以控制，采取这种设计，可以提高试验的精确度。例如，从10窝猪中每窝选出同性别、体重适中的断乳仔猪三头，随机分配到三组中，接受三种不同处理。

这种从同窝猪中选试畜的方法，分配到各组猪在血缘、性别和体重方面都相一致。这种设计称为随机窝组。也有按同品种、同胎次或是同父系、同性别、体重略近、产期接近的试畜组成条件近似的区组。各区组的动物数目与处理数相同，恰够用随机的方法分配到各试验组中。因此，动物编号非常重要，要求在整个试验中都能辨清每个区组的动物，能计算出每个区组的数据，从而增加试验的精确度。

（四）复因子化试验（析因试验）设计

上述的试验设计都是探讨一个处理因素，如果想研究两个以上的处理因素，希望通过一次试验能够得出两种处理因素的结论就可以采用复因子化试验设计。例如，探讨饲粮中补加土霉素和维生素 B_{12} 的饲养效果，试验的结果可以通过析因分析出土霉素和维生素 B_{12} 的饲养效果，同时还能分析出土霉素和维生素 B_{12} 同时作用的效果。这种设计方法同时研究处理因素越多，分组也要求越多。如每种因素有处理和对照两项时，两种因素为 $2^2=4$ 组，三种因素就有 $2^3=8$ 组。因此，这种设计是比较全面的。在试验动物相同的情况下，设计方法愈复杂，所得的资料愈多，能得到更详尽的结论。因此，复因子化试验设计较单因子设计为优越，试验误差由于分析了更多的变异来源而减少。因而，可提高试验的精确度。

现举例介绍2×2复因子试验设计。

土霉素与粗制维生素 B_{12} 对断乳仔猪饲养效果试验。该试验采用2×2复因子试验，选用48头断乳仔猪，按品种、性别及体重等条件随机分为四组，每组中有苏白杂种4头（2♂、2♀），巴克杂种6头（4♂、2♀）、约克夏杂种2头（♂♀各1）。在驱虫、去势后，进行22天的预试期；在预试期间各组增重无显著差异。分别接受土霉素每头40.0 mg（四月龄前）及60.0 mg（四月龄后），及维生素 B_{12} 前期20.0 μg及后期30.0 μg。其具体分组情况如表6－17。

表6－17　2×2复因子试验设计方案

土霉素	VB₁₂	
	0 μg	20.0 μg/30.0 μg
0 mg	Ⅰ	Ⅲ
40.0 mg/60.0 mg	Ⅱ	Ⅳ

（五）拉丁方设计

拉丁方设计可用较少量的试畜得到同样正确的结论。在试畜数量受到限制时，应用拉丁方设计较为有利。它用每一头试畜分期测几种饲料的性能，同时，在统计中消除个体及时期的差异。其设计特点是，分行、列两个方向，每一行只能有一个处理，列也一样。即每种处理在行与列都只出现一次，而且行与列数目相等。

拉丁方设计有3×3、4×4和5×5等。拉丁方也可以重复，组成复合方。它的缺点是因素之间存在互作时，不宜应用；各因素的区组数目要相同，也不易满足。例如，用4×4拉丁方设计测定饲料的消化率，基础日粮由玉米、豆饼、麸皮、大麦以及维生素、微量元素添加剂等组成。测定玉米、大麦与麸皮的消化率，用 1～8 号猪，两个重复，进行四期消化试验，每期 20 d。其具体分配情况见表 6－18。

试验结果，将重复的两个试验合并整理，每个饲料有 8 个数据的平均数，每个时期亦有 8 头猪的平均数，8 头猪各有其个体对 4 种饲料的消化率。

表 6－18　拉丁方设计表

重复	A				B			
饲粮	Ⅰ	Ⅱ	Ⅲ	Ⅳ	Ⅰ	Ⅱ	Ⅲ	Ⅳ
基础日粮	1	2	3	4	5	6	7	8
80.0%基础日粮＋20.0%玉米	3	4	1	2	6	7	8	5
80.0%基础日粮＋20.0%大麦	4	1	2	3	7	8	5	6
80.0%基础日粮＋20.0%麸皮	2	3	4	1	8	5	6	7

（六）交叉试验

应用交叉试验法进行重复，是将对照组与试验组两组试畜群分两期进行试验，经过一期试验后再将两组互相交换，继续进行二期试验。根据试验组与对照组猪体增重的差异可以评定两组日粮的营养价值。必须注意，交叉后要有一定的过渡期（猪大约 10 d 左右），以消除在日粮喂给某种添加剂的后效作用；进行微生物发酵饲料或者抗生素药物的研究时，一般不宜用交叉试验法。

例如，欲测定某种添加剂的喂猪效果，拟采用交叉试验时，其方法如下，首先，将试验猪按窝别、性别、年龄、体重等对称分成对照组（A）和试验组（B）。对照组喂基础日粮，试验组喂基础日粮加上适量添加剂。经过第一期试验，将对照组和试验组互换，把原来的对照组改为试验组，原来的试验组改为对照组，过渡 10 d，再进行第二期试验（试验期和第一期一样，40 d）。

第一期试验（40 d）　　　对照组（A）试验组（B）

第二期试验（40 d）　　　对照组（B）试验组（A）

如果试验组猪体增重较对照组猪为高，说明添加剂有提高基础日粮营养价值的效用。

（七）关于样本大小问题

进行饲养试验或消化试验时如试畜太少则作出的结论依据不充分。如数量过多又会造成实践中的困难。为了解决样本合适的数量问题，必须掌握两方面的知识。第一，对于全体标准差 δ 的估计。这点可根据畜群在以往的实践中所得的标准差或已知的全距来推算。第二，要明确可以允许的最大可信限或均数间至少相差多少，才能得到显著的差别。

样本合适数量的问题比较复杂。先从简单的谈起。例如，在随机化试验中，进行完全随机化试验的分组比较时，可用下面公式计算每组猪头数。

$$N = \frac{2t_{0.05}^2 S^2}{\delta^2} \approx \frac{8S^2}{\delta^2}$$

式中：N—每组头数；

$t_{0.05}$—自由度为 2（N-1）时的 5.0% t 值；

S—各组的标准差（用以往试验、或前人经验估计）；

δ—最低显著差异的预期值。

式中的 $t_{0.05}$ 与自由度有关，自由度又与 n 有关，当 n 未知时，可按大小样本计算，而当自由度为 60 时，$t_{0.05}=2$，于是公式为：

$$n=\frac{2t_{0.05}^2S^2}{\delta^2}=\frac{4S^2}{\delta^2}$$

例：在一个完全随机化的试验中，希望两组差异在 15.0 kg 以内能测出显著性。过去经验已知增重的标准差为 20.0 kg，问需要多少头试畜？代入公式：

$$n=\frac{8\times 20^2}{15^2}=14$$

再以 $n=14$，即自由度为 2（14－1）＝26 时，当 $t_{0.05}=2.056\approx 2.1$，代入：

$$n=\frac{2\times 2.1^2\times 20^2}{15^2}\approx 15$$

如此下去 n 接近于 15，于是试验可采用 15 头。

三、试畜的选择条件和试验前的准备工作

（一）选择条件

通过饲养试验可了解试验因子对生产的效果，为此，对畜禽的选择，是试验成败的关键环节，应特别予以重视。不论选用哪一种动物做试验，都要具备下列几个条件。

①试验用动物必须健康无病，采食量、食欲正常。

②生长发育正常、均衡。

③品种或类型及性别要一致。

④个体发育阶段和月（日）龄基本一致。

⑤个体体重差异要小。

为了使最后选用的试验动物达到理想要求，初选时最好按需要数量多一倍为好。这样做可以最大限度的减少动物个体本身生理或遗传上的差异。每一个试验组头数，至少为 6 头。

（二）试验前的准备工作

试验前对选出试畜，必须做好下列准备工作。

（1）去势　凡做育肥试验的猪群，必须去势。如用仔猪做试验，最好在哺乳期内选定好猪群，在断乳前进行去势。如从留种推广群中选择试验猪，选出后要及时去势。

（2）驱虫　不管动物体有无寄生虫，试验前必须进行驱虫处理。仔猪一般在断乳后进行驱虫。无论大、小猪，都必须在试验前进行驱虫，如寄生虫比较多，应驱虫两次。

（3）防疫注射　试验前均需进行防疫注射，以免在试验进行中发病死亡，影响试验的正常进行。

（4）预试期饲养　应根据不同生长阶段和体重，给予全价饲料。不断观察每一个动物的采食量和食欲情况，以便选留取舍。

（5）经过观察，按选择条件　可以最后一次选留试验动物，并进行个体编号，初步成组。为正式试验做好准备。

四、试验分组和试验期的划分

上述选择好的动物群，经过一个阶段准备驯饲以后，就需要根据试验设计要求分组，开

始正式的饲养试验。正式试验可划分成为两个阶段，即预试期和试验期。

（一）预试期

在预试期开始前，应按选留的动物情况以及试验分组要求，将各组的动物对称地搭配分组，然后进行预试。预试期猪一般为10天左右，鸡7天左右。在此期间，主要是确定试畜的同质性，为正式试验期的开始，做好一切准备。具体内容有：

①试畜经过去势、驱虫和预防注射后，需要尽量使其体况恢复正常。

②因为动物群重新组合，改变饲养条件，故在此期间，使试验动物逐渐适应新的饲养环境条件。

③在预试期内，应给予各组动物以相同的饲料和饲养条件，饲料和饲养方式，均应以对照组为标准，并调整到稳定一致。

④预试期开始和结束时均要测体重，并以此期间的增重率，做为最后确定试验动物分组和个体调整与选留的依据。在正常情况下，事先大体分组的增重情况应大致相等（即，亚试验的显著性测验，不显著）。在这种情况下，只对个别动物进行调整或淘汰，原来预先分出的试验组则可不必变动。如经预饲观察，体重差异太大，不符合试验要求，就有必要重新进行调整与预试。

（二）正试期

预试期结束，就是正式试验的开始。故预试期结束的体重，就是试验开始的体重。

正式试验期一开始，就要按设计要求做到分组定料。固定对照组和试验组的组别，固定饲喂各自的饲料日粮。如果试验组的饲料，与对照组饲料的特性差别太大，为提高试畜群对试验饲料的适口性，可以从预试期最后3~5天开始逐步改变喂用各试验组的饲料日粮，缓慢过渡。

正式试验期的长短，依试验目的而定，必须事先确定。一般的饲养试验，猪至少有两个月的试验期。另依试验目的不同，可以适当延长。

五、试验日粮配合原则及饲喂方法

试验期的饲料（日粮），应以满足试畜基本营养需要为前提，并且能够保证对试验因子的效果做出可靠的鉴定对比。

尽管试验目的不同，其饲料日粮的配合方式不同，但试验日粮都必须具有地区性、典型性。

（一）青饲料、粗饲料饲养试验

进行青、粗饲料的饲养试验时，由于粗饲料本身的营养价值很低，容积又较大，在日粮组成的设计上，就需要注意以下几点。

（1）应用的精料日粮的营养水平要适当　过高或过低精料日粮，都不利于对粗饲料的效果做出可靠的鉴定结果。精料过多，就不易看出粗饲料的效果；精料过少，试验动物生长发育受阻，也难看出真正效果。故对日粮营养水平的设计，必须合理。

（2）试验动物的发育阶段　发育的不同阶段，体重不同，对粗饲料的采食能力和利用程度也有所不同。因此，试验日粮的粗饲料组成，应按试验动物的情况不同而有所差异。

在进行饲料对比试验时，或者鉴定某种青饲料的增重效果时，因为青饲料含水量多，干物质较少，在日粮组成中，它必须占有相当比重。如数量过少则不易得出真实结果。但如数量过大、营养不足，也会影响正常生长发育，故必须全面平衡，合理确定。

（二）某一养分水平的试验

在进行某一养分水平的试验时，特别需要注意的是，要使被测定养分以外的营养指标或其他条件在各试验组之间应当完全一致。

（三）试畜的饲养管理方式饲喂方法确定

饲养管理方式、饲喂方法如何合理地确定，也要依试验目的而定。一般的对比饲养试验，可采用群饲法。但如进行营养素的精密试验，则需要采用个体饲喂、群体饲养的特殊隔栏。

六、称重方法

试畜的体重变化，是饲养试验中最重要的指标。故称重是否正确，对结果影响极大。常用措施有以下几种：早晨空腹称重，增加称重次数，延长试验期。

（一）称重时间

为消除因粪便积存试畜体内而影响试畜体重，一般在早饲前将试畜赶起排净粪尿后再进行空腹称重。

（二）称重笼

称重笼应前后有门，方便于动物出入。最好磅称台面与地面大体平行，作铁栏杆让猪排队依次入笼，随称随放。避免试畜进笼时恐惧不安，影响增重。

（三）称重次数

为精确起见，试验开始和结束的体重，以连续三天空腹结果的平均值表示。根据条件也可连称二天以第二天体重为准（可能出现三种情况①增重，说明正常，②不增不减，也说明正常，③减重说明第一天称重有问题）。在试验进行过程中的称重一般每隔两周称重一次。

（四）称重次序

为减少误差最好每一次称重，均按同样的组别顺序测重。测重后应及时计算整理及时发现问题。

七、饲料的准备与处理

（一）饲料准备

在试验开始前，要将所有试验用的饲料（包括精料、粗料、青饲料和其他饲料），尽可能一次备足单独保管。

（二）试验青饲料准备

试验用青饲料，因含水分较大，不易长期保存，应定期打浆贮存分期取样。有条件的地方，可做好饲料地使用计划，按时按量供给。这样做可避免因饲料种类及质量的突然变化而引起增重的较大差异，影响试验结果。青饲料中水分含量关系到饲料报酬计算值，在试验进行中，对这类水分含量，需定期测定。

八、其他注意事项

环境气候条件对饲养试验结果（例如体增重）的影响极大。特别在寒冷冬季，不易得出可靠结果。饲养试验最好不在冬季进行。如必须在冬天进行时，畜舍内必须设法保持正常的温、湿度。

饲养试验的目的就是要考察不同饲料或日粮等因素对试畜生产的效果和影响，必须作好

各种记录工作，以便最后分析。除对饲料种类、喂量以及增重情况等，必须做详细无误的记载外，还必须建立试验日志，对于试验动物健康情况，环境条件（气温、雨、风、雪）等因素也需要及时记载。

九、对试验结果的统计分析

请参阅有关生物统计专门资料。

附录：畜禽饲养标准

附录一：猪饲养标准

NY/T—65—2004

附表 1－1　瘦肉型生长育肥猪每千克饲粮养分含量（自由采食，88％干物质）[a]

体重（kg）	3～8	8～20	20～35	35～60	60～90
平均体重（kg）	5.5	14.0	27.5	47.5	75.0
日增重（kg/d）	0.24	0.44	0.61	0.69	0.80
采食量（kg/d）	0.30	0.74	1.43	1.90	2.50
饲料/增重（F/G）	1.25	1.59	2.34	2.75	3.13
饲粮消化能含量 DE，MJ/kg（Mcal/kg）	14.02（3.35）	13.60（3.25）	13.39（3.20）	13.39（3.20）	13.39（3.20）
饲粮代谢能含量 ME，MJ/kg（Mcal/kg）[b]	13.46（3.22）	13.06（3.12）	12.86（3.07）	12.86（3.07）	12.86（3.07）
粗蛋白质 CP（％）	21.0	19.0	17.8	16.4	14.5
能量蛋白比 DE/CP，kJ/％（Mcal/％）	668（0.16）	716（0.17）	752（0.18）	817（0.20）	923（0.22）
赖氨酸能量比 Lys/DE，g/MJ，（g/Mcal）	1.01（4.24）	0.85（3.56）	0.68（2.83）	0.61（2.56）	0.53（2.19）
氨基酸[c]，％					
赖氨酸	1.42	1.16	0.90	0.82	0.70
蛋氨酸	0.40	0.30	0.24	0.22	0.19
蛋氨酸＋胱氨酸	0.81	0.66	0.51	0.48	0.40
苏氨酸	0.94	0.75	0.58	0.56	0.48
色氨酸	0.27	0.21	0.16	0.15	0.13
异亮氨酸	0.79	0.64	0.48	0.46	0.39
亮氨酸	1.42	1.13	0.85	0.78	0.63
精氨酸	0.56	0.46	0.35	0.30	0.21
缬氨酸	0.98	0.80	0.61	0.57	0.47
组氨酸	0.45	0.36	0.28	0.26	0.21
苯丙氨酸	0.85	0.69	0.52	0.48	0.40
苯丙氨酸＋酪氨酸	1.33	1.07	0.82	0.77	0.64

（续附表 1－1）

体重（kg）	3～8	8～20	20～35	35～60	60～90
矿物元素[d]%，或每千克饲粮含量					
钙（%）	0.88	0.74	0.62	0.55	0.49
总磷（%）	0.74	0.58	0.53	0.48	0.43
非植酸磷（%）	0.54	0.36	0.25	0.20	0.17
钠（%）	0.25	0.15	0.12	0.10	0.10
氯（%）	0.25	0.15	0.10	0.09	0.08
镁（%）	0.04	0.04	0.04	0.04	0.04
钾（%）	0.30	0.26	0.24	0.21	0.18
铜（mg）	6.00	6.00	4.50	4.00	3.50
碘（mg）	0.14	0.14	0.14	0.14	0.14
铁（mg）	105	105	70	60	50
锰（mg）	4.00	4.00	3.00	2.00	2.00
硒（mg）	0.30	0.30	0.30	0.25	0.25
锌（mg）	110	110	70	60	50
维生素和脂肪酸[e]%，或每千克饲粮含量					
维生素 A（IU[f]）	2 200	1 800	1 500	1 400	1 300
维生素 D_3（IU[g]）	220	200	170	160	150
维生素 E（IU[h]）	16	11	11	11	11
维生素 K（mg）	0.50	0.50	0.50	0.50	0.50
硫胺素（mg）	1.50	1.00	1.00	1.00	1.00
核黄素（mg）	4.00	3.50	2.50	2.00	2.00
泛酸（mg）	12.00	10.00	8.00	7.50	7.00
烟酸（mg）	20.00	15.00	10.00	8.50	7.50
吡哆醇（mg）	2.00	1.50	1.00	1.00	1.00
生物素（mg）	0.08	0.05	0.05	0.05	0.05
叶酸（mg）	0.30	0.30	0.30	0.30	0.30
维生素 B_{12}（μg）	20.00	17.50	11.00	8.00	6.00
胆碱（g）	0.60	0.50	0.35	0.30	0.30
亚油酸（%）	0.10	0.10	0.10	0.10	0.10

注：[a] 瘦肉率高于 56.0% 的公母混养群（阉公猪和青年母猪数各一半）；[b]假定代谢能为消化能的 96.0%；[c]3.0～20.0 kg 猪的赖氨酸百分比是根据试验和经验数据的估测值，其他氨基酸需要量是根据其与赖氨酸的比例（理想蛋白质）的估测值；[d] 矿物质需要量包括饲料原料中提供的矿物质量，对于发育公猪和后备母猪其钙、总磷和有效磷的需要量应提高 0.05～0.1 个百分点；[e]维生素需要量包括饲料原料中提供的维生素量；[f]1IU 维生素 A＝0.344 μg 维生素 A 醋酸酯；[g]1IU 维生素 D_3＝0.025 μg 胆钙化醇；[h]1IU 维生素 E＝0.67 mgD－α－生育酚或 1 mgDL－α－生育酚醋酸酯

附表1-2 瘦肉型生长育肥猪每日每头养分需要量（自由采食，88%干物质）[a]

体重（kg）	3~8	8~20	20~35	35~60	60~90
平均体重（kg）	5.5	14.0	27.5	47.5	75.0
日增重（kg/d）	0.24	0.44	0.61	0.69	0.80
采食量（kg/d）	0.30	0.74	1.43	1.90	2.50
饲料/增重（F/G）	1.25	1.59	2.34	2.75	3.13
饲粮消化能摄入量DE，MJ/kg（Mcal/kg）	4.21（1.01）	10.06（2.41）	19.15（4.58）	25.44（6.08）	33.48（8.00）
饲粮代谢能摄入量ME，MJ/kg（Mcal/kg）[b]	4.04（0.97）	9.66（2.31）	18.39（4.39）	24.43（5.85）	32.15（7.68）
粗蛋白质CP（g）	63.0	141.0	255.0	312.0	363.0
氨基酸[C]（g/d）					
赖氨酸	4.3	8.6	12.9	15.6	17.5
蛋氨酸	1.2	2.2	3.4	4.2	4.8
蛋氨酸+胱氨酸	2.4	4.9	7.3	9.1	10.0
苏氨酸	2.8	5.6	8.3	10.6	12.0
色氨酸	0.8	1.6	2.3	2.9	3.3
异亮氨酸	2.4	4.7	6.7	8.7	9.8
亮氨酸	4.3	8.4	12.2	14.8	15.8
精氨酸	1.7	3.4	5.0	5.7	5.5
缬氨酸	2.9	5.9	8.7	10.8	11.8
组氨酸	1.4	2.7	4.0	4.9	5.5
苯丙氨酸	2.6	5.1	7.4	9.1	10.0
苯丙氨酸+酪氨酸	4.0	7.9	11.7	14.6	16.0
矿物元素[d]（g/d或mg/d）					
钙（g）	2.64	5.48	8.87	10.45	12.25
总磷（g）	2.22	4.29	7.58	9.12	10.75
非植酸磷（g）	1.62	2.66	3.58	3.80	4.25
钠（g）	0.75	1.11	1.72	1.90	2.50
氯（g）	0.75	1.11	1.43	1.71	2.00
镁（g）	0.12	0.30	0.57	0.76	1.00
钾（g）	0.90	1.92	3.43	3.99	4.50
铜（mg）	1.80	4.44	6.44	7.60	8.75
碘（mg）	0.04	0.10	0.20	0.27	0.35

（续附表 1－2）

体重（kg）	3～8	8～20	20～35	35～60	60～90
铁（mg）	31.50	77.7	100.10	114.00	125.00
锰（mg）	1.20	2.96	4.29	3.80	5.00
硒（mg）	0.09	0.22	0.43	0.48	0.63
锌（mg）	33.00	81.40	100.10	114.00	125.00
维生素和脂肪酸[e]，IU、g、mg 或 μg/d					
维生素 A（IU[f]）	660	1 330	2 145	2 660	3 250
维生素 D_3（IU[g]）	66	148	243	304	375
维生素 E（IU[h]）	5	8.5	16	21	28
维生素 K（mg）	0.15	0.37	0.72	0.95	1.25
硫胺素（mg）	0.45	0.74	1.43	1.90	2.5
核黄素（mg）	1.20	2.59	3.58	3.80	5.00
泛酸（mg）	3.60	7.40	11.44	14.25	17.50
烟酸（mg）	6.00	11.10	14.30	16.15	18.75
吡哆醇（mg）	0.60	1.11	1.43	1.90	2.50
生物素（mg）	0.02	0.04	0.07	0.10	0.13
叶酸（mg）	0.09	0.22	0.43	0.57	0.75
维生素 B_{12}（μg）	6.00	12.95	15.73	15.20	15.00
胆碱（g）	0.18	0.37	0.50	0.57	0.75
亚油酸（g）	0.30	0.74	1.43	1.90	2.50

注：[a] 瘦肉率高于 56.0% 的公母混养猪群（阉公猪和青年母猪数各一半）；[b] 假定代谢能为消化能的 96.0%。[c]3.0～20.0 kg 猪的赖氨酸每日需要量是用附表 1－1 中的百分率采食量的估测值，其他氨基酸需要量是根据其与赖氨酸的比例（理想蛋白质）的估测值，20.0～90.0 kg 猪的赖氨酸需要量是根据生长模型的估测值，其他氨基酸需要量是根据其与氨基酸的比例（理想蛋白质）的估算值；[d]矿物质需要量包括饲料原料中提供的矿物质量；对于发育公猪和后备母猪，钙总磷和有效磷的需要量应提高 0.05～0.1 个百分点；[e]维生素需要量包括饲料原料中提供的维生素量；[f]1IU 维生素 A＝0.344 μg 维生素 A 醋酸酯；[g]1IU 维生素 D_3＝0.025 μg 胆钙化醇；[h]1IU 维生素 E＝0.67 mgD－α－生育酚或 1 mgDL－α－生育酚醋酸酯

附表 1－3　瘦肉型妊娠母猪每千克饲粮养分含量（88%干物质）[a]

妊娠期	妊娠前期			妊娠后期		
配种体重（kg[b]）	120～150	150～180	>180	120～150	150～180	>180
预期窝产子数	10	11	11	10	11	11
采食量（kg/d）	2.10	2.10	2.00	2.60	2.80	3.00
饲粮消化能 DE, MJ/kg（Mcal/kg）	12.75（3.05）	12.35（2.95）	12.15（2.95）	12.75（3.05）	12.55（3.00）	12.55（3.00）

（续附表 1－3）

妊娠期	妊娠前期			妊娠后期		
饲粮代谢能 ME，MJ/kg（Mcal/kg）[c]	12.25（2.93）	11.85（2.83）	11.65（2.83）	12.25（2.93）	12.05（2.88）	12.05（2.88）
粗蛋白质 CP（%[d]）	13.0	12.0	12.0	14.0	13.0	12.0
氨基酸 amino acids（%）						
赖氨酸，Lys	0.53	0.49	0.46	0.53	0.51	0.48
蛋氨酸，Met	0.14	0.13	0.12	0.14	0.13	0.12
蛋氨酸＋胱氨酸，Met＋Cys	0.34	0.32	0.31	0.34	0.33	0.32
苏氨酸，Thr	0.40	0.39	0.37	0.40	0.40	0.38
色氨酸，Trp	0.10	0.09	0.09	0.10	0.09	0.09
异亮氨酸，Ile	0.29	0.28	0.26	0.29	0.29	0.27
亮氨酸，Leu	0.45	0.41	0.37	0.45	0.42	0.38
精氨酸，Arg	0.06	0.02	0.00	0.06	0.02	0.00
缬氨酸，Val	0.35	0.32	0.30	0.35	0.33	0.31
组氨酸，His	0.17	0.16	0.15	0.17	0.17	0.16
苯丙氨酸，Phe	0.29	0.27	0.25	0.29	0.28	0.26
苯丙氨酸＋酪氨酸，Phe＋Tyr	0.49	0.45	0.43	0.49	0.47	0.44
矿物元素[e]（%或每千克饲粮含量）						
钙 Ca（%）				0.68		
总磷（%）				0.54		
非植酸磷（%）				0.32		
钠 Na（%）				0.14		
氯 Cl（%）				0.11		
镁 Mg（%）				0.04		
钾 K（%）				0.18		
铜 Cu（mg）				5.0		
铁 Fe（mg）				75.0		
锰 Mn（mg）				18.0		
锌 Zn（mg）				45.0		
碘 I（mg）				0.13		
硒 Se（mg）				0.14		

（续附表 1-3）

妊娠期	妊娠前期	妊娠后期
维生素和脂肪酸（%或每千克饲粮含量[f]）		
维生素 A（IU[g]）	3 620	
维生素 D_3（IU[h]）	180	
维生素 E（IU[i]）	40	
维生素 K（g）	0.50	
硫胺素（mg）	0.90	
核黄素（g）	3.40	
泛酸（mg）	11	
烟酸（mg）	9.05	
吡哆醇（mg）	0.90	
生物素（mg）	0.19	
叶酸（mg）	1.20	
维生素 B_{12}（μg）	14	
胆碱（g）	1.15	
亚油酸（%）	0.10	

注：[a] 消化能、氨基酸是根据国内试验报告、企业经验数据和 NRC（1998）妊娠模型得到的；[b] 妊娠前期指妊娠前 12 周，妊娠后期指妊娠后 4 周；“120.0～150.0 kg”阶段适用于初产母猪和因泌乳期消耗过度的经产母猪，“150.0～180.0 kg”阶段适用于自身尚有生长潜力的经产母猪，“180.0 kg 以上”指达到标准成年体重的经产母猪，其对养分的需要量不随体重增长而变化；[c] 假定代谢能为消化能的 96.0%；[d] 以玉米－豆粕型日粮为基础确定的；[e] 矿物质需要量包括饲料原料中提供的矿物质；[f] 维生素需要量包括饲料原料中提供的维生素量；[g] 1IU 维生素 A＝0.344 μg 维生素 A 醋酸酯；[h] 1IU 维生素 D3＝0.025 μg 胆钙化醇；[i] 1IU 维生素 E＝0.67 mgD－α－生育酚或 1.0 mgDL－α－生育酚醋酸酯

附表 1-4　配种公猪每千克饲粮和每日每头养分需要量（88%干物质）[a]

饲粮消化能含量 DE，MJ/kg（kcal/kg）	12.95（3 100）	12.95（3 100）
饲粮代谢能含量 ME，MJ/kg[b]（kcal/kg）	12.45（2 975）	12.45（975）
消化能摄入量 DE，MJ/kg（kcal/kg）	21.70（6 820）	21.70（6 820）
代谢能摄入量 ME，MJ/kg（kcal/kg）	20.85（6 545）	20.85（6 545）
采食量 ADFI（kg/d[d]）	2.2	2.2
粗蛋白质 CP（%[c]）	13.50	13.50
能量蛋白比 DE/CP，kJ/%（kcal/%）	959（230）	959（230）
赖氨酸能量比 Lys/DE，g/MJ（g/Mcal）	0.42（1.78）	0.42（1.78）

（续附表 1－4）

每千克饲粮中含量		每日需要量
氨基酸		
赖氨酸 Lys	0.55%	12.1 g
蛋氨酸 Met	0.15%	3.31 g
蛋氨酸＋胱氨酸 Met＋Cys	0.38%	8.4 g
苏氨酸 Thr	0.46%	10.1 g
色氨酸 Trp	0.11%	2.4 g
异亮氨酸 Ile	0.32%	7.0 g
亮氨酸 Leu	0.47%	10.3 g
精氨酸 Arg	0.00%	0.0 g
缬氨酸 Val	0.36%	7.9 g
组氨酸 His	0.17%	3.7 g
苯丙氨酸 Phe	0.30%	6.6 g
苯丙氨酸＋酪氨酸 Phe＋Tyr	0.52%	11.4 g
矿物元素[e]		
钙 Ca	0.70%	15.4 g
总磷 P	0.55%	12.1 g
有效磷 Nonphytate P	0.32%	7.04 g
钠 Na	0.14%	3.08 g
氯 Cl	0.11%	2.42 g
镁 Mg	0.04%	0.88 g
钾 K	0.20%	4.40 g
铜 Cu	5.0 mg	11.0 mg
碘 I	0.15 mg	0.33 mg
铁 Fe	80.0 mg	176.0 mg
锰 Mn	20.0 mg	44.0 mg
硒 Se	0.15 mg	0.33 mg
锌 Zn	75.0 mg	165.0 mg
维生素和脂肪酸[f]		
维生素 A[g]	4 000 IU	8 800 IU
维生素 D_3[h]	220 IU	485 IU

（续附表 1－4）

维生素 E[i]	45 IU	100 IU
维生素 K	0.50 mg	1.10 mg
硫胺素	1.0 mg	2.20 mg
核黄素	3.5 mg	7.70 mg
泛酸	12.0 mg	26.4 mg
烟酸	10.0 mg	22.0 mg
吡哆醇	1.0 mg	2.2 mg
生物素	0.20 mg	0.44 mg
叶酸	1.30 mg	2.86 mg
维生素 B_{12}	15.0 μg	33.0 μg
胆碱	1.25 g	2.75 g
亚油酸	0.1%	2.2 g

注：[a] 需要量的制定以每日采食 2.2 kg 饲粮为基础，采食量需根据公猪的体重和期望的增重进行调整；[b]假定代谢能为消化能的 90.0%；[c]以玉米－豆粕日粮为基础；[d]配种前一个月采食量增加 20.0%～25.0%，冬季严寒期采食量增加 10.0%～20.0%；[e]矿物质需要量包括饲粮原料中提供的矿物质；[f]维生素需要量包括饲粮原料中提供的维生素量；[g]1IU 维生素 A＝0.334 μg 维生素 A 醋酸酯；[h]1IU 维生素 D3＝0.025 μg 胆钙化醇；[i]1IU 维生素 E＝0.67 mg D－α－生育酚或 1.0 mg DL－α－生育酚醋酸酯

附表 1－5　肉脂型生长育肥猪每千克饲粮养分含量（一型标准[a]，自由采食，88%干物质）

体重（kg）	5～8	8～15	15～30	30～60	60～90
日增重量 ADG（kg/d）	0.22	0.38	0.50	0.60	0.70
采食量 ADFI（kg/d）	0.40	0.87	1.36	2.02	2.94
饲料转化率（F/G）	1.80	2.30	2.73	3.35	4.20
饲料消化能含量 DE，MJ/kg（Mcal/kg）	13.80（3.30）	13.60（3.25）	12.95（3.10）	12.95（3.10）	12.95（3.10）
粗蛋白质 CP[b]（%）	21.0	18.2	16.0	14.0	13.0
能量蛋白比 DE/CP，kJ/%（Mcal/%）	657（0.157）	747（0.179）	810（0.194）	925（0.221）	996（0.238）
赖氨酸能量比 Lys/DE，g/MJ（g/Mcal）	0.97（4.06）	0.77（3.23）	0.66（2.75）	0.53（2.23）	0.46（1.94）
氨基酸（%）					
赖氨酸 Lys	1.34	1.05	0.85	0.69	0.60
蛋氨酸＋胱氨酸 Met＋Cys	0.65	0.53	0.43	0.38	0.34
苏氨酸 Thr	0.77	0.62	0.50	0.45	0.39
色氨酸 Trp	0.19	0.15	0.12	0.11	0.11

（续附表 1－5）

异亮氨酸 Ile	0.73	0.59	0.47	0.43	0.37
矿物质元素（%或每千克饲粮含量）					
钙 Ca（%）	0.86	0.74	0.64	0.55	0.46
总磷（%）	0.67	0.60	0.55	0.46	0.37
非植酸 P（%）	0.42	0.32	0.29	0.21	0.14
钠 Na（%）	0.20	0.15	0.09	0.09	0.09
氯 Cl（%）	0.20	0.25	0.07	0.07	0.07
镁 Mg（%）	0.04	0.04	0.04	0.04	0.04
钾 K（%）	0.29	0.26	0.24	0.21	0.16
铜 Cu（mg）	6.00	5.5	4.6	3.7	3.0
铁 Fe（mg）	100	92	74	55	37
碘 I（mg）	0.13	0.13	0.13	0.13	0.13
锰 Mn（mg）	4.00	3.00	3.00	2.00	2.00
硒 Se（mg）	0.30	0.27	0.23	0.14	0.09
锌 Zn（mg）	100	90	75	55	45
维生素和脂肪酸（%或每千克饲粮含量）					
维生素 A（IU）	2 100	2 000	1 600	1 200	1 200
维生素 D（IU）	210	200	180	140	140
维生素 E（IU）	15	15	10	10	10
维生素 K（mg）	0.50	0.50	0.50	0.50	0.50
硫胺素（mg）	1.50	1.00	1.00	1.00	1.00
核黄素（mg）	4.00	3.5	3.0	2.0	2.0
泛酸（mg）	12.00	10.00	8.00	7.00	6.00
烟酸（mg）	20.00	14.00	12.00	9.00	6.50
吡哆醇（mg）	2.00	1.50	1.50	1.00	1.00
生物素（mg）	0.08	0.05	0.05	0.05	0.05
叶酸（mg）	0.30	0.30	0.30	0.30	0.30
维生素 B_{12}（μg）	20.00	16.50	14.50	10.00	5.00
胆碱（g）	0.50	0.40	0.30	0.03	0.30
亚油酸（%）	0.10	0.10	0.10	0.10	0.10

注：[a]一型标准：瘦肉率52.0% ±1.5%，达90.0 kg体重时间175d左右。[b]粗蛋白质的需要量原则上是以玉米－豆粕日粮满足可消化氨基酸需要而确定的。为克服早期断奶给仔猪到来的应激，5.0～8.0 kg 阶段使用了较多的动物蛋白和乳制品

附表 1-6　肉脂型生长育肥猪每日每头养分需要量（一型标准[a]，自由采食，88%干物质）

体重（kg）	5~8	8~15	15~30	30~60	60~90
日增重 ADG（kg/d）	0.22	0.38	0.50	0.60	0.70
采食量 ADFI（kg/d）	0.40	0.87	1.36	2.02	2.94
饲料/增重 F/G	1.80	2.3	2.73	3.35	4.20
饲粮消化能含量 DE，MJ/kg（Mcal/kg）	13.80（3.30）	13.60（3.25）	12.95（3.10）	12.95（3.10）	12.95（3.10）
粗蛋白质 CP[b]（g/d）	84.0	158.3	217.6	282.8	382.2
氨基酸（g/d）					
赖氨酸 Lys	5.4	9.1	11.6	13.9	17.6
蛋氨酸+胱氨酸 Met+Cys	2.6	4.6	5.8	7.7	10.0
苏氨酸 Thr	3.1	5.4	6.8	9.1	11.5
色氨酸 Trp	0.8	1.3	1.6	2.2	3.2
异亮氨酸 Ile	2.9	5.1	6.4	8.7	10.9
矿物质（g 或 μg/d）					
钙 Ca（g）	3.4	6.4	8.7	11.1	13.5
总磷 Total P（g）	2.7	5.2	7.5	9.3	10.9
非植酸磷（g）	1.7	2.8	3.9	4.2	4.1
钠 Na（g）	0.8	1.3	1.2	1.8	2.6
氯 Cl（g）	0.8	1.3	1.0	1.4	2.1
镁 Mg（g）	0.2	0.3	0.5	0.8	1.2
钾 K（g）	1.2	2.3	3.3	4.2	4.7
铜 Cu（mg）	2.4	4.79	6.12	8.08	8.82
铁 Fe（mg）	40.00	80.04	100.64	111.10	108.78
碘 I（mg）	0.05	0.11	0.18	0.26	0.38
锰 Mn（mg）	1.60	2.61	4.08	4.04	5.88
硒 Se（mg）	0.12	0.22	0.34	0.30	0.29
锌 Zn（mg）	40.0	78.3	102.0	111.1	132.3
维生素和脂肪酸（IU、mg、g 或 μg/d）					
维生素 A（IU）	840.0	1 740.0	2 176.0	2 424.0	3 528.0
维生素 D（IU）	84.0	174.0	244.8	282.8	411.6
维生素 E（IU）	6.0	13.1	13.6	20.2	29.4
维生素 K（mg）	0.2	0.4	0.7	1.0	1.5
硫胺素（mg）	0.6	0.9	1.4	2.0	2.9

（续附表1-6）

体重（kg）	5~8	8~15	15~30	30~60	60~90
核黄素（mg）	1.6	3.0	4.1	4.0	5.9
泛酸（mg）	4.8	8.7	10.9	14.1	17.6
烟酸（mg）	8.0	12.2	16.3	18.2	19.1
吡哆醇（mg）	0.8	1.3	2.0	2.0	2.9
生物素（mg）	0.0	0.0	0.1	0.1	0.1
叶酸（mg）	0.1	0.3	0.4	0.6	0.9
维生素 B_{12}（μg）	8.0	14.4	19.7	20.2	14.7
胆碱（g）	0.2	0.3	0.4	0.6	0.9
亚油酸（g）	0.4	0.9	1.4	2.0	2.9

注：[a] 一型标准适用于瘦肉率52.0%±1.5%，达90.0 kg体重时间175d左右的肉脂型猪。[b] 粗蛋白质的需要量原则上是以玉米-豆粕日粮满足可消化氨基酸的需要而确定的。5.0~8.0 kg阶段为克服早期断奶给仔猪带来的应激，使用了较多的动物蛋白和乳制品

附表1-7　肉脂型妊娠、哺乳母猪每千克饲粮养分含量（88%干物质）

生理状态	妊娠母猪	泌乳母猪
采食量 ADFI（kg/d）	2.10	5.10
饲粮消化能含量 DE，MJ/kg（Mcal/kg）	11.70（2.08）	13.60（3.25）
粗蛋白质 CP（%）	13.0	17.5
能量蛋白比 DE/CP，kJ/%（kcal/%）	900（215）	777（186）
赖氨酸能量比 Lys/DE，g/MJ（g/Mcal）	0.37（1.54）	0.58（2.43）
氨基酸（%）		
赖氨酸 Lys	0.43	0.79
蛋氨酸+胱氨酸 Met+Cys	0.30	0.40
苏氨酸 Thr	0.35	0.52
色氨酸 Trp	0.08	0.14
异亮氨酸 Ile	0.25	0.45
矿物质元素（%或每千克饲粮含量）		
钙 Ca（g）	0.62	0.72
总磷 P（%）	0.50	0.58
非植酸磷 P（%）	0.30	0.34
钠 Na（%）	0.12	0.20
氯 Cl（%）	0.10	0.16
镁 Mg（%）	0.04	0.04

（续附表1－7）

生理状态	妊娠母猪	泌乳母猪
钾 K（%）	0.16	0.20
铜 Cu（mg）	4.00	5.00
碘 I（mg）	0.12	0.14
铁 Fe（mg）	70	80
锰 Mn（mg）	16	20
硒 Se（mg）	0.15	0.15
锌 Zn（mg）	50	50
维生素和脂肪酸（%或每千克饲粮含量）		
维生素 A（IU）	3 600	2 000
维生素 D（IU）	180	200
维生素 E（IU）	36	44
维生素 K（mg）	0.40	0.50
硫胺素（mg）	1.00	1.00
核黄素（mg）	3.20	3.75
泛酸（mg）	10.00	12.00
烟酸（mg）	8.00	10.00
吡哆醇（mg）	1.00	1.00
生物素（mg）	0.16	0.20
叶酸（mg）	1.10	1.30
维生素 B_{12}，μg	12.00	15.00
胆碱（g）	1.00	1.00
亚油酸（%）	0.10	0.10

附表1－8　地方猪种后备母猪每千克饲粮中养分含量[a]（88%干物质）

体重（kg）	10～20	20～40	40～70
预产日增重 ADG（kg/d）	0.30	0.40	0.50
预产采食量 ADFI（kg/d）	0.63	1.08	1.65
饲料/增重（F/G）	2.10	2.70	3.30
饲粮消化能含量 DE，MJ/kg（Mcal/kg）	12.97（3.10）	12.55（3.00）	12.15（2.90）
粗蛋白质 CP（%）	18.0	16.0	14.0
能量蛋白比 DE/CP，kJ/%（kcal/%）	721（173）	784（188）	868（207）

（续附表 1 - 8）

赖氨酸蛋白比 Lys/DE，g/MJ（g/Mcal）	0.77（3.23）	0.70（2.93）	0.48（2.00）
氨基酸（%）			
氨酸 Lys	1.00	0.88	0.67
蛋氨酸 + 胱氨酸 Met + Cys	0.50	0.44	0.36
苏氨酸 Thr	0.59	0.53	0.43
色氨酸 Trp	0.15	0.13	0.11
异亮氨酸 Ile	0.56	0.49	0.41
矿物质（%）			
钙 Ca	0.74	0.62	0.53
总磷 P	0.60	0.53	0.44
有效磷 P	0.37	0.28	0.20

注：[a] 除钙、磷外的物质元素及维生素的需要，可参照肉脂型生长育肥猪的二型标准

附表 1 - 9　肉脂型种公猪每日每头养分需要量[a]（88%干物质）

体重（kg）	10 ~ 20	20 ~ 40	40 ~ 70
日增重 ADG（kg/d）	0.35	0.45	0.50
采食量 ADFI（kg/d）	0.72	1.17	1.67
饲粮消化能含量 DE，MJ/kg（kcal/kg）	12.97（3.10）	12.55（3.00）	12.55（3.00）
粗蛋白质 CP，g/d	135.4	204.8	243.8
氨基酸（g/d）			
赖氨酸 Lys	7.6	10.8	12.2
蛋氨酸 + 胱氨酸 Met + Cys	3.8	10.8	12.2
苏氨酸 Thr	4.5	10.8	12.2
色氨酸 Trp	1.2	10.8	12.2
异亮氨酸 Ile	4.2	10.8	12.2
矿物质（g/d）			
钙 Ca	5.3	10.8	12.2
总磷 P	4.3	10.8	12.2
有效磷 P	2.7	10.8	12.2

注：[a] 除钙、磷外的物质元素及维生素的需要，可参照肉脂型生长育肥猪的一级标准

附录二：中国鸡饲养标准

NY/T—33 —2004

附表 2－1　生长蛋鸡营养需要

营养指标	单位	0～8 周龄	9～18 周龄	19 周龄～开产
代谢能 ME	MJ/kg（Mcal/kg）	11.91（2.85）	11.70（2.80）	11.50（2.75）
粗蛋白质 CP	%	19.0	15.5	17.0
蛋白能量比 CP/ME	g/MJ（g/Mcal）	15.95（66.67）	13.25（55.30）	14.78（61.82）
赖氨酸能量比 Lys/ME	g/MJ（g/Mcal）	0.84（3.51）	0.58（2.43）	0.61（2.55）
赖氨酸	%	1.00	0.68	0.70
蛋氨酸	%	0.37	0.27	0.34
蛋氨酸＋胱氨酸	%	0.74	0.55	0.64
苏氨酸	%	0.66	0.55	0.62
色氨酸	%	0.20	0.18	0.19
精氨酸	%	1.18	0.98	1.02
亮氨酸	%	1.27	1.01	1.07
异亮氨酸	%	0.71	0.59	0.60
苯丙氨酸	%	0.64	0.53	0.54
苯丙氨酸＋酪氨酸	%	1.18	0.98	1.00
组氨酸	%	0.31	0.26	0.27
脯氨酸	%	0.50	0.34	0.44
缬氨酸	%	0.73	0.60	0.62
甘氨酸＋丝氨酸	%	0.82	0.68	0.71
钙	%	0.90	0.80	2.00
总磷	%	0.70	0.60	0.55
非植酸磷	%	0.40	0.35	0.32
钠	%	0.15	0.15	0.15
氯	%	0.15	0.15	0.15
铁	mg/kg	80	60	60
铜	mg/kg	8	6	8
锌	mg/kg	60	40	80
锰	mg/kg	60	40	80

（续附表 2－1）

营养指标	单位	0～8 周龄	9～18 周龄	19 周龄～开产
碘	mg/kg	0.35	0.35	0.35
硒	mg/kg	0.30	0.30	0.30
亚油酸	%	1.0	1.0	1.0
维生素 A	IU/kg	4 000	4 000	4 000
维生素 D	IU/kg	800	800	800
维生素 E	IU/kg	10	8	8
维生素 K	mg/kg	0.5	0.5	0.5
硫胺素	mg/kg	1.8	1.3	1.3
核黄素	mg/kg	3.6	1.8	2.2
泛酸	mg/kg	10	10	10
烟酸	mg/kg	30	11	11
吡哆醇	mg/kg	3	3	3
生物素	mg/kg	0.15	0.10	0.10
叶酸	mg/kg	0.55	0.25	0.25
维生素 B_{12}	mg/kg	0.01	0.003	0.004
胆碱	mg/kg	1 300	900	500

注：根据中型体重鸡制订，轻型鸡可酌减 10.0%，开产日龄按 5.0% 产蛋率计算

表附 2－2　产蛋鸡营养需要

营养指标	单位	开产—高峰期（>85%）	高峰期（<85%）	种鸡
代谢能 ME	MJ/kg（Mcal/kg）	11.29（2.70）	10.87（2.65）	11.29（2.70）
粗蛋白质 CP	%	16.5	15.5	18.0
蛋白能量比 CP/ME	g/MJ（g/Mcal）	14.61（61.11）	14.26（58.49）	15.94（66.67）
赖氨酸能量比 Lys/ME	g/MJ（g/Mcal）	0.64（2.67）	0.61（2.54）	0.63（2.63）
赖氨酸	%	0.75	0.70	0.75
蛋氨酸	%	0.34	0.32	0.34
蛋氨酸＋胱氨酸	%	0.65	0.56	0.65
苏氨酸	%	0.55	0.50	0.55
色氨酸	%	0.16	0.15	0.16
精氨酸	%	0.76	0.69	0.76
亮氨酸	%	1.02	0.98	1.02
异亮氨酸	%	0.72	0.66	0.72

（续附表 2－2）

营养指标	单位	开产—高峰期（>85%）	高峰期（<85%）	种鸡
苯丙氨酸	%	0.58	0.52	0.58
苯丙氨酸＋酪氨酸	%	1.08	1.06	1.08
组氨酸	%	0.25	0.23	0.25
缬氨酸	%	0.59	0.54	0.59
甘氨酸＋丝氨酸	%	0.57	0.48	0.57
可利用赖氨酸	%	0.66	0.60	—
可利用蛋氨酸	%	0.32	0.30	—
钙	%	3.5	3.5	3.5
总磷	%	0.60	0.60	0.60
非植酸磷	%	0.32	0.32	0.32
钠	%	0.15	0.15	0.15
氯	%	0.15	0.15	0.15
铁	mg/kg	60	60	60
铜	mg/kg	8	8	6
锰	mg/kg	60	60	60
锌	mg/kg	80	80	60
碘	mg/kg	0.35	0.35	0.35
硒	mg/kg	0.30	0.30	0.30
亚油酸	%	1.0	1.0	1.0
维生素 A	IU/kg	8 000	8 000	10 000
维生素 D	IU/kg	1 600	1 600	2 000
维生素 E	IU/kg	5	5	10
维生素 K	mg/kg	0.5	0.5	0.5
硫胺素	mg/kg	0.8	0.8	0.8
核黄素	mg/kg	2.5	2.5	3.8
泛酸	mg/kg	2.2	2.2	10
烟酸	mg/kg	20	20	30
吡哆醇	mg/kg	3.0	3.0	4.5
生物素	mg/kg	0.10	0.10	0.15
叶酸	mg/kg	0.25	0.25	0.35
维生素 B_{12}	mg/kg	0.004	0.004	0.004
胆碱	mg/kg	500	500	500

附表2-3 肉用仔鸡营养需要（一）

营养指标	单位	0~3周龄	4~6周龄	7周龄
代谢能 ME	MJ/kg（Mcal/kg）	12.54（3.00）	12.96（3.10）	13.17（3.15）
粗蛋白质 CP	%	21.5	20.0	18.0
蛋白能量比 CP/ME	g/MJ（g/Mcal）	17.14（71.67）	15.43（64.52）	13.67（57.14）
赖氨酸能量比 Lys/ME	g/MJ（g/Mcal）	0.92（3.83）	0.77（3.23）	0.67（2.81）
赖氨酸	%	1.15	1.00	0.87
蛋氨酸	%	0.50	0.40	0.34
蛋氨酸+胱氨酸	%	0.91	0.76	0.65
苏氨酸	%	0.81	0.72	0.68
色氨酸	%	0.21	0.18	0.17
精氨酸	%	1.20	1.12	1.01
亮氨酸	%	1.26	1.05	0.94
异亮氨酸	%	0.81	0.75	0.63
苯丙氨酸	%	0.71	0.66	0.58
苯丙氨酸+酪氨酸	%	1.27	1.15	1.00
组氨酸	%	0.35	0.32	0.27
缬氨酸	%	0.85	0.74	0.64
甘氨酸+丝氨酸	%	1.24	1.10	0.96
钙	%	1.00	0.90	0.80
总磷	%	0.68	0.65	0.60
非植酸磷	%	0.20	0.15	0.15
钠	%	0.20	0.15	0.15
氯	%	0.15	0.15	0.15
铁	mg/kg	100	80	80
铜	mg/kg	8	8	8
锰	mg/kg	120	100	80
锌	mg/kg	100	80	80
碘	mg/kg	0.70	0.70	0.70
硒	mg/kg	0.30	0.30	0.30
亚油酸	%	1.0	1.0	1.0
维生素 A	IU/kg	8 000	6 000	2 700
维生素 D	IU/kg	1 000	750	400

（续附表 2-3）

营养指标	单位	0~3 周龄	4~6 周龄	7 周龄
维生素 E	IU/kg	20	10	10
维生素 K	mg/kg	0.5	0.5	0.5
硫胺素	mg/kg	2.0	2.0	2.0
核黄素	mg/kg	8.0	5.0	5.0
泛酸	mg/kg	10.0	10.0	10.0
烟酸	mg/kg	35.0	30.0	30.0
吡哆醇	mg/kg	3.5	3.0	3.0
生物素	mg/kg	0.18	0.15	0.10
叶酸	mg/kg	0.55	0.55	0.50
维生素 B_{12}	mg/kg	0.010	0.010	0.007
胆碱	mg/kg	1 300	1 000	750

附表 2-4　肉用仔鸡营养需要（二）

营养指标	单位	0~2 周龄	3~6 周龄	7 周龄
代谢能 ME	MJ/kg（Mcal/kg）	12.75（3.05）	12.96（3.10）	13.17（3.15）
粗蛋白质 CP	%	22.0	20.0	17.0
蛋白能量比 CP/ME	g/MJ（g/Mcal）	17.25（71.13）	15.43（64.52）	12.91（53.97）
赖氨酸能量比 Lys/ME	g/MJ（g/Mcal）	0.88（3.67）	0.77（3.23）	0.62（2.60）
赖氨酸	%	1.20	1.00	0.82
蛋氨酸	%	0.52	0.40	0.32
蛋氨酸+胱氨酸	%	0.92	0.76	0.63
苏氨酸	%	0.84	0.72	0.64
色氨酸	%	0.21	0.18	0.16
精氨酸	%	1.25	1.12	0.95
亮氨酸	%	1.32	1.05	0.89
异亮氨酸	%	0.84	0.75	0.59
苯丙氨酸	%	0.74	0.66	0.55
苯丙氨酸+酪氨酸	%	1.32	1.15	0.98
组氨酸	%	0.36	0.32	0.25
脯氨酸	%	0.60	0.54	0.44
缬氨酸	%	0.90	0.74	0.72

（续附表 2－4）

营养指标	单位	0～2 周龄	3～6 周龄	7 周龄
甘氨酸＋丝氨酸	%	1.30	1.10	0.93
钙	%	1.05	0.95	0.80
总磷	%	0.68	0.65	0.60
非植酸磷	%	0.50	0.40	0.35
钠	%	0.20	0.15	0.15
氯	%	0.20	0.15	0.15
铁	mg/kg	120	80	80
铜	mg/kg	10	8	8
锰	mg/kg	120	100	80
锌	mg/kg	120	80	80
碘	mg/kg	0.70	0.70	0.70
硒	mg/kg	0.30	0.30	0.30
亚油酸	%	1.0	1.0	1.0
维生素 A	IU/kg	10 000	6 000	2 700
维生素 D	IU/kg	2 000	1 000	400
维生素 E	IU/kg	30	10	10
维生素 K	mg/kg	1.0	0.5	0.5
硫胺素	mg/kg	2.0	2.0	2.0
核黄素	mg/kg	10.0	5.0	5.0
泛酸	mg/kg	10.0	10.0	10.0
烟酸	mg/kg	45.0	30.0	30.0
吡哆醇	mg/kg	4.0	3.0	3.0
生物素	mg/kg	0.20	0.15	0.10
叶酸	mg/kg	1.00	0.55	0.50
维生素 B_{12}	mg/kg	0.010	0.010	0.007
胆碱	mg/kg	1 500	1 200	750

附表 2-5　肉用种鸡营养需要

营养指标	单位	0~6 周龄	7~18 周龄	19 周龄~开产	开产至高峰期（产蛋>65%）	高峰期后（产蛋<65%）
代谢能 ME	MJ/kg(Mcal/kg)	12.12 (2.90)	11.91 (2.85)	11.70 (2.80)	11.70 (2.80)	11.70 (2.80)
粗蛋白质 CP	%	18.0	15.0	16.0	17.0	16.0
蛋白能量 CP/ME	g/MJ (g/Mcal)	14.85 (62.07)	12.59 (52.63)	13.68 (57.14)	14.53 (60.70)	13.68 (57.14)
赖氨酸能量比	g/MJ (g/Mcal)	0.76 (3.17)	0.55 (2.28)	0.64 (2.68)	0.68 (2.86)	0.64 (2.68)
赖氨酸	%	0.92	0.65	0.75	0.80	0.75
蛋氨酸	%	0.34	0.30	0.32	0.34	0.30
蛋氨酸+胱氨酸	%	0.72	0.56	0.62	0.64	0.60
苏氨酸	%	0.52	0.48	0.50	0.55	0.50
色氨酸	%	0.20	0.17	0.16	0.17	0.16
精氨酸	%	0.90	0.75	0.90	0.90	0.88
亮氨酸	%	1.05	0.81	0.86	0.86	0.81
异亮氨酸	%	0.66	0.58	0.58	0.58	0.58
苯丙氨酸	%	0.52	0.39	0.42	0.51	0.48
苯丙氨酸+酪氨酸	%	1.00	0.77	0.82	0.85	0.80
组氨酸	%	0.26	0.21	0.22	0.24	0.21
脯氨酸	%	0.50	0.41	0.44	0.45	0.42
缬氨酸	%	0.62	0.47	0.50	0.66	0.51
甘氨酸+丝氨酸	%	0.70	0.53	0.55	0.57	0.54
钙	%	1.00	0.90	2.00	3.30	3.50
总磷	%	0.68	0.65	0.65	0.68	0.65
非植酸磷	%	0.45	0.40	0.42	0.45	0.42
钠	%	0.18	0.18	0.18	0.18	0.18
氯	%	0.18	0.18	0.18	0.18	0.18
铁	mg/kg	60	60	80	80	80
铜	mg/kg	6	6	8	8	8
锰	mg/kg	80	80	100	100	100
锌	mg/kg	60	60	80	80	80
碘	mg/kg	0.70	0.70	1.00	1.00	1.00
硒	mg/kg	0.30	0.30	0.30	0.30	0.30
亚油酸	%	1.0	1.0	1.0	1.0	1.0

（续附表 2－5）

营养指标	单位	0～6 周龄	7～18 周龄	19 周龄～开产	开产至高峰期（产蛋>65%）	高峰期后（产蛋<65%）
维生素 A	IU/kg	8 000	6 000	9 000	12 000	12 000
维生素 D	IU/kg	1 600	1 200	1 800	2 400	2 400
维生素 E	IU/kg	20	10	10	30	30
维生素 K	mg/kg	1.5	1.5	1.5	1.5	1.5
硫胺素	mg/kg	1.8	1.5	1.5	2.0	2.0
核黄素	mg/kg	8.0	6.0	6.0	9.0	9.0
泛酸	mg/kg	12.0	10.0	10.0	12.0	12.0
烟酸	mg/kg	30.0	20.0	20.0	35.0	35.0
吡哆醇	mg/kg	3.0	3.0	3.0	4.5	4.5
生物素	mg/kg	0.15	0.10	0.10	0.20	0.20
叶酸	mg/kg	1.00	0.50	0.50	1.20	1.20
维生素 B_{12}	mg/kg	0.010	0.006	0.008	0.012	0.012
胆碱	mg/kg	1 300	900	500	500	500

附表 2－6　肉用种鸡体重与耗料量

周龄	体重（g/只）	耗料量（g/只）	累计耗料量（g/只）
1	90	100	100
2	185	168	268
3	340	231	499
4	430	266	765
5	520	287	1 052
6	610	301	1 353
7	700	322	1 675
8	795	336	2 011
9	890	357	2 368
10	985	378	2 746
11	1 080	406	3 152
12	1 180	434	3 586
13	1 280	462	4 048
14	1 380	497	4 545
15	1 480	518	5 063

（续附表 2－6）

周龄	体重（g/只）	耗料量（g/只）	累计耗料量（g/只）
16	1 595	553	5 616
17	1 710	588	6 204
18	1 840	630	6 834
19	1 970	658	7 492
20	2 100	707	8 199
21	2 250	749	8 948
22	2 400	798	9 746
23	2 550	847	10 593
24	2 710	896	11 489
25	2 870	952	12 441
29	3 477	1 190	13 631
33	3 603	1 169	14 800
43	3 608	1 141	15 941
58	3 782	1 064	17 005

附录三：羊饲养标准

NY/T 816－2004

附表 3－1 生长肥育绵羊羔羊每日营养需要量

体重 (kg)	日增重 (kg/d)	干物质采食量 (kg/d)	消化能 (MJ/d)	代谢能 (MJ/d)	粗蛋白质 (g/d)	钙 (g/d)	总磷 (g/d)	食盐 (g/d)
4	0.1	0.12	1.92	1.88	35	0.9	0.5	0.6
4	0.2	0.12	2.8	2.72	62	0.9	0.5	0.6
4	0.3	0.12	3.68	3.56	90	0.9	0.5	0.6
6	0.1	0.13	2.55	2.47	36	1	0.5	0.6
6	0.2	0.13	3.43	3.36	62	1	0.5	0.6
6	0.3	0.13	4.18	3.77	88	1	0.5	0.6
8	0.1	0.16	3.1	3.01	36	1.3	0.7	0.7
8	0.2	0.16	4.06	3.39	62	1.3	0.7	0.7
8	0.3	0.16	5.02	4.6	88	1.3	0.7	0.7
10	0.1	0.24	3.97	3	54	1.4	0.75	1.1
10	0.2	0.24	5.02	4	87	1.4	0.75	1.1
10	1.3	0.24	8.28	5.86	121	1.4	0.75	1.1
12	0.1	0.32	4.6	4.14	56	1.5	0.8	1.3
12	0.2	0.32	5.44	5.02	90	1.5	0.8	1.3
12	0.3	0.32	7.11	8.28	122	1.5	0.8	1.3
14	0.1	0.4	5.02	4.6	59	1.8	1.2	1.7
14	0.2	0.4	8.28	5.86	91	1.8	1.2	1.7
14	0.3	0.4	7.53	6.69	123	1.8	1.2	1.7
16	0.1	0.48	5.44	5.02	60	2.2	1.5	2
16	0.2	0.48	7.11	8.28	92	2.2	1.5	2
16	0.3	0.48	8.37	7.53	164	2.2	1.5	2
18	0.1	0.56	8.28	5.86	63	2.5	1.7	2.3
18	0.2	0.56	7.95	7.11	95	2.5	1.7	2.3
18	0.3	0.56	8.79	1.95	127	2.5	1.7	2.3
20	0.1	0.64	7.11	8.28	65	2.9	1.9	2.6
20	0.2	0.64	8.37	7.53	96	2.9	1.9	2.6
20	0.3	0.64	9.62	8.79	128	2.9	1.9	2.6

注 1：表中日粮干物质进食量（DMI）、消化能（DE）、代谢能（ME）、粗蛋白质（CP）、钙、总磷、食盐每日需要量推荐数值参考自内蒙古自治区地方标准《细毛羊饲养标准》（DB15、T30－92）

注 2：日粮中添加的食用盐应符合 GB 5461 中的规定

附表 3－2　育成母绵羊每日营养需要量

体重 (kg)	日增重 (kg/d)	干物质采食量 (kg/d)	消化能 (MJ/d)	代谢能 (MJ/d)	粗蛋白质 (g/d)	钙 (g/d)	总磷 (g/d)	食盐 (g/d)
25	0	0.8	5.86	4.6	47	3.6	1.8	3.3
25	0.03	0.8	6.7	5.44	69	3.6	1.8	3.3
25	0.06	0.8	7.11	5.86	90	3.6	1.8	3.3
25	0.09	0.8	8.37	6.69	112	3.6	1.8	3.3
30	0	1	6.7	5.44	54	4	2	4.1
30	0.03	1	7.95	6.28	75	4	2	4.1
30	0.06	1	8.79	7.11	96	4	2	4.1
30	0.09	1	9.2	7.53	117	4	2	4.1
35	0	1.2	7.95	6.28	61	4.5	2.3	5
35	0.03	1.2	8.79	7.11	82	4.5	2.3	5
35	0.06	1.2	9.62	7.95	103	4.5	2.3	5
35	0.09	1.2	10.88	8.79	123	4.5	2.3	5
40	0	1.4	8.37	6.69	67	4.5	2.3	5.8
40	0.03	1.4	9.62	7.95	88	4.5	2.3	5.8
40	0.06	1.4	10.88	8.79	108	4.5	2.3	5.8
40	0.09	1.4	12.55	10.04	129	4.5	2.3	5.8
45	0	1.5	9.2	8.79	94	5	2.5	6.2
45	0.03	1.5	10.88	9.62	114	5	2.5	6.2
45	0.06	1.5	11.71	10.88	135	5	2.5	6.2
45	0.09	1.5	13.39	12.1	80	5	2.5	6.2
50	0	1.6	9.62	7.95	88	5	2.5	6.6
50	0.03	1.6	11.3	9.2	100	5	2.5	6.6
50	0.06	1.6	13.39	10.88	120	5	2.5	6.6
50	0.09	1.6	15.06	12.13	140	5	2.5	6.6

注 1：表中日粮干物质进食量（DMI）、消化能（DE）、代谢能（ME）、粗蛋白质（CP）、钙、总磷、食盐每日需要量推荐数值参考自内蒙古自治区地方标准《细毛羊饲养标准》（DB15、T30－92）

注 2：日粮中添加的食盐应符合 GB 5461 中的规定

附表 3-3　育成公绵羊营养需要量

体重（kg）	日增重（kg/d）	干物质采食量（kg/d）	消化能（MJ/d）	代谢能（MJ/d）	粗蛋白质（g/d）	钙（g/d）	总磷（g/d）	食盐（g/d）
20	0.05	0.9	8.17	6.7	95	2.4	1.1	7.6
20	0.1	0.9	9.76	8	114	3.3	1.5	7.6
20	0.15	1	12.2	10	132	4.3	2	7.6
25	0.05	1	8.78	7.2	105	8.8	1.3	7.6
25	0.1	1	10.98	9	123	3.7	1.7	7.6
25	0.15	1.1	13.54	11.1	142	4.6	2.1	7.6
30	0.05	1.1	10.37	8.5	114	3.2	1.4	8.6
30	0.1	1.1	12.2	10	132	4.1	1.9	8.6
30	0.15	1.2	14.76	12.1	150	5	2.3	8.6
35	0.05	1.2	11.34	9.3	122	3.5	1.6	8.6
35	0.1	1.2	13.29	10.9	140	4.5	2	8.6
35	0.15	1.3	16.1	13.2	159	5.4	2.5	8.6
40	0.05	1.3	12.44	10.2	130	3.9	1.8	9.6
40	0.1	1.3	14.39	11.8	149	4.8	2.2	9.6
40	0.15	1.3	17.32	14.2	167	5.8	2.6	9.6
45	0.05	1.3	13.54	11.1	138	4.3	1.9	9.6
45	0.1	1.3	15.49	12.7	150	5.2	2.9	9.6
45	0.15	1.4	18.66	15.3	175	6.1	2.8	9.6
50	0.05	1.4	14.39	11.8	146	4.7	2.1	11
50	0.1	1.4	16.59	13.6	165	5.6	2.5	11
50	0.15	1.5	19.76	16.2	182	6.5	3	11
55	0.05	1.5	15.37	12.6	153	5	2.3	11
55	0.1	1.5	17.68	14.5	172	6	2.7	11
55	0.15	1.6	20.98	17.2	190	6.9	3.1	11
60	0.05	1.6	16.34	13.4	161	5.4	2.4	12
60	0.1	1.6	18.78	15.4	179	6.3	2.9	12
60	0.15	1.7	22.2	18.2	198	7.3	3.3	12

注 1：表中日粮干物质进食量（DMI）、消化能（DE）、代谢能（ME）、粗蛋白质（CP）、钙、总磷、食用盐每日需要量推荐数值参考自内蒙古自治区地方标准《细毛羊饲养标准》（DB15、T30－92）

注 2：日粮中添加的食用盐应符合 GB 5461 中的规定

附表 3-4 育肥羊每日营养需要量

体重（kg）	日增重（kg/d）	干物质采食量（kg/d）	消化能（MJ/d）	代谢能（MJ/d）	粗蛋白质（g/d）	钙（g/d）	总磷（g/d）	食盐（g/d）
20	0.1	0.8	9	8.4	111	1.9	1.8	7.6
20	0.2	0.9	11.3	9.3	158	2.8	2.4	7.6
20	0.3	1	13.6	11.2	183	3.8	3.1	7.6
20	0.45	1	15.01	11.82	210	4.6	3.7	7.6
25	0.1	0.9	10.5	8.6	121	2.2	2	7.6
25	0.2	1	13.2	10.8	168	3.2	2.7	7.6
25	0.3	1.1	15.8	13	191	4.3	3.4	7.6
25	0.45	1.1	17.45	14.35	218	5.4	4.2	7.6
30	0.1	1	12	9.8	132	2.5	2.2	8.6
30	0.2	1.1	15	12.3	178	3.6	3	8.6
30	0.3	1.2	18.1	14.8	200	4.8	3.8	8.6
30	0.45	1.2	19.95	16.34	351	6	4.6	8.6
35	0.1	1.2	13.4	11.1	141	2.8	2.5	8.6
35	0.2	1.3	16.9	13.8	187	4	3.3	8.6
35	0.3	1.3	18.2	16.6	207	5.2	4.1	8.6
35	0.45	1.3	20.19	18.26	233	6.4	5	8.6
40	0.1	1.3	14.9	12.2	143	3.1	2.7	9.6
40	0.2	1.3	18.8	15.3	183	4.4	3.6	9.6
40	0.3	1.4	22.6	18.4	204	5.7	4.5	9.6
40	0.45	1.4	24.99	20.3	227	7	5.4	9.6
45	0.1	1.4	16.4	13.4	152	3.4	2.9	9.6
45	0.2	1.4	20.6	16.8	192	4.8	3.9	9.6
45	0.3	1.5	24.8	20.3	210	6.2	4.9	9.6
45	0.45	1.5	27.38	22.39	233	7.4	6	9.6
50	0.1	1.5	17.9	14.6	159	3.7	3.2	11
50	0.2	1.6	22.5	18.3	198	5.2	4.2	11
50	0.3	1.6	27.2	22.1	215	6.7	5.2	11
50	0.45	1.6	30.03	24.3	237	8.5	6.5	11

注 1：表中日粮干物质进食量（DMI）、消化能（DE）、代谢能（ME）、粗蛋白质（CP）、钙、总磷、食用盐每日需要量推荐数值参考自内蒙古自治区地方标准《细毛羊饲养标准》（DB15、T30-92）

注 2：日粮中添加的食用盐应符合 GB 5461 中的规定

附表 3-5　妊娠母绵羊每日营养需要量

妊娠阶段	体重(kg)	干物质采食量(kg/d)	消化能(MJ/d)	代谢能(MJ/d)	粗蛋白质 g./d	钙(g/d)	总磷(g/d)	食盐(g/d)
前期[a]	40	1.6	12.55	10.46	116	3	2	6.6
	50	1.8	15.06	12.55	124	3.2	2.5	7.5
	60	2	15.9	13.39	132	4	3	8.3
	70	2.2	16.74	14.23	141	4.5	3.5	9.1
后期[b]	40	1.8	15.06	12.55	146	6	3.5	7.5
	45	1.9	15.9	13.39	152	6.5	3.7	7.9
	50	2	16.74	14.23	159	7	3.9	8.3
	55	2.1	17.99	15.06	165	7.5	4.1	8.7
	60	2.2	18.83	15.9	172	8	4.3	9.1
	65	2.3	19.66	16.74	180	8.5	4.5	9.5
	70	2.4	20.92	17.57	187	9	4.7	9.9
后期[c]	40	1.8	16.74	14.23	167	7	4	7.9
	45	1.9	17.99	15.06	176	7.5	4.3	8.3
	50	2	19.25	16.32	184	8	4.6	8.7
	55	2.1	20.5	17.15	193	8.5	5	9.1
	60	2.2	21.76	18.41	203	9	5.3	9.5
	65	2.3	22.59	19.25	214	9.5	5.4	9.9
	70	2.4	24.27	20.5	226	10	5.6	11

注1：表中日粮干物质进食量（DMI）、消化能（DE）、代谢能（ME）、粗蛋白质（CP）、钙、总磷、食用盐每日需要量推荐数值参考自内蒙古自治区地方标准《细毛羊饲养标准》（DB15、T30-92）

注2：日粮中添加的食用盐应符合 GB 5461 中的规定

[a]指妊娠期的第1个月至第5个月

[b]指母羊怀单羔妊娠期的第4个月至第5个月

[c]指母羊怀双羔妊娠期的第4个月至第5个月

附表 3-6　泌乳母绵羊每日营养需要量

体重(kg)	日泌乳量(kg/d)	干物质采食量(kg/d)	消化能(MJ/d)	代谢能(MJ/d)	粗蛋白质(g/d)	钙(g/d)	总磷(g/d)	食盐(g/d)
40	0.2	2	12.97	10.46	119	7	4.3	8.3
40	0.4	2	15.48	12.55	139	7	4.3	8.3
40	0.6	2	17.99	14.67	157	7	4.3	8.3
40	0.8	2	20.5	16.74	176	7	4.3	8.3
40	1	2	23.01	18.83	196	7	4.3	8.3

（续附表 3 - 6）

体重（kg）	日泌乳量（kg/d）	干物质采食量（kg/d）	消化能（MJ/d）	代谢能（MJ/d）	粗蛋白质 g./d	钙（g/d）	总磷（g/d）	食盐（g/d）
40	1.2	2	25.94	20.92	216	7	4.3	8.3
40	1.4	2	28.45	23.01	236	7	4.3	8.3
40	1.6	2	30.96	25.1	254	7	4.3	8.3
40	1.8	2	33.47	27.2	274	7	4.3	8.3
50	0.2	2.2	15.06	12.13	122	7.5	4.7	9.1
50	0.4	2.2	17.57	14.23	142	7.5	4.7	9.1
50	0.6	2.2	20.08	16.32	162	7.5	4.7	9.1
50	0.8	2.2	22.59	18.41	180	7.5	4.7	9.1
50	1	2.2	25.1	20.5	200	7.5	4.7	9.1
50	1.2	2.2	28.03	22.59	219	7.5	4.7	9.1
50	1.4	2.2	30.54	24.69	239	7.5	4.7	9.1
50	1.6	2.2	33.05	26.78	257	7.5	4.7	9.1
50	1.8	2.2	35.56	28.87	277	7.5	4.7	9.1

注 1：表中日粮干物质进食量（DMI）、消化能（DE）、代谢能（ME）、粗蛋白质（CP）、钙、总磷、食用盐每日需要量推荐数值参考自内蒙古自治区地方标准《细毛羊饲养标准》（DB15、T30 - 92）

注 2：日粮中添加的食用盐应符合 GB 5461 中的规定

附表 3 - 7　肉用绵羊对日粮硫、维生素、微量矿物质元素需要量

（以干物质为基础[a]）

体重阶段	生长羔羊 4～20 kg	育成母羊 25～50 kg	育成公羊 20～70 kg	育肥羊 20～50 kg	妊娠母羊 40～70 kg	泌乳母羊 40～70 kg	最大耐受浓度[b]
硫（g/d）	0.24～1.2	1.4～2.9	2.8～3.5	2.8～3.5	2.0～3.0	2.5～3.7	—
维生素 A（IU/d）	188～940	1 175～2 350	940～3 290	940～2 350	1 880～3 948	1 880～3 434	—
维生素 D（IU/d）	26～132	137～275	111～389	111～278	222～440	222～380	—
维生素 E（IU/d）	2.4～12.8	12～24	12～29	12～23	18～35	26～34	—
钴（mg/kg）	0.018～0.096	0.12～0.24	0.21～0.33	0.2～0.35	0.27～0.36	0.3～0.39	10
铜[a]（mg/kg）	0.97～5.2	6.5～13	11～18	11～19	16～22	13～18	25
碘（mg/kg）	0.08～0.46	0.58～1.2	1.0～1.6	0.94～1.7	1.3～1.7	1.4～1.9	50
铁（mg/kg）	4.3～23	29～58	50～79	47～83	65～86	72～94	500
锰（mg/kg）	2.2～12	14～29	25～40	23～41	32～44	36～47	1 000
硒（mg/kg）	0.016～0.086	0.11～0.22	0.19～0.30	0.18～0.31	0.24～0.31	0.27～0.35	2
锌（mg/kg）	2.7～14	18～36	50～79	29～52	53～71	59～77	750

注：表中维生素 A、维生素 D、维生素 E 每日需要量数据参考自 NRC（1985）；维生素 A 最低需要量 47.0 IU/kg 体重，1.0 mg β - 胡萝卜素效价相当于 681.0 IU 维生素 A；维生素 D 需要量早期断奶羔羊最低需要量为 5.55 IU/kg 体重；其他生产阶段绵羊对维生素 D 的最低需要量为 6.66 IU/kg 体重，1.0 IU 维生素 D 相当于 0.025 μg 胆钙化醇；维生素 E 需要量体重低于 20.0 kg 的羔羊对维生素 E 的最低需要量为 20.0 IU/kg 干物质进食量，体重低于大于 20.0 kg 的各生产阶段绵羊对维生素 E 的最低需要量为 15.0 IU/kg 干物质进食量，1.0 IU 维生素 E 效价相当于 1.0 mg，DL - α - 生育酚醋酸脂

[a] 当日粮中钼含量大于 3.0 mg/kg 时，铜的添加量要在表总推荐值基础上增加 1 倍

[b] 参考自 NRC（1985）提供的估计数据

附表3-8 生长育肥山羊羔羊每日营养需要量

体重(kg)	日增重(kg/d)	干物质采食量(kg/d)	消化能(MJ/d)	代谢能(MJ/d)	粗蛋白质(g/d)	钙(g/d)	总磷(g/d)	食盐(g/d)
1	0	0.12	0.55	0.46	3	0.1	0	0.6
1	0.02	0.12	0.71	0.6	9	0.8	0.5	0.6
1	0.04	0.12	0.89	0.75	14	1.5	1	0.6
2	0	0.13	0.9	0.76	5	0.1	0.1	0.7
2	0.02	0.13	1.08	0.91	11	0.8	0.6	0.7
2	0.04	0.13	1.26	1.06	16	1.6	1	0.7
2	0.06	0.13	1.43	1.2	22	2.3	1.5	0.7
4	0	0.18	1.64	1.38	9	0.3	0.2	0.9
4	0.02	0.18	1.93	1.62	16	1	0.7	0.9
4	0.04	0.18	2.2	1.85	22	1.7	1.1	0.9
4	0.06	0.18	2.4	2.08	29	2.4	1.6	0.9
4	0.08	0.18	2.76	2.32	35	3.1	2.1	0.9
6	0	0.27	2.29	1.88	11	0.4	0.3	1.3
6	0.02	0.27	2.32	1.9	22	1.1	0.7	1.3
6	0.04	0.27	3.06	2.51	33	1.8	1.2	1.3
6	0.06	0.27	3.79	3.11	44	2.5	1.7	1.3
6	0.08	0.27	4.54	3.72	55	3.3	2.2	1.3
8	0	0.33	1.96	1.61	13	0.5	0.4	1.7
8	0.02	0.33	3.05	2.5	24	1.2	0.8	1.7
8	0.04	0.33	4.11	3.37	36	2	1.3	1.7
8	0.06	0.33	5.18	4.25	47	2.7	1.8	1.7
8	0.08	0.33	6.26	5.13	58	3.4	2.3	1.7
8	0.1	0.33	7.33	6.01	69	4.1	2.7	1.7
10	0	0.46	2.33	1.91	16	0.7	0.4	2.3
10	0.02	0.48	3.73	3.06	27	1.4	0.9	2.4
10	0.04	0.5	5.15	4.22	38	2.1	1.4	2.5
10	0.06	0.52	6.55	5.37	49	2.8	1.9	2.6

（续附表3-8）

体重（kg）	日增重（kg/d）	干物质采食量（kg/d）	消化能（MJ/d）	代谢能（MJ/d）	粗蛋白质（g/d）	钙（g/d）	总磷（g/d）	食盐（g/d）
10	0.08	0.54	7.96	6.53	60	3.5	2.3	2.7
10	0.1	0.56	9.38	7.69	72	4.2	2.8	2.8
12	0	0.48	2.67	2.19	18	0.8	0.5	2.4
12	0.02	0.5	4.41	3.62	29	1.5	1	2.5
12	0.04	0.52	6.16	5.05	40	2.2	1.5	2.6
12	0.06	0.54	7.9	6.48	52	2.9	2	2.7
12	0.08	0.56	9.65	7.91	63	3.7	2.4	2.8
12	0.1	0.58	11.3	9.35	74	4.4	2.9	2.9
14	0	0.5	2.99	2.45	20	0.9	0.6	2.5
14	0.02	0.52	5.07	4.16	31	1.6	1.1	2.6
14	0.04	0.54	7.16	5.87	43	2.4	1.6	2.7
14	0.06	0.56	9.24	7.58	54	3.1	2	2.8
14	0.08	0.58	11.33	9.29	65	3.8	2.5	2.9
14	0.1	0.6	13.4	10.99	76	4.5	3	3
16	0	0.52	3.3	2.71	22	1.1	0.7	2.6
16	0.02	0.54	5.73	4.7	34	1.8	1.2	2.7
16	0.04	0.56	8.15	6.68	45	2.5	1.7	2.8
16	0.06	0.58	10.56	8.66	56	3.2	2.1	2.9
16	0.08	0.6	12.99	10.65	67	3.9	2.6	3.0
16	0.1	0.62	15.43	12.65	78	4.6	3.1	3.1

注1：表中0~8 kg体重阶段肉用绵羊羔羊日粮干物质进食量（DMI）按每千克体重0.07 kg估算；体重大于10 kg时，按中国农业科学院畜牧研究所2003年提供的如下公式计算获得：

$DMI = (26.45 \times W_{0.75} + 0.99 \times ADG) / 1\,000$

式中：DMI—干物质进食量，单位为千克每天（kg/d）

W—体重，单位为千克（kg）

ADG—日增重，单位为克每天（g/d）

注2：表中代谢能ME粗蛋白质CP数值参考自杨在宾等（1997）对青山羊数据资料

注3：表中消化能（DE）需要量数值根据ME/0.82估算

注4：表中钙需要量按附表3-14中提供参数估算得到，总磷需要量根据钙磷为1.5：1估算获得

注5：日粮中添加的食用盐应符合GB5461中的规定

附表 3-9　山羊对微量矿物质元素需要量（以进食日粮干物质为基础）

微量元素	推荐量（mg/kg）
铁（Fe）	30 ~ 40
铜（Cu）	10 ~ 20
钴（Co）	0.11 ~ 0.20
碘（I）	0.15 ~ 2.00
锰（Mn）	60 ~ 120
锌（Zn）	50 ~ 80
硒（Se）	0.05

注：表中推荐量数值参考自 AFRC（1998），以进食日粮干物质为基础

附表 3-10　育肥山羊每日营养需要量

体重（kg）	日增重（kg/d）	干物质采食量（kg/d）	消化能（MJ/d）	代谢能（MJ/d）	粗蛋白质（g/d）	钙（g/d）	总磷（g/d）	食盐（g/d）
15	0	0.51	5.36	4.4	43	1	0.7	2.6
15	0.5	0.56	5.83	4.78	54	2.8	1.9	2.8
15	0.1	0.61	6.29	5.15	64	4.6	3	3.1
15	0.15	0.66	6.75	5.54	74	6.4	4.2	3.3
15	0.2	0.71	7.21	5.91	84	8.1	5.4	3.6
20	0	0.56	6.44	5.28	47	1.3	0.9	2.8
20	0.05	0.61	6.91	5.66	57	3.1	2.1	3.1
20	0.1	0.66	7.37	6.04	67	4.9	3.3	3.3
20	0.15	0.71	7.83	6.42	77	6.7	4.5	3.6
20	0.2	0.76	8.29	6.8	87	8.5	5.6	3.8
25	0	0.61	7.46	6.12	50	1.7	1.1	3
25	0.05	0.66	7.92	6.49	60	3.5	2.3	3.3
25	0.1	0.71	8.38	6.87	70	5.2	3.5	3.5
25	0.15	0.76	8.84	7.25	81	7	4.7	3.8
25	0.2	0.81	9.31	7.63	91	8.8	5.9	4
30	0	0.65	8.42	6.9	53	2	1.3	3.3
30	0.05	0.7	8.88	7.28	63	3.8	2.5	3.5
30	0.1	0.75	9.35	7.66	74	5.6	3.7	3.8

（续附表 3－10）

体重（kg）	日增重（kg/d）	干物质采食量（kg/d）	消化能（MJ/d）	代谢能（MJ/d）	粗蛋白质（g/d）	钙（g/d）	总磷（g/d）	食盐（g/d）
30	0.15	0.8	9.81	8.04	84	7.4	4.9	4
30	0.2	0.85	10.27	8.42	94	9.1	6.1	4.2

注 1：表中干物质进食量（DMI）、消化能（DE）、代谢能（ME）、粗蛋白质（CP）数值来源于中国农业科学院畜牧所（2003），具体的计算公式如下：

DMI，$kg/d=(26.45\times W_{0.75}+0.99\times ADG)/1\,000$

DE，$MJ/d=4.184\times(1401.6\times LBW_{0.75}+2.21\times ADG+210.3)/1\,000$

ME，$MJ/d=4.184\times(10.475\times ADG+95.19)\times LBW_{0.75}/1\,000$

CP，$g/d=28.86+1.905\times LBW_{0.75}+0.2024\times ADG$

以上式中：

DMI—干物质进食量，单位为千克每天（kg/d）；

DE—消化能，单位为兆焦每天（MJ/d）；

ME—代谢能，单位为兆焦每天（MJ/d）；

CP—粗蛋白质，单位为克每天（g/d）；

LBW—活体重，单位为千克（kg）；

ADF—平均日增重，单位为克每天（g/d）。

注 2：表中钙、总磷每日需要量来源见附表 3－8 中注 4

注 3：日粮中添加的食盐应符合 GB5461 中的规定

附表 3－11　后备公山羊每日营养需要量

体重（kg）	日增重（kg/d）	干物质采食量（kg/d）	消化能（MJ/d）	代谢能（MJ/d）	粗蛋白质（g/d）	钙（g/d）	总磷（g/d）	食盐（g/d）
12	0	0.48	3.78	3.1	24	0.8	0.5	2.4
12	0.02	0.5	4.1	3.36	32	1.5	1	2.5
12	0.04	0.52	4.43	3.63	40	2.2	1.5	2.6
12	0.06	0.54	4.74	3.89	49	2.9	2	2.7
12	0.08	0.56	5.06	4.15	57	3.7	2.4	2.8
12	0.1	0.58	5.38	4.41	66	4.4	2.9	2.9
15	0	0.51	4.48	3.67	28	1	0.7	2.6
15	0.02	0.53	5.28	4.33	36	1.7	1.1	2.7
15	0.04	0.55	6.1	5	45	2.4	1.6	2.8
15	0.06	0.57	5.7	4.67	53	3.1	2.1	2.9
15	0.08	0.59	7.72	6.33	61	3.9	2.6	3
15	0.1	0.61	8.54	7	70	4.6	3	3.1
18	0	0.54	5.12	4.2	32	1.2	0.8	2.7
18	0.02	0.56	6.44	5.28	40	1.9	1.3	2.8

（续附表 3－11）

体重（kg）	日增重（kg/d）	干物质采食量（kg/d）	消化能（MJ/d）	代谢能（MJ/d）	粗蛋白质（g/d）	钙（g/d）	总磷（g/d）	食盐（g/d）
18	0.04	0.58	7.74	6.35	49	2.6	1.8	2.9
18	0.06	0.6	9.05	7.42	57	3.3	2.2	3
18	0.08	0.62	10.35	8.49	66	4.1	2.7	3.1
18	0.1	0.64	11.66	9.56	74	4.8	3.2	3.2
21	0	0.57	5.76	4.72	36	1.4	0.9	2.9
21	0.02	0.59	7.56	6.2	44	2.1	1.4	3
21	0.04	0.61	9.35	7.67	53	2.8	1.9	3.1
21	0.06	0.63	11.16	9.15	61	3.5	2.4	3.2
21	0.08	0.65	12.9	10.63	70	4.3	2.8	3.3
21	0.1	0.67	14.76	12.1	78	5	3.3	3.4
24	0	0.6	6.37	5.22	40	1.6	1.1	3
24	0.02	0.62	8.66	7.1	48	2.3	1.5	3.1
24	0.04	0.64	10.95	8.98	56	3	2	3.2
24	0.06	0.66	13.27	10.88	65	3.7	2.5	3.3
24	0.08	0.68	15.54	12.74	73	4.5	3	3.4
24	0.1	0.7	17.83	14.62	82	5.2	3.4	3.5

注：日粮中添加的食用盐应符合 G5461 中的规定

附表 3－12　妊娠期母山羊每日营养需要量

妊娠阶段	体重（kg）	干物质采食量（kg/d）	消化能（MJ/d）	代谢能（MJ/d）	粗蛋白质（g/d）	钙（g/d）	总磷（g/d）	食盐（g/d）
空怀期	10	0.39	3.37	2.76	34	4.5	3	2
	15	0.53	4.54	3.72	43	4.8	3.2	2.7
	20	0.66	5.62	4.61	52	5.2	3.4	3.3
	25	0.78	6.63	5.44	60	5.5	3.7	3.9
	30	0.9	7.59	6.22	67	5.8	3.9	4.5
1～90d	10	0.39	4.8	3.94	55	4.5	3	2
	15	0.53	6.82	5.59	65	4.8	3.2	2.7
	20	0.66	8.72	7.15	73	5.2	3.4	3.3
	25	0.78	10.56	8.66	81	5.5	3.7	3.9
	30	0.9	12.34	10.12	89	5.8	3.9	4.5

（续附表 3－12）

妊娠阶段	体重（kg）	干物质采食量（kg/d）	消化能（MJ/d）	代谢能（MJ/d）	粗蛋白质（g/d）	钙（g/d）	总磷（g/d）	食盐（g/d）
91～120d	15	0.53	7.55	6.19	97	4.8	3.2	2.7
	20	0.66	9.51	7.8	105	5.2	3.4	3.3
	25	0.78	11.39	9.34	113	5.5	3.7	3.9
	30	0.9	13.2	10.82	121	5.8	3.9	4.5
120d 以上	15	0.53	8.54	7	124	4.8	3.2	2.7
	20	0.66	10.54	8.64	132	5.2	3.4	3.3
	25	0.78	12.43	10.19	140	5.5	3.7	3.9
	30	0.9	14.27	11.7	148	5.8	3.9	4.5

注：日粮中添加的食用盐应符合 G5461 中的规定。

附表 3－13　山羊对常量矿物质元素每日营养需要量参数

常量元素	维持体重（mg/kg）	妊娠胎儿（g/kg）	泌乳产奶（g/kg）	生长（g/kg）	吸收率（%）
钙（Ca）	20	11.5	1.25	10.7	30
总磷（P）	30	6.6	1.0	6.0	65
镁（mg）	3.5	0.3	0.14	0.4	20
钾（K）	50	2.1	2.1	2.4	90
钠（Na）	15	1.7	0.4	1.6	80
硫（S）	0.16%～0.32%（以进食量干物质为基础）				—

注 1：表中参数参考自 Kessler（1991）和 Haenlein（1987）资料信息。

注 2：表中“—”表示暂无此项数据。

附表 3－14　泌乳前期母山羊每日营养需要量

体重（kg）	日泌乳量（kg/d）	干物质采食量（kg/d）	消化能（MJ/d）	代谢能（MJ/d）	粗蛋白质（g/d）	钙（g/d）	总磷（g/d）	食盐（g/d）
10	0	0.39	3.12	2.56	24	0.7	0.4	2
10	0.5	0.39	5.73	4.7	73	2.8	1.8	2
10	0.75	0.39	7.04	5.77	97	3.8	2.5	2
10	1	0.39	8.34	6.84	122	4.8	3.2	2
10	1.25	0.39	9.65	7.91	146	5.9	3.9	2
10	1.5	0.39	10.95	8.98	170	6.9	4.6	2
15	0	0.53	4.24	3.84	33	1	0.7	2.7
15	0.5	0.53	6.84	5.61	81	3.1	2.1	2.7

（续附表 3－14）

体重（kg）	日泌乳量（kg/d）	干物质采食量（kg/d）	消化能（MJ/d）	代谢能（MJ/d）	粗蛋白质（g/d）	钙（g/d）	总磷（g/d）	食盐（g/d）
15	0.75	0.53	8.15	6.68	106	4.1	2.8	2.7
15	1	0.53	9.45	7.75	130	5.2	31	2.7
15	1.25	0.53	10.76	8.82	154	6.2	4.1	2.7
15	1.5	0.53	12.06	9.89	179	7.3	4.8	2.7
20	0	0.66	5.26	4.31	40	1.3	0.9	3.3
20	0.5	0.66	7.87	6.45	89	3.4	2.3	3.3
20	0.75	0.66	9.17	7.52	114	4.5	3	3.3
20	1	0.66	10.48	8.59	138	5.5	3.7	3.3
20	1.25	0.66	11.78	9.66	162	6.5	4.4	3.3
20	1.5	0.66	13.09	10.73	187	7.5	5.1	3.3
25	0	0.78	6.22	5.1	48	1.7	1.1	3.9
25	0.5	0.78	8.83	7.24	97	3.8	2.5	3.9
25	0.75	0.78	10.13	8.31	121	4.8	3.2	3.9
25	1	0.78	11.44	9.38	145	5.8	3.9	3.9
25	1.25	0.78	12.73	10.44	170	6.9	4.6	3.9
25	1.5	0.78	14.04	11.51	194	7.9	5.3	3.9
30	0	0.9	6.7	5.49	55	2	1.3	4.5
30	0.5	0.9	9.73	7.98	104	4.1	2.7	4.5
30	0.75	0.9	11.04	9.05	128	5.1	3.4	4.5
30	1	0.9	12.34	10.12	152	6.2	4.1	4.5
30	1.25	0.9	13.65	11.19	177	7.2	4.8	4.5
30	1.5	0.9	14.95	12.26	201	8.3	5.5	4.5

注 1：泌乳前期指泌乳第 1 d 至第 30 d

注 2：日粮中添加的食用盐应符合 GB5461 中的规定

附表 3-15　泌乳后期母山羊每日营养需要量

体重(kg)	泌乳量(kg/d)	干物质采食量(kg/d)	消化能(MJ/d)	代谢能(MJ/d)	粗蛋白质(g/d)	钙(g/d)	总磷(g/d)	食盐(g/d)
10	0	0.39	3.71	3.04	22	0.7	0.4	2
10	0.15	0.39	4.67	3.83	48	1.3	0.9	2
10	0.25	0.39	5.3	4.35	65	1.7	1.1	2
10	0.5	0.39	6.9	5.66	108	2.8	1.8	2
10	0.75	0.39	8.5	6.97	151	3.8	2.5	2
10	1	0.39	10.1	8.28	194	4.8	3.2	2
15	0	0.53	5.02	4.12	30	1	0.7	2.7
15	0.15	0.53	5.09	4.91	55	1.6	1.1	2.7
15	0.25	0.53	6.62	5.43	73	2	1.4	2.7
15	0.5	0.53	8.22	6.74	116	3.1	2.1	2.7
15	0.75	0.53	9.82	8.05	159	4.1	2.8	2.7
15	1	0.53	11.41	9.36	201	5.2	3.4	2.7
20	0	0.66	6.24	5.12	37	1.3	0.9	3.3
20	0.15	0.66	7.2	5.9	63	2	1.3	3.3
20	0.25	0.66	7.84	6.43	80	2.4	1.6	3.3
20	0.5	0.66	9.44	7.74	123	3.4	2.3	3.3
20	0.75	0.66	11.04	9.05	166	4.5	3	3.3
20	1	0.66	12.63	10.36	209	5.5	3.7	3.3
25	0.15	0.78	7.38	6.05	44	1.7	1.1	3.9
25	0.15	0.78	8.34	6.84	69	2.3	1.5	3.9
25	0.25	0.78	8.98	7.36	87	2.7	1.8	3.9
25	0.5	0.78	10.57	8.67	129	3.8	2.5	3.9
25	0.75	0.78	12.17	9.98	172	4.8	3.2	3.9
25	1	0.78	13.77	11.29	215	5.8	3.9	3.9
30	0	0.9	8.46	6.94	50	2	1.3	4.5
30	0.15	0.9	9.41	7.72	76	2.6	1.8	4.5
30	0.25	0.9	10.06	8.25	93	3	2	4.5
30	0.5	0.9	11.66	9.56	136	4.1	2.7	4.5
30	0.75	0.9*0	13.24	10.86	179	5.1	3.4	4.5
30	1	0.9	14.85	12.18	222	6.2	4.1	4.5

注 1：泌乳前期指泌乳第 31 d 至第 70 d

注 2：日粮中添加的食用盐应符合 GB5461 中的规定

附录四：牛饲养标准

NY/T 34－2004

附表4－1　成年母牛维持的营养需要

体重（kg）	日粮干物质（kg）	奶牛能量单位（NND）	产奶净能（Mcal）	产奶净能（MJ）	可消化粗蛋白质（g）	小肠可消化粗蛋白质（g）	钙（g）	磷（g）	胡萝卜素（mg）	维生素A（IU）
350	5.02	9.17	6.88	28.79	243	202	21	16	63	25 000
400	5.55	10.13	7.60	31.80	268	224	24	18	75	30 000
450	6.06	11.07	8.30	34.73	293	244	27	20	85	34 000
500	6.56	11.97	8.98	37.57	317	264	30	22	95	38 000
550	7.04	12.88	9.65	40.38	341	284	33	25	105	42 000
600	7.52	13.73	10.30	43.10	364	303	36	27	115	46 000
650	7.98	14.59	10.94	45.77	386	322	39	30	123	49 000
700	8.44	15.43	11.57	48.41	408	340	42	32	133	53 000
750	8.89	16.24	12.18	50.56	430	358	45	34	143	57 000

注1：对第一个泌乳期的维持需要按上表基础增加20%，第二个泌乳期增加10%

注2：如第一个泌乳期的年龄和体重过小，应按生长牛的需要计算实际增重的营养需要

注3：放牧运动时，需在上表基础上增加能量需要量，按正文中的说明计算

注4：在环境温度低的情况下，维持能量消耗增加，需在上表基础上增加需要量，按正文说明计算

注5：泌乳期间，每增重1 kg体重需增加8NND和325 g可消化粗蛋白；每减重1 kg需扣除6.56 NND和250 g可消化粗蛋白质

附表4－2　牛每产1.0 kg奶的营养需要

乳脂率（%）	日粮干物质（kg）	奶牛能量单位（NND）	产奶净能（Mcal）	产奶净能（MJ）	可消化粗蛋白质（g）	小肠可消化粗蛋白质（g）	钙（g）	磷（g）	胡萝卜素（mg）	维生素A（IU）
2.5	0.31～0.35	0.80	0.60	2.51	49	42	3.6	2.4	1.05	420
3.0	0.34～0.38	0.87	0.65	2.72	51	44	3.9	2.6	1.13	452
3.5	0.37～0.41	0.93	0.70	2.93	53	46	4.2	2.8	1.22	486
4.0	0.40～0.45	1.00	0.75	3.14	55	47	4.5	3..0	1.26	502
4.5	0.43～0.49	1.06	0.80	3.35	57	49	4.8	3.2	1.39	556
5.0	0.46～0.52	1.13	0.84	3.52	59	51	5.1	3.4	1.46	584
5.5	0.49～0.55	1.19	0.89	3.72	61	53	5.4	3.6	1.55	619

附表 4－3　母牛妊娠最后四个月的营养需要

体重（kg）	怀孕月份	日粮干物质（kg）	奶牛能量单位（NND）	产奶净能（Mcal）	产奶净能（MJ）	可消化粗蛋白质（g）	小肠可消化粗蛋白质（g）	钙（g）	磷（g）	胡萝卜素（mg）	维生素 A（IU）
350	6	5.78	10.51	7.88	32.97	293	245	27	18	67	27
	7	6.28	11.44	8.58	35.90	327	275	31	20		
	8	7.23	13.17	9.88	41.34	375	317	37	22		
	9	8.70	15.84	11.84	49.54	437	370	45	25		
400	6	6.30	11.47	8.60	35.99	318	267	30	20	76	30
	7	6.81	12.40	9.30	38.92	352	297	34	22		
	8	7.76	14.13	10.60	44.36	400	339	40	24		
	9	9.22	16.80	12.60	52.72	462	392	48	27		
450	6	6.81	12.40	9.30	38.92	343	287	33	22	86	34
	7	7.32	13.33	10.00	41.84	377	317	37	24		
	8	8.27	15.07	11.30	47.28	425	359	43	26		
	9	9.73	17.73	13.30	55.65	487	412	51	29		
500	6	7.31	13.32	9.99	41.80	367	307	36	25	95	38
	7	7.82	14.25	10.69	44.73	401	337	40	27		
	8	8.78	15.99	11.99	50.17	449	379	46	29		
	9	10.24	18.65	13.99	58.54	511	432	54	32		
550	6	7.80	14.20	10.65	44.56	391	327	39	27	105	42
	7	8.31	15.13	11.35	47.49	425	357	43	29		
	8	9.26	16.87	12.65	52.93	473	399	49	31		
	9	10.72	19.53	14.65	61.30	535	452	57	34		
600	6	8.27	15.07	11.30	47.28	414	346	42	29	114	46
	7	8.78	16.00	12.00	50.21	448	376	46	31		
	8	9.73	17.73	13.30	55.65	496	418	52	33		
	9	11.20	20.40	15.30	64.02	558	471	60	36		
650	6	8.74	15.92	11.94	49.96	436	365	45	31	124	50
	7	9.25	16.85	12.64	52.89	470	395	49	33		
	8	10.21	18.59	13.94	58.33	518	437	55	35		
	9	11.67	21.25	15.94	66.70	580	490	63	38		

（续附表4-3）

体重（kg）	怀孕月份	日粮干物质（kg）	奶牛能量单位（NND）	产奶净能（Mcal）	产奶净能（MJ）	可消化粗蛋白质（g）	小肠可消化粗蛋白质（g）	钙（g）	磷（g）	胡萝卜素（mg）	维生素A（IU）
700	6	9.22	16.76	12.57	52.60	458	383	48	34	133	53
	7	9.71	17.69	13.27	55.53	492	413	52	36		
	8	10.67	19.43	14.57	60.97	540	455	58	38		
	9	12.13	22.09	16.57	69.33	602	508	66	41		
750	6	9.65	17.57	13.13	55.15	480	401	51	36	143	57
	7	10.16	18.51	13.88	58.08	514	431	55	38		
	8	11.11	20.24	15.18	63.52	562	473	61	40		
	9	12.58	22.91	17.18	71.89	624	526	69	43		

注1：怀孕牛干奶期间按上表计算营养需要

注2：怀孕期间如未干奶，除按上表计算营养需要外，还应加产奶的营养需要

附表4-4　生长母牛的营养需要

体重（kg）	日增重（kg）	日粮干物质（kg）	奶牛能量单位（NND）	产奶净能（Mcal）	产奶净能（MJ）	可消化粗蛋白质（g）	小肠可消化粗蛋白质（g）	钙（g）	磷（g）	胡萝卜素（mg）	维生素A（IU）
40	0		2.20	1.65	6.90	41	—	2	2	4.0	1.6
	200		2.67	2.00	8.37	92	—	6	4	4.1	1.6
	300		2.93	2.20	9.21	117	—	8	5	4.2	1.7
	400		2.23	2.42	10.13	141	—	11	6	4.3	1.7
	500		3.52	2.64	11.05	164	—	12	7	4.4	1.8
	600		3.84	2.86	12.05	188	—	14	8	4.5	1.8
	700		4.19	3.14	13.14	210	—	16	10	4.6	1.8
	800		4.56	3.42	14.31	231	—	18	11	4.7	1.9
50	0		2.56	1.92	8.04	49	—	3	3	5.0	2.0
	300		3.32	2.49	10.42	124	—	9	5	5.3	2.1
	400		3.60	2.70	11.30	148	—	11	6	5.4	2.2
	500		3.92	2.94	12.31	172	—	13	8	5.5	2.2
	600		4.24	3.18	13.31	194	—	15	9	5.6	2.2
	700		4.60	3.45	14.44	216	—	17	10	5.7	2.3
	800		4.99	3.74	15.65	238	—	19	11	5.8	2.3

（续附表 4－4）

体重（kg）	日增重（kg）	日粮干物质（kg）	奶牛能量单位（NND）	产奶净能（Mcal）	产奶净能（MJ）	可消化粗蛋白质（g）	小肠可消化粗蛋白质（g）	钙（g）	磷（g）	胡萝卜素（mg）	维生素 A（IU）
	0		2.89	2.17	9.08	56	—	4	3	6.0	2.4
	300		3.67	2.75	11.51	131	—	10	5	6.3	2.5
	400		3.96	2.97	12.43	154	—	12	6	6.4	2.6
	500		4.28	3.21	13.44	178	—	14	8	6.5	2.6
60	600		4.63	3.47	14.52	199	—	16	9	6.6	2.6
	700		4.99	3.74	15.65	221	—	18	10	6.7	2.7
	800		5.37	4.03	16.87	243	—	20	11	6.8	2.7
	0	1.22	3.21	2.41	10.09	63	—	4	4	7.0	2.8
	300	1.67	4.01	3.01	12.60	142	—	10	6	7.9	3.2
	400	1.85	4.32	3.24	13.56	168	—	12	7	8.1	3.2
70	500	2.03	4.64	3.48	14.56	193	—	14	8	8.3	3.3
	600	2.21	4.99	3.74	15.65	215	—	16	10	8.4	3.4
	700	2.39	5.36	4.02	16.82	239	—	18	11	8.5	3.4
	800	3.61	5.76	4.32	18.08	262	—	20	12	8.6	3.4
	0	1.35	3.51	2.63	11.01	70	—	5	4	8.0	3.2
	300	1.80	1.80	3.24	13.56	149	—	11	6	9.0	3.6
	400	1.98	4.64	3.48	14.57	174	—	13	7	9.1	3.6
80	500	2.16	4.96	3.72	15.57	198	—	15	8	9.2	3.7
	600	2.34	5.32	3.99	16.70	222	—	17	10	9.3	3.7
	700	2.57	5.71	4.28	17.91	245	—	19	11	9.4	3.8
	800	2.79	6.12	4.59	19.21	268	—	21	12	9.5	3.8
	0	1.45	3.80	2.85	11.93	76	—	6	5	9.0	3.6
	300	1.84	4.64	3.48	14.57	154	—	12	7	9.5	3.8
	400	2.12	4.96	3.72	15.57	179	—	14	8	9.7	3.9
	500	2.30	5.29	3.97	16.62	203	—	16	9	9.9	4.0
90	600	2.48	5.65	4.24	17.75	226	—	18	11	10.1	4.0
	700	2.70	6.06	4.54	19.00	249	—	20	12	10.3	4.1
	800	2.93	6.48	4.86	20.34	272	—	22	13	10.5	4.2

（续附表4-4）

体重（kg）	日增重（kg）	日粮干物质（kg）	奶牛能量单位（NND）	产奶净能（Mcal）	产奶净能（MJ）	可消化粗蛋白质（g）	小肠可消化粗蛋白质（g）	钙（g）	磷（g）	胡萝卜素（mg）	维生素A（IU）
	0	1.62	4.08	3.06	12.81	82	—	6	5	10.0	4.0
	300	2.07	4.93	3.70	15.49	173	—	13	7	10.5	4.2
	400	2.25	5.27	3.95	16.53	202	—	14	8	10.7	4.3
100	500	2.43	5.61	4.21	17.62	231	—	16	9	11.0	4.4
	600	2.66	5.99	4.49	18.79	258	—	18	11	11.2	4.4
	700	2.84	6.39	4.79	20.05	285	—	20	12	11.4	4.5
	800	3.11	6.81	5.11	21.39	311	—	22	13	11.6	4.6
	0	1.89	4.73	3.55	14.86	97	82	8	6	12.5	5.0
	300	2.39	5.64	4.23	17.70	186	164	14	7	13.0	5.2
	400	2.57	5.96	4.47	18.71	215	190	16	8	13.2	5.3
	500	2.79	6.35	4.76	19.92	243	215	18	10	13.4	5.4
125	600	3.02	6.75	5.06	21.18	268	239	20	11	13.6	5.4
	700	3.24	7.17	5.38	22.51	295	264	22	12	13.8	5.5
	800	3.51	7.63	5.72	23.94	322	288	24	13	14.0	5.6
	900	3.74	8.12	6.09	25.48	347	311	26	14	14.2	5.7
	1 000	4.05	8.67	6.50	27.20	370	332	28	16	14.4	5.8
	0	2.21	5.35	4.01	16.78	111	94	9	8	15.0	6.0
	300	2.70	6.31	4.73	19.80	202	175	15	9	15.7	6.3
	400	2.88	6.67	5.00	20.92	226	200	17	10	16.0	6.4
	500	3.11	7.05	5.29	22.14	254	225	19	11	16.3	6.5
150	600	3.33	7.47	5.60	23.44	279	248	21	12	16.6	6.6
	700	3.60	7.92	5.94	24.86	305	272	23	13	17.0	6.8
	800	3.83	8.40	6.30	26.36	331	296	25	14	17.3	6.9
	900	4.10	8.92	6.69	28.00	356	319	27	16	17.6	7.0
	1 000	4.41	9.49	7.12	29.80	378	339	29	17	18.0	7.2

（续附表 4－4）

体重（kg）	日增重（kg）	日粮干物质（kg）	奶牛能量单位（NND）	产奶净能（Mcal）	产奶净能（MJ）	可消化粗蛋白质（g）	小肠可消化粗蛋白质（g）	钙（g）	磷（g）	胡萝卜素（mg）	维生素 A（IU）
175	0	2.48	5.93	4.45	18.62	125	106	11	9	17.5	7.0
	300	3.02	7.05	5.29	22.14	210	184	17	10	18.2	7.3
	400	3.20	7.48	5.61	23.48	238	210	19	11	18.5	7.4
	500	3.42	7.95	5.96	24.94	266	235	22	12	18.8	7.5
	600	3.65	8.43	6.32	26.45	290	257	23	13	19.1	7.6
	700	3.92	8.96	6.72	28.12	316	281	25	14	19.4	7.8
	800	4.19	9.53	7.15	29.92	341	304	27	15	19.7	7.9
	900	4.50	10.15	7.61	31.85	365	326	29	16	20.0	8.0
	1 000	4.82	10.81	8.11	33.94	387	346	31	17	20.3	8.1
200	0	2.70	6.48	4.86	20.34	160	133	12	10	20.0	8.0
	300	3.29	7.65	5.74	24.02	244	210	18	11	21.0	8.4
	400	3.51	8.11	6.08	25.44	271	235	20	12	21.5	8.6
	500	3.74	8.59	6.44	26.95	297	259	22	13	22.0	8.8
	600	3.96	6.11	6.83	28.58	322	282	24	14	22.5	9.0
	700	4.23	9.67	7.25	30.34	347	305	26	15	23.0	9.2
	800	4.55	10.25	7.69	32.18	372	327	28	16	23.5	9.4
	900	4.86	10.91	8.18	34.23	396	349	30	17	24.0	9.6
	1 000	5.18	11.60	8.70	36.41	417	368	32	18	24.5	9.8
250	0	3.20	7.53	5.65	23.64	189	157	15	13	25.0	10.0
	300	3.83	8.83	6.62	27.70	270	231	21	14	26.5	10.6
	400	4.05	9.31	6.98	29.21	296	255	23	15	27.0	10.8
	500	4.32	9.83	7.37	30.84	323	279	25	16	27.5	11.0
	600	4.59	10.40	7.80	32.64	345	300	27	17	28.0	11.2
	700	4.86	11.01	8.26	34.56	370	323	29	18	28.5	11.4
	800	5.18	11.65	8.74	36.57	394	345	31	19	29.0	11.6
	900	5.54	12.37	9.28	38.83	417	365	33	20	29.5	11.8
	1 000	5.90	13.13	9.83	41.13	437	385	35	21	30.0	12.0

（续附表 4－4）

体重（kg）	日增重（kg）	日粮干物质（kg）	奶牛能量单位（NND）	产奶净能（Mcal）	产奶净能（MJ）	可消化粗蛋白质（g）	小肠可消化粗蛋白质（g）	钙（g）	磷（g）	胡萝卜素（mg）	维生素 A（IU）
300	0	3.69	8.51	6.38	26.70	216	180	18	15	30.0	12.0
	300	4.37	10.08	7.56	31.64	295	253	24	16	31.5	12.6
	400	4.59	10.68	8.01	33.52	321	276	26	17	32.0	12.8
	500	4.91	11.31	8.48	35.49	346	299	28	18	32.5	13.0
	600	5.18	11.99	8.99	37.62	368	320	30	19	33.0	13.2
	700	5.49	12.72	9.54	39.92	392	342	32	20	33.5	13.4
	800	5.85	13.51	10.13	42.39	415	362	34	21	34.0	13.6
	900	6.21	14.36	10.77	45.07	438	383	36	22	34.5	13.8
	1 000	6.62	15.29	11.47	48.00	458	402	38	23	35.0	14.0
350	0	4.14	9.43	7.07	29.59	243	202	21	18	35.0	14.0
	300	4.86	11.11	8.33	34.86	321	273	27	19	36.8	14.7
	400	5.13	11.76	8.82	36.91	345	296	29	20	37.4	15.0
	500	5.45	12.44	9.33	39.04	369	318	31	21	38.0	15.2
	600	5.76	13.17	9.88	41.34	392	338	33	22	38.6	15.4
	700	6.08	13.96	10.47	43.81	415	360	35	23	39.2	15.7
	800	6.39	14.83	11.12	46.53	442	381	37	24	39.8	15.9
	900	6.84	15.75	11.81	49.42	460	401	39	25	40.4	16.1
	1 000	7.29	16.75	12.56	52.56	480	419	41	26	41.0	16.4
400	0	4.55	10.32	7.74	32.39	268	224	24	20	40.0	16.0
	300	5.36	12.28	9.21	38.54	344	294	30	21	42.0	16.8
	400	5.63	13.03	9.77	40.88	368	316	32	22	43.0	17.2
	500	5.94	13.81	10.36	43.35	393	338	34	23	44.0	17.6
	600	6.35	14.65	10.99	45.99	415	359	36	24	45.0	18.0
	700	6.66	15.57	11.68	48.87	438	380	38	25	46.0	18.4
	800	7.07	16.56	12.42	51.97	460	400	40	26	47.0	18.8
	900	7.47	17.64	13.24	55.40	482	420	42	27	48.0	19.2
	1 000	7.97	18.80	14.10	59.00	501	437	44	28	49.0	19.6

（续附表 4－4）

体重（kg）	日增重（kg）	日粮干物质（kg）	奶牛能量单位（NND）	产奶净能（Mcal）	产奶净能（MJ）	可消化粗蛋白质（g）	小肠可消化粗蛋白质（g）	钙（g）	磷（g）	胡萝卜素（mg）	维生素 A（IU）
450	0	5.00	11.16	8.37	35.03	293	244	27	23	45.0	18.0
	300	5.80	13.25	9.94	41.59	368	313	33	24	48.0	19.2
	400	6.10	14.04	10.53	44.06	393	335	35	25	49.0	19.6
	500	6.50	14.88	11.16	46.70	417	355	37	26	50.0	20.0
	600	6.80	15.80	11.85	49.59	439	377	39	27	51.0	20.4
	700	7.20	16.79	12.58	52.64	461	398	41	28	52.0	20.8
	800	7.70	17.84	13.38	55.99	484	419	43	29	53.0	21.2
	900	8.10	48.99	14.24	59.59	505	439	45	30	54.0	21.6
	1 000	8.60	20.23	15.17	63.48	524	456	47	31	55.0	22.0
500	0	5.40	11.97	8.98	37.58	317	264	30	25	50.0	20.0
	300	6.30	14.37	10.78	45.11	392	333	36	26	53.0	21.2
	400	6.60	15.27	11.45	47.91	417	355	38	27	54.0	21.6
	500	7.00	16.24	12.18	50.97	441	377	40	28	55.0	22.0
	600	7.30	17.27	12.95	54.19	463	397	42	29	56.0	22.4
	700	7.80	18.39	13.79	57.70	485	418	44	30	57.0	22.8
	800	8.20	19.61	14.71	61.55	507	438	46	31	58.0	23.2
	900	8.70	20.91	15.68	65.61	529	458	48	32	59.0	23.6
	1 000	9.30	22.33	16.75	70.09	548	476	50	33	60.0	24.0
550	0	5.80	12.77	9.58	40.09	341	284	33	28	55.0	22.0
	300	6.80	15.31	11.48	48.04	417	354	39	29	58.0	23.0
	400	7.10	16.27	12.20	51.05	441	376	30	30	59.0	23.6
	500	7.50	17.29	12.97	54.27	465	397	31	31	60.0	24.0
	600	7.90	18.40	13.80	57.74	487	418	45	32	61.0	24.4
	700	8.30	19.57	14.68	61.43	510	439	47	33	62.0	24.8
	800	8.80	20.85	15.64	65.44	533	460	49	34	63.0	25.2
	900	9.30	22.25	16.69	69.84	554	480	51	35	64.0	25.6
	1 000	9.90	23.76	17.82	74.56	573	496	53	36	65.0	26.0

（续附表 4－4）

体重（kg）	日增重（kg）	日粮干物质（kg）	奶牛能量单位（NND）	产奶净能（Mcal）	产奶净能（MJ）	可消化粗蛋白质（g）	小肠可消化粗蛋白质（g）	钙（g）	磷（g）	胡萝卜素（mg）	维生素 A（IU）
	0	6.20	13.53	10.15	42.47	364	303	36	30	60.0	24.0
	300	7.20	16.39	12.29	15.43	441	374	42	31	66.0	26.4
	400	7.60	17.48	13.11	54.86	465	396	44	32	67.0	26.8
	500	8.00	18.64	13.98	58.50	489	418	46	33	68.0	27.2
600	600	8.40	19.88	14.91	62.39	512	439	48	34	69.0	27.6
	700	8.90	21.23	15.92	66.61	535	459	50	35	70.0	28.0
	800	9.40	22.67	17.00	71.13	557	480	52	36	71.0	28.4
	900	9.90	24.24	18.18	76.07	580	501	54	37	72.0	28.8
	1 000	10.50	25.93	19.45	81.38	599	518	56	38	73.0	29.2

附表 4－5　生长公牛的营养需要

体重（kg）	日增重（kg）	日粮干物质（kg）	奶牛能量单位（NND）	产奶净能（Mcal）	产奶净能（MJ）	可消化粗蛋白质（g）	小肠可消化粗蛋白质（g）	钙（g）	磷（g）	胡萝卜素（mg）	维生素 A（IU）
	0		2.20	1.65	6.91	41	—	2	2	4.0	1.6
	200		2.63	1.97	8.25	92	—	6	4	4.1	1.6
	300		2.87	2.15	9.00	117	—	8	5	4.2	1.7
	400		3.12	2.34	9.80	141	—	11	6	4.3	1.7
40	500		3.39	2.54	10.63	164	—	12	7	4.4	1.8
	600		3.68	2.76	11.55	188	—	14	8	4.5	1.8
	700		3.99	2.99	12.52	210	—	16	10	4.6	1.8
	800		4.32	3.24	13.56	231	—	18	11	4.7	1.9
	0		2.56	1.92	8.04	49	—	3	3	5.0	2.0
	300		3.24	2.43	10.17	124	—	9	5	5.3	2.1
	400		3.51	2.63	11.01	148	—	11	6	5.4	2.2
50	500		3.77	2.83	11.85	172	—	13	8	5.5	2.2
	600		4.08	3.06	12.81	194	—	15	9	5.6	2.2
	700		4.40	3.30	13.81	216	—	17	10	5.7	2.3
	800		4.73	3.55	14.86	238	—	19	11	5.8	2.3

（续附表4－5）

体重（kg）	日增重（kg）	日粮干物质（kg）	奶牛能量单位（NND）	产奶净能（Mcal）	产奶净能（MJ）	可消化粗蛋白质（g）	小肠可消化粗蛋白质（g）	钙（g）	磷（g）	胡萝卜素（mg）	维生素A（IU）
60	0		2.89	2.17	9.08	56	—	4	4	7.0	2.8
	300		3.60	2.70	11.30	131	—	10	6	7.9	3.2
	400		3.85	2.89	12.10	154	—	12	7	8.1	3.2
	500		4.15	3.11	13.02	178	—	14	8	8.3	3.3
	600		4.45	3.34	13.98	199	—	16	10	8.4	3.4
	700		4.77	3.58	14.98	221	—	18	11	8.5	3.4
	800		5.13	3.85	16.11	243	—	20	12	8.6	3.4
70	0	1.2	3.21	2.41	10.09	63	—	4	4	7.0	3.2
	300	1.6	3.93	2.95	12.35	142	—	10	6	7.9	3.6
	400	1.8	4.20	3.15	13.18	168	—	12	7	8.1	3.6
	500	1.9	4.49	3.37	14.11	193	—	14	8	8.3	3.7
	600	2.1	4.81	3.61	15.11	215	—	16	10	8.4	3.7
	700	2.3	5.15	3.86	16.16	239	—	18	11	8.5	3.8
	800	2.5	5.51	4.13	17.28	262	—	20	12	8.6	3.8
80	0	1.4	3.51	2.63	11.01	70	—	5	4	8.0	3.2
	300	1.8	4.24	3.18	13.31	149	—	11	6	9.0	3.6
	400	1.9	4.52	3.39	14.19	174	—	13	7	9.1	3.6
	500	2.1	4.81	3.61	15.11	198	—	15	8	9.2	3.7
	600	2.3	5.13	3.85	16.11	222	—	17	9	9.3	3.7
	700	2.4	5.48	4.11	17.20	245	—	19	11	9.4	3.8
	800	2.7	5.85	4.39	18.37	268	—	21	12	9.5	3.8
90	0	1.5	3.80	2.85	11.93	76	—	6	5	9.0	3.6
	300	1.9	4.56	3.42	14.31	154	—	12	7	9.5	3.8
	400	2.1	4.84	3.63	15.19	179	—	14	8	9.7	3.9
	500	2.2	5.15	3.86	16.16	203	—	16	9	9.9	4.0
	600	2.4	5.47	4.10	17.16	226	—	18	11	10.1	4.0
	700	2.6	5.83	4.37	18.29	249	—	20	12	10.3	4.1
	800	2.8	6.20	4.65	19.46	272	—	22	13	10.5	4.2

（续附表 4－5）

体重 (kg)	日增重 (kg)	日粮干物质 (kg)	奶牛能量单位 (NND)	产奶净能 (Mcal)	产奶净能 (MJ)	可消化粗蛋白质 (g)	小肠可消化粗蛋白质 (g)	钙 (g)	磷 (g)	胡萝卜素 (mg)	维生素 A (IU)
100	0	1.6	4.08	3.06	12.81	82	—	6	5	10.0	4.0
	300	2.0	4.85	3.64	15.23	173	—	13	7	10.5	4.2
	400	2.2	5.15	3.86	16.16	202	—	14	8	10.7	4.3
	500	2.3	5.45	4.09	17.12	231	—	16	9	11.0	4.4
	600	2.5	5.79	4.34	18.16	258	—	18	11	11.2	4.4
	700	2.7	6.16	4.62	19.34	285	—	20	12	11.4	4.5
	800	2.9	6.55	4.91	20.55	311	—	22	13	11.6	4.6
125	0	1.9	4.73	3.55	14.86	97	82	8	6	12.5	5.0
	300	2.3	5.55	4.16	17.41	186	164	14	7	13.0	5.2
	400	2.5	5.87	4.40	18.41	215	190	16	8	13.2	5.3
	500	2.7	6.19	4.64	19.42	243	215	18	10	13.4	5.4
	600	2.9	6.55	4.91	20.55	268	239	20	11	13.6	5.4
	700	3.1	6.93	5.20	21.76	295	264	22	12	13.8	5.5
	800	3.3	7.33	5.50	23.02	322	288	24	13	14.0	5.6
	900	3.6	7.79	5.84	24.44	347	311	26	14	14.2	5.7
	1 000	3.8	8.28	6.21	25.99	370	332	28	16	14.4	5.8
150	0	2.2	5.35	4.01	16.78	111	94	9	8	15.0	6.0
	300	2.7	6.21	4.66	19.50	202	175	15	9	15.7	6.3
	400	2.8	6.53	4.90	20.51	226	200	17	10	16.0	6.4
	500	3.0	6.88	5.16	21.59	254	225	19	11	16.3	6.5
	600	3.2	7.25	5.44	22.77	279	248	21	12	16.6	6.6
	700	3.4	7.67	5.75	24.06	305	272	23	13	17.0	6.8
	800	3.7	8.09	6.07	25.40	331	296	25	14	17.3	6.9
	900	3.9	8.56	6.42	26.87	356	319	27	16	17.6	7.0
	1 000	4.2	9.08	6.81	28.50	378	339	29	17	18.0	7.2
175	0	2.5	5.93	4.45	18.62	125	106	11	9	17.5	7.0
	300	2.9	6.95	5.21	21.80	210	184	17	10	18.2	7.3
	400	3.2	7.32	5.49	22.98	238	210	19	11	18.5	7.4
	500	3.6	7.75	5.81	24.31	266	235	22	12	18.8	7.5
	600	3.8	8.17	6.13	25.65	290	257	23	13	19.1	7.6
	700	3.8	8.65	6.49	27.16	316	281	25	14	19.4	7.7
	800	4.0	9.17	6.88	28.79	341	304	27	15	19.7	7.8
	900	4.3	9.72	7.29	30.51	365	326	29	16	20.0	7.9
	1 000	4.6	10.32	7.74	32.39	387	346	31	17	20.3	8.0

（续附表4-5）

体重（kg）	日增重（kg）	日粮干物质（kg）	奶牛能量单位（NND）	产奶净能（Mcal）	产奶净能（MJ）	可消化粗蛋白质（g）	小肠可消化粗蛋白质（g）	钙（g）	磷（g）	胡萝卜素（mg）	维生素A（IU）
200	0	2.7	6.48	4.86	20.34	160	133	12	10	20.0	8.1
	300	3.2	7.53	5.65	23.64	244	210	18	11	21.0	8.4
	400	3.4	7.95	5.96	24.94	271	235	20	12	21.5	8.6
	500	3.6	8.37	6.28	26.28	297	259	22	13	22.0	8.8
	600	3.8	8.84	6.63	27.74	322	282	24	14	22.5	9.0
	700	4.1	9.35	7.01	29.33	347	305	26	15	23.0	9.2
	800	4.4	9.88	7.41	31.01	372	327	28	16	23.5	9.4
	900	4.6	10.47	7.85	32.85	396	349	30	17	24.0	9.6
	1 000	5.0	11.09	8.32	34.82	417	368	32	18	24.5	9.8
250	0	3.2	7.53	5.65	23.64	189	157	15	13	25.0	10.0
	300	3.8	8.69	6.52	27.28	270	231	21	14	26.5	10.6
	400	4.0	9.13	6.85	28.67	296	255	23	15	27.0	10.8
	500	4.2	9.60	7.20	30.13	323	279	25	16	27.5	11.0
	600	4.5	10.12	7.59	31.76	345	300	27	17	28.0	11.2
	700	4.7	10.67	8.00	33.48	370	323	29	18	28.5	11.4
	800	5.0	11.24	8.33	35.28	394	345	31	19	29.0	11.6
	900	5.3	11.89	8.92	37.33	417	366	33	20	29.5	11.8
	1 000	5.6	12.57	9.43	39.46	437	385	35	21	30.0	12.0
300	0	3.7	8.51	6.38	26.70	216	180	18	15	30.0	12.0
	300	4.3	9.92	7.44	31.13	295	253	24	16	31.5	12.6
	400	4.5	10.47	7.85	32.85	321	276	26	17	32.0	12.8
	500	4.8	11.03	8.27	34.61	346	299	28	18	32.5	13.0
	600	5.0	11.64	8.73	36.53	368	320	30	19	33.0	13.2
	700	5.3	12.29	9.22	38.85	392	342	32	20	33.5	13.4
	800	5.6	13.01	9.76	40.84	415	362	34	21	34.0	13.6
	900	5.9	13.77	10.33	43.23	438	383	36	22	34.5	13.8
	1 000	6.3	14.61	10.96	45.86	458	402	38	23	35.0	14.0

（续附表 4－5）

体重 (kg)	日增重 (kg)	日粮干物质 (kg)	奶牛能量单位 (NND)	产奶净能 (Mcal)	产奶净能 (MJ)	可消化粗蛋白质 (g)	小肠可消化粗蛋白质 (g)	钙 (g)	磷 (g)	胡萝卜素 (mg)	维生素 A (IU)
	0	4.1	9.43	7.07	29.59	243	202	21	18	35.0	14.0
	300	4.8	10.93	8.20	34.34	321	273	27	19	36.8	14.7
	400	5.0	11.53	8.65	36.20	345	296	29	20	37.4	15.0
350	500	5.3	12.13	9.10	38.08	369	318	31	21	38.0	15.2
	600	5.6	12.80	9.60	40.17	392	338	33	22	38.6	15.4
	700	5.9	13.51	10.13	42.39	415	360	35	23	39.2	15.7
	800	6.2	14.29	10.72	44.86	442	381	37	24	39.8	15.9
	900	6.6	15.12	11.34	47.45	460	401	39	25	40.4	16.1
	1 000	7.0	16.01	12.01	50.25	480	419	41	26	41.0	16.4
	0	4.5	10.32	7.74	32.39	268	224	24	20	40.0	16.0
	300	5.3	12.08	9.05	37.91	344	294	30	21	42.0	16.8
	400	5.5	12.76	9.57	40.05	368	316	32	22	43.0	17.2
	500	5.8	13.47	10.10	42.26	393	338	34	23	44.0	17.6
400	600	6.1	14.23	10.17	44.65	415	359	36	24	45.0	18.0
	700	6.4	15.05	11.29	47.24	438	380	38	25	46.0	18.4
	800	6.8	15.93	11.95	50.00	460	400	40	26	47.0	18.8
	900	7.2	16.91	12.68	53.06	482	420	42	27	48.0	19.2
	1 000	7.6	17.95	13.46	56.32	501	437	44	28	49.0	19.6
	0	5.0	11.16	8.37	35.03	293	244	27	23	45.0	18.0
	300	5.7	13.04	9.78	40.92	368	313	33	24	48.0	19.2
	400	6.0	13.75	10.31	43.14	393	335	35	25	49.0	19.6
	500	6.3	14.51	10.88	45.53	417	355	37	26	50.0	20.0
450	600	6.7	15.33	11.50	48.10	439	377	39	27	51.0	20.4
	700	7.0	16.21	12.16	50.88	461	398	41	28	52.0	20.8
	800	7.4	17.17	12.88	53.89	484	419	43	29	53.0	21.2
	900	7.8	18.20	13.65	57.12	505	439	45	30	54.0	21.6
	1 000	8.2	19.32	14.49	60.63	524	456	47	31	55.0	22.0

（续附表 4－5）

体重 (kg)	日增重 (kg)	日粮干物质 (kg)	奶牛能量单位 (NND)	产奶净能 (Mcal)	产奶净能 (MJ)	可消化粗蛋白质 (g)	小肠可消化粗蛋白质 (g)	钙 (g)	磷 (g)	胡萝卜素 (mg)	维生素 A (IU)
500	0	5.4	11.97	8.93	37.58	317	264	30	25	50.0	20.0
	300	6.2	14.13	10.60	44.36	392	333	36	26	53.0	21.2
	400	6.5	14.93	11.20	46.87	417	355	38	27	54.0	21.6
	500	6.8	15.81	11.86	49.63	441	377	40	28	55.0	22.0
	600	7.1	16.73	12.55	52.51	463	397	42	29	56.0	22.4
	700	7.6	17.75	13.31	55.69	485	418	44	30	57.0	22.8
	800	8.0	18.85	14.14	59.17	507	438	46	31	58.0	23.2
	900	8.4	20.01	15.01	62.81	529	458	48	32	59.0	23.6
	1 000	8.9	21.29	15.97	66.82	548	476	50	33	60.0	24.0
550	0	5.8	12.77	9.58	40.09	341	284	33	28	55.0	22.0
	300	6.7	15.04	11.28	47.20	417	354	39	29	58.0	23.0
	400	6.9	1592	11.94	49.96	441	376	41	30	59.0	23.6
	500	7.3	16.84	12.63	52.85	465	397	43	31	60.0	24.0
	600	7.7	17.84	13.38	55.99	487	418	45	32	61.0	24.4
	700	8.1	18.89	14.17	59.29	510	439	47	33	62.0	24.8
	800	8.5	20.04	15.03	62.89	533	460	49	34	63.0	25.2
	900	8.9	21.31	15.98	66.87	554	480	51	35	64.0	25.6
	1 000	9.5	22.67	17.00	71.13	573	496	53	36	65.0	26.0
600	0	6.2	13.53	10.15	42.47	364	303	36	30	60.0	24.0
	300	7.1	16.11	12.08	50.55	441	374	42	31	66.0	26.4
	400	7.4	17.08	12.81	53.60	465	396	44	32	67.0	26.8
	500	7.8	18.13	13.60	56.91	489	418	46	33	68.0	27.2
	600	8.2	19.24	14.43	60.38	512	439	48	34	69.0	27.6
	700	8.6	20.45	15.34	64.19	535	459	50	35	70.0	28.0
	800	9.0	21.76	16.32	68.29	557	480	52	36	71.0	28.4
	900	9.5	23.17	17.38	72.72	580	501	54	37	72.0	28.8
	1 000	10.1	24.69	18.52	77.49	599	518	56	38	73.0	29.2

附表 4-6 种公牛的营养需要

体重 (kg)	日粮干物质 (kg)	奶牛能量单位 (NND)	产奶净能 (Mcal)	产奶净能 (MJ)	可消化粗蛋白质 (g)	钙 (g)	磷 (g)	胡萝卜素 (mg)	维生素 A (IU)
500	7.99	13.40	10.05	42.05	423	32	24	53	21
600	9.17	15.36	11.52	48.20	485	36	27	64	26
700	10.29	17.24	12.93	54.10	544	41	31	74	30
800	11.37	19.25	14.29	59.79	602	45	34	85	34
900	12.42	20.81	15.61	65.32	657	49	37	95	38
1 000	13.44	22.52	16.89	70.64	711	53	40	106	42
1 100	14.44	24.26	18.15	75.94	764	57	43	117	47
1 200	15.42	25.83	19.37	81.05	816	61	46	127	51
1 300	16.37	27.49	20.57	86.07	866	65	49	138	55
1 400	17.31	28.99	21.74	90.97	916	69	52	148	59

附录五：中国饲料数据库

中国饲料成分及营养价值表（2010 年第 21 版）制订说明

中国农业科学院北京畜牧兽医研究所

中国饲料数据库情报网中心、动物营养学国家重点实验室

一、本次修订版本是在《中国饲料成分及营养价值表 1990 年第 1 版～2009 年第 20 版》的基础上，结合①中华人民共和国农业部 2004 发布修订的猪、鸡、牛等饲养标准；②科技基础条件平台建设项目“动物科学与动物医学数据中心建设”；③农业部重大行业科技项目“饲料营养价值和畜禽饲养标准研究与应用”；④科研院所社会公益性课题“饲料科技数据维护与共享试点建设”等工作基础上修订的，同时参考了 Feedstuffs2010 版饲料成分表、法国饲料数据库、德国德固赛饲料氨基酸数据库、2009 年日本饲料成分表等数据。继续完善了饲料中的饲料成分与营养价值数据，对部分发布过的生物学效价数据再次进行了调整。

二、鉴于国际上猪饲料的能量评定体系趋于净能（NE）的测定与应用，本版在表 2 中增加了猪饲料的净能参考值。数据参数的依据，一方面参考了国际上同行认可的、按饲料原料品种的代谢能转换为净能的效率，另一方面结合国内一部分的饲料评定数据，经综合分析与计算得到的。

三、本次修订的表 1 中，将“非植酸磷”调整为“有效磷”，其数据也做修改，便于读者直接使用“有效磷”计算饲料配方。有效磷的计算依据如下：

$$有效磷 = K \times (总磷 - 植酸磷) + 植酸磷 \times A$$

式中：K 为无机磷的有效率，A 为植酸磷的水解百分比，不加植酸酶时，用于鸡饲料的大多数豆科籽实和小麦的植酸磷水解率超过 50%（Van der Kilis and Versteegh，1996）。因此建议 A 值取 50%～75%。

四、本版提供了猪饲料标准回肠氨基酸消化率（SID，%）数据、鸡饲料氨基酸真消化率数据及部分饲料的标准回肠氨基酸消化率数据。其 SID 的测定与计算方法如下：

SID（%）=｛［氨基酸摄入量 -（回肠氨基酸流量 - 内源氨基酸基础损失量）］/氨基酸摄入量｝×100%

其中：内源氨基酸基础损失（g/kg 干物质）= 食糜中氨基酸含量（g/kg 干物质）×［日粮中指示剂含量（g/kg 干物质）/食糜中指示剂含量（g/kg 干物质）］

五、本次修订的成分表包含 10 个分表，依次为：（1）饲料描述及常规成分；（2）饲料中有效能值；（3）饲料中氨基酸含量；（4）矿物质及维生素含量；（5）猪饲料氨基酸标准回肠消化率；（6）鸡饲料氨基酸真消化率；（7）肉鸡常用饲料的标准回肠蛋白质及氨基酸消化率；（8）常量矿物质饲料中矿物元素的含量；（9）无机来源的微量元素和估测的生物学利用率；（10）反刍动物饲料尼龙袋法的养分降解动力学参数（INRA，2004）及（11）鸭用饲料能值的参考值。

六、本次修订说明未阐述之处，可参见《中国饲料》上发布的《中国饲料成分及营养

价值表1990第1版~2009年第20版》的相关描述。

七、网络共享平台支持：http：//www. chinafeeddata. org. cn 或者 http：//animal. agridata. cn

通讯地址：北京市海淀区圆明园西路2号中国农业科学院北京畜牧兽医研究所畜牧信息中心，邮编：100193

咨询电话：010－62816017/5988，或者：CFDB@ iascaas. net. cn

2010年10月20日

中国饲料成分及营养价值表（第21版）
TABLES OF FEED COMPOSITION AND NUTRITIVE VALUES IN CHINA

附表5－1　饲料描述及常规成分 Feed description and proximate composition

序号	中国饲料号 CFN	饲料名称 Feed Name	饲料描述 Description	干物质 DM(%)	粗蛋白质 CP(%)	粗脂肪 EE(%)	粗纤维 CF(%)	无氮浸出物 NFE(%)	粗灰分 Ash(%)	中洗纤维 NDF(%)	酸洗纤维 ADF(%)	钙 Ca(%)	总磷 P(%)	有效磷 A－P(%)
1	4－07－0278	玉米（corn grain）	成熟，高蛋白，优质	86.0	9.4	3.1	1.2	71.1	1.2	9.4	3.5	0.09	0.22	0.09
2	4－07－0288	玉米（corn grain）	成熟，高赖氨酸，优质	86.0	8.5	5.3	2.6	58.3	1.3	9.4	3.5	0.16	0.25	0.09
3	4－07－0279	玉米（corn grain）	成熟，GB/T17890－1999，1级	86.0	8.7	3.6	1.6	70.7	1.4	9.3	2.7	0.02	0.27	0.11
4	4－07－0280	玉米（corn grain）	成熟，GB/T17890－1999，2级	86.0	7.8	3.5	1.6	71.8	1.3	7.9	2.6	0.02	0.27	0.11
5	4－07－0272	高粱（sorghum grain）	成熟，NY/T 1级	86.0	9.0	3.4	1.4	70.4	1.8	17.4	8.0	0.13	0.36	0.12
6	4－07－0270	小麦（wheat grain）	混合小麦，成熟 NY/T 2级	87.0	13.9	1.7	1.9	67.6	1.9	13.3	3.9	0.17	0.41	0.13
7	4－07－0274	大麦（裸）（naked barley grain）	裸大麦，成熟 NY/T 2级	87.0	13.0	2.1	2.0	67.7	2.2	10.0	2.2	0.04	0.39	0.13
8	4－07－0277	大麦（皮）（barley grain）	皮大麦，成熟 NY/T 1级	87.0	11.0	1.7	4.8	67.1	2.4	18.4	6.8	0.09	0.33	0.12
9	4－07－0281	黑麦（rye）	籽粒，进口	88.0	11.0	1.5	2.2	71.5	1.8	12.3	4.6	0.05	0.30	0.11
10	4－07－0273	稻谷（paddy）	成熟，晒干 NY/T 2级	86.0	7.8	1.6	8.2	63.8	4.6	27.4	28.7	0.03	0.36	0.15
11	4－07－0276	糙米（rough rice）	良，成熟，除去外壳的整粒大米	87.0	8.8	2.0	0.7	74.2	1.3	1.6	0.8	0.03	0.35	0.13
12	4－07－0275	碎米（broken rice）	良，加工精米后的副产品	88.0	10.4	2.2	1.1	72.7	1.6	0.8	0.6	0.06	0.35	0.12

（续表）

序号	中国饲料号 CFN	饲料名称 Feed Name	饲料描述 Description	干物质 DM(%)	粗蛋白质 CP(%)	粗脂肪 EE(%)	粗纤维 CF(%)	无氮浸出物 NFE(%)	粗灰分 Ash(%)	中洗纤维 NDF(%)	酸洗纤维 ADF(%)	钙 Ca(%)	总磷 P(%)	有效磷 A-P(%)
13	4-07-0479	粟（谷子）(millet grain)	合格，带壳，成熟	86.5	9.7	2.3	6.8	65.0	2.7	15.2	13.3	0.12	0.30	0.09
14	4-04-0067	木薯干（cassava tuber flake）	木薯干片，晒干 NY/T 合格	87.0	2.5	0.7	2.5	79.4	1.9	8.4	6.4	0.27	0.09	—
15	4-04-0068	甘薯干（sweet potato tuber flake）	甘薯干片，晒干 NY/T 合格	87.0	4.0	0.8	2.8	76.4	3.0	8.1	4.1	0.19	0.02	—
16	4-08-0104	次粉（wheat middling and red dog）	黑面，黄粉，下面 NY/T 1 级	88.0	15.4	2.2	1.5	67.1	1.5	18.7	4.3	0.08	0.48	0.15
17	4-08-0105	次粉（wheat middling and red dog）	黑面，黄粉，下面 NY/T 2 级	87.0	13.6	2.1	2.8	66.7	1.8	31.9	10.5	0.08	0.48	0.15
18	4-08-0069	小麦麸（wheat bran）	传统制粉工艺 NY/T 1 级	87.0	15.7	3.9	6.5	56.0	4.9	37.0	13.0	0.11	0.92	0.28
19	4-08-0070	小麦麸（wheat bran）	传统制粉工艺 NY/T 2 级	87.0	14.3	4.0	6.8	57.1	4.8	41.3	11.9	0.10	0.93	0.28
20	4-08-0041	米糠（rice bran）	新鲜，不脱脂 NY/T 2 级	87.0	12.8	16.5	5.7	44.5	7.5	22.9	13.4	0.07	1.43	0.20
21	4-10-0025	米糠饼（rice bran meal）(exp.)	未脱脂，机榨 NY/T 1 级	88.0	14.7	9.0	7.4	48.2	8.7	27.7	11.6	0.14	1.69	0.24
22	4-10-0018	米糠粕（rice bran meal）(sol.)	浸提或预压浸提，NY/T 1 级	87.0	15.1	2.0	7.5	53.6	8.8	23.3	10.9	0.15	1.82	0.25
23	5-09-0127	大豆（soybean）	黄大豆，成熟 NY/T 2 级	87.0	35.5	17.3	4.3	25.7	4.2	7.9	7.3	0.27	0.48	0.14
24	5-09-0128	全脂大豆（full-fat soybean）	湿法膨化，生大豆为 NY/T 2 级	88.0	35.5	18.7	4.6	25.2	4.0	11.0	6.4	0.32	0.40	0.14
25	5-10-0241	大豆饼（soybean meal）(exp.)	机榨 NY/T 2 级	89.0	41.8	5.8	4.8	30.7	5.9	18.1	15.5	0.31	0.50	0.17
26	5-10-0103	大豆粕（soybean meal）(sol.)	去皮，浸提或预压浸提 NY/T 1 级	89.0	47.9	1.5	3.3	29.7	4.9	8.8	5.3	0.34	0.65	0.22
27	5-10-0102	大豆粕（soybean meal）(sol.)	浸提或预压浸提 NY/T 2 级	89.0	44.2	1.9	5.9	28.3	6.1	13.6	9.6	0.33	0.62	0.21

（续表）

序号	中国饲料号 CFN	饲料名称 Feed Name	饲料描述 Description	干物质 DM(%)	粗蛋白质 CP(%)	粗脂肪 EE(%)	粗纤维 CF(%)	无氮浸出物 NFE(%)	粗灰分 Ash(%)	中洗纤维 NDF(%)	酸洗纤维 ADF(%)	钙 Ca(%)	总磷 P(%)	有效磷 A－P(%)
28	5－10－0118	棉籽饼（cottonseed meal）(exp.)	机榨 NY/ T 2 级	88.0	36.3	7.4	12.5	26.1	5.7	32.1	22.9	0.21	0.83	0.28
29	5－10－0119	棉籽粕（cottonseed meal）(sol.)	浸提或预压浸提 NY/T 1 级	90.0	47.0	0.5	10.2	26.3	6.0	22.5	15.3	0.25	1.10	0.38
30	5－10－0117	棉籽粕（cottonseed meal）(sol.)	浸提或预压浸提 NY/T 2 级	90.0	43.5	0.5	10.5	28.9	6.6	28.4	19.4	0.28	1.04	0.36
31	5－10－0220	棉籽蛋白（cottonseed protein）	脱酚，低温一次浸出，分步萃取	92.0	51.1	1.0	6.9	27.3	5.7	20.0	13.7	0.29	0.89	0.29
32	5－10－0183	菜籽饼（rapeseed meal）(exp.)	机榨 NY/ T2 级	88.0	35.7	7.4	11.4	26.3	7.2	33.3	26.0	0.59	0.96	0.33
33	5－10－0121	菜籽粕（rapeseed meal）(sol.)	浸提或预压浸提 NY/T 2 级	88.0	38.6	1.4	11.8	28.9	7.3	20.7	16.8	0.65	1.02	0.35
34	5－10－0116	花生仁饼（peanut meal）(exp.)	机榨 NY/ T 2 级	88.0	44.7	7.2	5.9	25.1	5.1	14.0	8.7	0.25	0.53	0.16
35	5－10－0115	花生仁粕（peanut meal）(sol.)	浸提或预压浸提 NY/T 2 级	88.0	47.8	1.4	6.2	27.2	5.4	15.5	11.7	0.27	0.56	0.17
36	1－10－0031	向日葵仁饼（sunflower meal）(exp.)	壳仁比 35：65 NY/ T 3 级	88.0	29.0	2.9	20.4	31.0	4.7	41.4	29.6	0.24	0.87	0.22
37	5－10－0242	向日葵仁粕（sunflower meal）(sol.)	壳仁比 16：84 NY/ T 2 级	88.0	36.5	1.0	10.5	34.4	5.6	14.9	13.6	0.27	1.13	0.29
38	5－10－0243	向日葵仁粕（sunflower meal）(sol.)	壳仁比 24：76 NY/ T 2 级	88.0	33.6	1.0	14.8	38.8	5.3	32.8	23.5	0.26	1.03	0.26
39	5－10－0119	亚麻仁饼（linseed meal）(exp.)	机榨 NY/ T 2 级	88.0	32.2	7.8	7.8	34.0	6.2	29.7	27.1	0.39	0.88	—
40	5－10－0120	亚麻仁粕（linseed meal）(sol.)	浸提或预压浸提 NY/T 2 级	88.0	34.8	1.8	8.2	36.6	6.6	21.6	14.4	0.42	0.95	—
41	5－10－0246	（芝麻饼 sesame meal）(exp.)	机榨，CP40%	92.0	39.2	10.3	7.2	24.9	10.4	18.0	13.2	2.24	1.19	0.22
42	5－11－0001	玉米蛋白粉（corn gluten meal）	玉米去胚芽、淀粉后的面筋部分 CP60%	90.1	63.5	5.4	1.0	19.2	1.0	8.7	4.6	0.07	0.44	0.16

（续表）

序号	中国饲料号 CFN	饲料名称 Feed Name	饲料描述 Description	干物质 DM(%)	粗蛋白质 CP(%)	粗脂肪 EE(%)	粗纤维 CF(%)	无氮浸出物 NFE(%)	粗灰分 Ash(%)	中洗纤维 NDF(%)	酸洗纤维 ADF(%)	钙 Ca(%)	总磷 P(%)	有效磷 A-P(%)
43	5-11-0002	玉米蛋白粉（corn gluten meal）	同上，中等蛋白质产品，CP50%	91.2	51.3	7.8	2.1	28.0	2.0	10.1	7.5	0.06	0.42	0.15
44	5-11-0008	玉米蛋白粉（corn gluten meal）	同上，中等蛋白质产品，CP40%	89.9	44.3	6.0	1.6	37.1	0.9	29.1	8.2	0.12	0.50	0.31
45	5-11-0003	玉米蛋白饲料（corn gluten feed）	玉米去胚芽，淀粉后的含皮残渣	88.0	19.3	7.5	7.8	48.0	5.4	33.6	10.5	0.15	0.70	0.17
46	4-10-0026	玉米胚芽饼（corn germ meal）（exp.）	玉米湿磨后的胚芽，机榨	90.0	16.7	9.6	6.3	50.8	6.6	28.5	7.4	0.04	0.50	0.15
47	4-10-0244	玉米胚芽粕（corn germ meal）（sol.）	玉米湿磨后的胚芽，浸提	90.0	20.8	2.0	6.5	54.8	5.9	38.2	10.7	0.06	0.50	0.15
48	5-11-0007	DDGS（distiller dried grains with solubles）	玉米酒精糟及可溶物，脱水	89.2	27.5	10.1	6.6	39.9	5.1	27.6	12.2	0.05	0.71	0.48
49	5-11-0009	蚕豆粉浆蛋白粉（broad bean gluten meal）	蚕豆去皮制粉丝后的浆液，脱水	88.0	66.3	4.7	4.1	10.3	2.6	13.7	9.7		0.59	0.18
50	5-11-0004	麦芽根（barley malt sprouts）	大麦芽副产品，干燥	89.7	28.3	1.4	12.5	41.4	6.1	40.0	15.1	0.22	0.73	—
51	5-13-0044	鱼粉（CP64.5%）fish meal）	7样平均值	90.0	64.5	5.6	0.5	8.0	11.4			3.81	2.83	2.83
52	5-13-0045	鱼粉（CP62.5%）（fish meal）	8样平均值	90.0	62.5	4.0	0.5	10.0	12.3			3.96	3.05	3.05
53	5-13-0046	鱼粉（CP60.2%）（fish meal）	沿海产的海鱼粉，脱脂，12样平均值	90.0	60.2	4.9	0.5	11.6	12.8			4.04	2.90	2.90
54	5-13-0077	鱼粉（CP53.5%）（fish meal）	沿海产的海鱼粉，脱脂，11样平均值	90.0	53.5	10.0	0.8	4.9	20.8			5.88	3.20	3.20
55	5-13-0036	血粉（blood meal）	鲜猪血喷雾干燥	88.0	82.8	0.4		1.6	3.2			0.29	0.31	0.31
56	5-13-0037	羽毛粉（feather meal）	纯净羽毛，水解	88.0	77.9	2.2	0.7	1.4	5.8			0.20	0.68	0.68
57	5-13-0038	皮革粉（leather meal）	废牛皮，水解	88.0	74.7	0.8	1.6		10.9			4.40	0.15	0.15

（续表）

序号	中国饲料号 CFN	饲料名称 Feed Name	饲料描述 Description	干物质 DM(%)	粗蛋白质 CP(%)	粗脂肪 EE(%)	粗纤维 CF(%)	无氮浸出物 NFE(%)	粗灰分 Ash(%)	中洗纤维 NDF(%)	酸洗纤维 ADF(%)	钙 Ca(%)	总磷 P(%)	有效磷 A-P(%)
58	5-13-0047	肉骨粉（meat and bone meal）	屠宰下脚，带骨干燥粉碎	93.0	50.0	8.5	2.8		31.7	32.5	5.6	9.20	4.70	4.70
59	5-13-0048	肉粉（meat meal）	脱脂	94.0	54.0	12.0	1.4	4.3	22.3	31.6	8.3	7.69	3.88	3.88
60	1-05-0074	苜蓿草粉（CP19%）(alfalfa meal)	一茬盛花期烘干 NY/T 1 级	87.0	19.1	2.3	22.7	35.3	7.6	36.7	25.0	1.40	0.51	0.51
61	1-05-0075	苜蓿草粉（CP17%）(alfalfa meal)	一茬盛花期烘干 NY/T 2 级	87.0	17.2	2.6	25.6	33.3	8.3	39.0	28.6	1.52	0.22	0.22
62	1-05-0076	苜蓿草粉（CP14%～15%）(alfalfa meal)	NY/T 3 级	87.0	14.3	2.1	29.8	33.8	10.1	36.8	2.9	1.34	0.19	0.19
63	5-11-0005	啤酒糟（brewers dried grain）	大麦酿造副产品	88.0	24.3	5.3	13.4	40.8	4.2	39.4	24.6	0.32	0.42	0.14
64	7-15-0001	啤酒酵母（brewers dried yeast）	啤酒酵母菌粉，QB/T1940-94	91.7	52.4	0.4	0.6	33.6	4.7	6.1	1.8	0.16	1.02	0.46
65	4-13-0075	乳清粉（whey, dehydrated）	乳清，脱水，低乳糖含量	94.0	12.0	0.7		71.6	9.7			0.87	0.79	0.79
66	5-01-0162	酪蛋白（casein）	脱水	91.0	84.4	0.6		2.4	3.6			0.36	0.32	0.32
67	5-14-0503	明胶（gelatin）	食用	90.0	88.6	0.5		0.59	0.31			0.49		
68	4-06-0076	牛奶乳糖（milk lactose）	进口，含乳糖80%以上	96.0	3.5	0.5		82.0	10.0			0.52	0.62	0.62
69	4-06-0077	乳糖（lactose）	食用	96.0	0.3			95.7						
70	4-06-0078	葡萄糖（glucose）	食用	90.0	0.3			89.7						
71	4-06-0079	蔗糖（sucrose）	食用	99.0				98.5	0.5			0.04	0.01	0.01
72	4-02-0889	玉米淀粉（corn starch）	食用	99.0	0.3	0.2		98.5					0.03	0.01

（续表）

序号	中国饲料号 CFN	饲料名称 Feed Name	饲料描述 Description	干物质 DM(%)	粗蛋白质 CP(%)	粗脂肪 EE(%)	粗纤维 CF(%)	无氮浸出物 NFE(%)	粗灰分 Ash(%)	中洗纤维 NDF(%)	酸洗纤维 ADF(%)	钙 Ca(%)	总磷 P(%)	有效磷 A-P(%)
73	4-17-0001	牛脂（beef tallow）		99.0		98.0*		0.5	0.5					
74	4-17-0002	猪油（lard）		99.0		98.0*		0.5	0.5					
75	4-17-0003	家禽脂肪（poultry fat）		99.0		98.0*		0.5	0.5					
76	4-17-0004	鱼油（fish oil）		99.0		98.0*		0.5	0.5					
77	4-17-0005	菜籽油（rapeseed oil）		99.0		98.0*		0.5	0.5					
78	4-17-0006	椰子油（coconut oil）		99.0		98.0*		0.5	0.5					
79	4-07-0007	玉米油（corn oil）		99.0		98.0*		0.5	0.5					
80	4-17-0008	棉籽油（cottonseed oil）		99.0		98.0*		0.5	0.5					
81	4-17-0009	棕榈油（palm oil）		99.0		98.0*		0.5	0.5					
82	4-17-0010	花生油（peanuts oil）		99.0		98.0*		0.5	0.5					
83	4-17-0011	芝麻油（sesame oil）		99.0		98.0*		0.5	0.5					
84	4-17-0012	大豆油（soybean oil）	粗制	99.0		98.0*		0.5	0.5					
85	4-17-0013	葵花油（sunflower oil）		99.0		98.0*		0.5	0.5					

注：①“—”表示未测值。下同；②“*”代表典型值

中国饲料成分及营养价值表（第21版）
TABLES OF FEED COMPOSITION AND NUTRITIVE VALUES IN CHINA

附表 5－2　有效能 Effective energy

序号	中国饲料号 CFN	饲料名称 Feed Name	干物质 DM （%）	粗蛋白质 CP （%）	猪消化能 DE		猪代谢能 ME		猪净能 NE		鸡代谢能 ME		肉牛维持净能 NEm		肉牛增重净能 NEg		奶牛产奶净能 NEl		羊消化能 DE	
					Mcal/kg	MJ/kg	Mcal/kg	MJ/kg	Mcal/kg	MJ/kg	Mcal/kg	MJ/kg	Mcal/kg	MJ/kg	Mcal/kg	MJ/kg	Mcal/kg	MJ/kg	Mcal/kg	MJ/kg
1	4－07－0278	玉米	86.0	9.4	3.44	14.39	3.24	13.57	2.68	11.23	3.18	13.31	2.20	9.19	1.68	7.02	1.83	7.66	3.40	14.23
2	4－07－0288	玉米	86.0	8.5	3.45	14.43	3.25	13.60	2.69	11.26	3.25	13.60	2.24	9.39	1.72	7.21	1.84	7.70	3.41	14.27
3	4－07－0279	玉米	86.0	8.7	3.41	14.27	3.21	13.43	2.66	11.13	3.24	13.56	2.21	9.25	1.69	7.09	1.84	7.70	3.41	14.27
4	4－07－0280	玉米	86.0	7.8	3.39	14.18	3.20	13.39	2.64	11.06	3.22	13.47	2.19	9.16	1.67	7.00	1.83	7.66	3.38	14.14
5	4－07－0272	高粱	86.0	9.0	3.15	13.18	2.97	12.43	2.44	10.22	2.94	12.30	1.86	7.80	1.30	5.44	1.59	6.65	3.12	13.05
6	4－07－0270	小麦	87.0	13.9	3.39	14.18	3.16	13.22	2.56	10.72	3.04	12.72	2.09	8.73	1.55	6.46	1.75	7.32	3.40	14.23
7	4－07－0274	大麦（裸）	87.0	13.0	3.24	13.56	3.03	12.68	2.40	10.03	2.68	11.21	1.99	8.31	1.43	5.99	1.68	7.03	3.21	13.43
8	4－07－0277	大麦（皮）	87.0	11.0	3.02	12.64	2.83	11.84	2.23	9.35	2.70	11.30	1.90	7.95	1.35	5.64	1.62	6.78	3.16	13.22
9	4－07－0281	黑麦	88.0	11.0	3.31	13.85	3.10	12.97	2.52	10.53	2.69	11.25	1.98	8.27	1.42	5.95	1.68	7.03	3.39	14.18
10	4－07－0273	稻谷	86.0	7.8	2.69	11.25	2.54	10.63	1.94	8.10	2.63	11.00	1.80	7.54	1.28	5.33	1.53	6.40	3.02	12.64
11	4－07－0276	糙米	87.0	8.8	3.44	14.39	3.24	13.57	2.54	10.65	3.36	14.06	2.22	9.28	1.71	7.16	1.84	7.70	3.41	14.27
12	4－07－0275	碎米	88.0	10.4	3.60	15.06	3.38	14.14	2.70	11.30	3.40	14.23	2.40	10.05	1.92	8.03	1.97	8.24	3.43	14.35
13	4－07－0479	粟（谷子）	86.5	9.7	3.09	12.93	2.91	12.18	2.29	9.56	2.84	11.88	1.97	8.25	1.43	6.00	1.67	6.99	3.00	12.55
14	4－04－0067	木薯干	87.0	2.5	3.13	13.10	2.97	12.43	2.47	10.34	2.96	12.38	1.67	6.99	1.12	4.70	1.43	5.98	2.99	12.51
15	4－04－0068	甘薯干	87.0	4.0	2.82	11.80	2.68	11.21	2.20	9.20	2.34	9.79	1.85	7.76	1.33	5.57	1.57	6.57	3.27	13.68
16	4－08－0104	次粉	88.0	15.4	3.27	13.68	3.04	12.72	2.32	9.71	3.05	12.76	2.41	10.10	1.92	8.02	1.99	8.32	3.32	13.89
17	4－08－0105	次粉	87.0	13.6	3.21	13.43	2.99	12.51	2.28	9.53	2.99	12.51	2.37	9.92	1.88	7.87	1.95	8.16	3.25	13.60
18	4－08－0069	小麦麸	87.0	15.7	2.24	9.37	2.08	8.70	1.52	6.37	1.36	5.69	1.67	7.01	1.09	4.55	1.46	6.11	2.91	12.18
19	4－08－0070	小麦麸	87.0	14.3	2.23	9.33	2.07	8.66	1.51	6.34	1.35	5.65	1.66	6.95	1.07	4.50	1.45	6.08	2.89	12.10
20	4－08－0041	米糠	87.0	12.8	3.02	12.64	2.82	11.80	2.17	9.10	2.68	11.21	2.05	8.58	1.40	5.85	1.78	7.45	3.29	13.77

（续表）

序号	中国饲料号 CFN	饲料名称 Feed Name	干物质 DM (%)	粗蛋白质 CP (%)	猪消化能 DE		猪代谢能 ME		猪净能 NE		鸡代谢能 ME		肉牛维持净能 NEm		肉牛增重净能 NEg		奶牛产奶净能 NEl		羊消化能 DE	
					Mcal/kg	MJ/kg	Mcal/kg	MJ/kg	Mcal/kg	MJ/kg	Mcal/kg	MJ/kg	Mcal/kg	MJ/kg	Mcal/kg	MJ/kg	Mcal/kg	MJ/kg	Mcal/kg	MJ/kg
21	4-10-0025	米糠饼	88.0	14.7	2.99	12.51	2.78	11.63	2.34	9.79	2.43	10.17	1.72	7.20	1.11	4.65	1.50	6.28	2.85	11.92
22	4-10-0018	米糠粕	87.0	15.1	2.76	11.55	2.57	10.75	1.98	8.31	1.98	8.28	1.45	6.06	0.90	3.75	1.26	5.27	2.39	10.00
23	5-09-0127	大豆	87.0	35.5	3.97	16.61	3.53	14.77	2.70	11.29	3.24	13.56	2.16	9.03	1.42	5.93	1.90	7.95	3.91	16.36
24	5-09-0128	全脂大豆	88.0	35.5	4.24	17.74	3.77	15.77	2.88	12.06	3.75	15.69	2.20	9.19	1.44	6.01	1.94	8.12	3.99	16.99
25	5-10-0241	大豆饼	89.0	41.8	3.44	14.39	3.01	12.59	2.13	8.92	2.52	10.54	2.02	8.44	1.36	5.67	1.75	7.32	3.37	14.10
26	5-10-0103	大豆粕	89.0	47.9	3.60	15.06	3.11	13.01	1.98	8.28	2.53	10.58	2.07	8.68	1.45	6.06	1.78	7.45	3.42	14.31
27	5-10-0102	大豆粕	89.0	44.2	3.37	14.26	2.97	12.43	1.85	7.75	2.39	10.00	2.08	8.71	1.48	6.20	1.78	7.45	3.41	14.27
28	5-10-0118	棉籽饼	88.0	36.3	2.37	9.92	2.10	8.79	1.42	5.95	2.16	9.04	1.79	7.51	1.13	4.72	1.58	6.61	3.16	13.22
29	5-10-0119	棉籽粕	90.0	47.0	2.25	9.41	1.95	8.28	1.24	5.17	1.86	7.78	1.78	7.44	1.13	4.73	1.56	6.53	3.12	13.05
30	5-10-0117	棉籽粕	90.0	43.5	2.31	9.68	2.01	8.43	1.27	5.32	2.03	8.49	1.76	7.35	1.12	4.69	1.54	6.44	2.98	12.47
31	5-10-0220	棉籽蛋白	92.0	51.1	2.45	10.25	2.13	8.91	1.35	5.63	2.16	9.04	1.87	7.82	1.20	5.02	1.82	7.61	3.16	13.22
32	5-10-0183	菜籽饼	88.0	35.7	2.88	12.05	2.56	10.71	1.58	6.63	1.95	8.16	1.59	6.64	0.93	3.90	1.42	5.94	3.14	13.14
33	5-10-0121	菜籽粕	88.0	38.6	2.53	10.59	2.23	9.33	1.39	5.82	1.77	7.41	1.57	6.56	0.95	3.98	1.39	5.82	2.88	12.05
34	5-10-0116	花生仁饼	88.0	44.7	3.08	12.89	2.68	11.21	1.63	6.83	2.78	11.63	2.37	9.91	1.73	7.22	2.32	8.45	3.44	14.39
35	5-10-0115	花生仁粕	88.0	47.8	2.97	12.43	2.56	10.71	1.62	6.77	2.60	10.88	2.10	8.80	1.48	6.20	1.30	7.53	3.24	13.56
36	5-10-0031	向日葵仁饼	88.0	29.0	1.89	7.91	1.70	7.11	1.41	5.93	1.59	6.65	1.43	5.99	0.82	3.41	1.28	5.36	2.10	8.79
37	5-10-0242	向日葵仁粕	88.0	36.5	2.78	11.63	2.46	10.29	2.08	8.72	2.32	9.71	1.75	7.33	1.14	4.76	1.53	6.40	2.54	10.63
38	5-10-0243	向日葵仁粕	88.0	33.6	2.49	10.42	2.22	9.29	1.86	7.78	2.03	8.49	1.58	6.60	0.93	3.90	1.41	5.90	2.04	8.54
39	5-10-0119	亚麻仁饼	88.0	32.2	2.90	12.13	2.60	10.88	1.80	7.53	2.34	9.79	1.90	7.96	1.25	5.23	1.66	6.95	3.20	13.39
40	5-10-0120	亚麻仁粕	88.0	34.8	2.37	9.92	2.11	8.83	1.33	5.55	1.90	7.95	1.78	7.44	1.17	4.89	1.54	6.44	2.99	12.51
41	5-10-0246	芝麻饼	92.0	39.2	3.20	13.39	2.82	11.80	1.95	8.18	2.14	8.95	1.92	8.02	1.23	5.13	1.69	7.07	3.51	14.69
42	5-11-0001	玉米蛋白粉	90.1	63.5	3.60	15.06	3.00	12.55	2.13	8.92	3.88	16.23	2.32	9.71	1.58	6.61	2.02	8.45	4.39	18.37
43	5-11-0002	玉米蛋白粉	91.2	51.3	3.73	15.61	3.19	13.35	2.24	9.36	3.41	14.27	2.14	8.96	1.40	5.85	1.89	7.91	3.56	14.90
44	5-11-0008	玉米蛋白粉	89.9	44.3	3.59	15.02	3.13	13.10	2.13	8.92	3.18	13.31	1.93	8.08	1.26	5.26	1.74	7.28	3.28	13.73
45	5-11-0003	玉米蛋白饲料	88.0	19.3	2.48	10.38	2.28	9.54	1.56	6.53	2.02	8.45	2.00	8.36	1.36	5.69	1.70	7.11	3.20	13.39
46	4-10-0026	玉米胚芽饼	90.0	16.7	3.51	14.69	3.25	13.60	2.56	10.72	2.24	9.37	2.06	8.62	1.40	5.86	1.75	7.32	3.29	13.77

（续表）

序号	中国饲料号 CFN	饲料名称 Feed Name	干物质 DM （%）	粗蛋白质 CP （%）	猪消化能 DE		猪代谢能 ME		猪净能 NE		鸡代谢能 ME		肉牛维持净能 NEm		肉牛增重净能 NEg		奶牛产奶净能 NEl		羊消化能 DE	
					Mcal/kg	MJ/kg	Mcal/kg	MJ/kg	Mcal/kg	MJ/kg	Mcal/kg	MJ/kg	Mcal/kg	MJ/kg	Mcal/kg	MJ/kg	Mcal/kg	MJ/kg	Mcal/kg	MJ/kg
47	4-10-0244	玉米胚芽粕	90.0	20.8	3.28	13.72	3.01	12.59	1.97	8.23	2.07	8.66	1.87	7.83	1.27	5.33	1.60	6.69	3.01	12.60
48	5-11-0007	DDGS	89.2	27.5	3.43	14.35	3.10	12.97	1.91	7.99	2.20	9.20	1.86	7.78	1.57	6.58	2.14	8.97	3.50	14.64
49	5-11-0009	蚕豆粉浆蛋白粉	88.0	66.3	3.23	13.51	2.69	11.25	1.93	8.10	3.47	14.52	2.16	9.03	1.47	6.16	1.92	8.03	3.61	15.11
50	5-11-0004	麦芽根	89.7	28.3	2.31	9.67	2.09	8.74	1.46	6.10	1.41	5.90	1.60	6.69	1.02	4.29	1.43	5.98	2.73	11.42
51	5-13-0044	鱼粉（CP64.5%）	90.0	64.5	3.15	13.18	2.61	10.92	1.86	7.78	2.96	12.33	1.92	8.01	1.22	5.12	1.69	7.07	3.22	13.48
52	5-13-0045	鱼粉（CP62.5%）	90.0	62.5	3.10	12.97	2.58	10.79	1.83	7.65	2.91	12.18	1.85	7.75	1.19	4.97	1.63	6.82	3.10	12.97
53	5-13-0046	鱼粉（CP60.2%）	90.0	60.2	3.00	12.55	2.52	10.54	1.77	7.40	2.82	11.80	1.86	7.77	1.19	4.98	1.63	6.82	3.07	12.85
54	5-13-0077	鱼粉（CP53.5%）	90.0	53.5	3.09	12.93	2.63	11.00	1.82	7.63	2.90	12.13	1.85	7.72	1.21	5.05	1.61	6.74	3.14	13.14
55	5-13-0036	血粉	88.0	82.8	2.73	11.42	2.16	9.04	—	—	2.46	10.29	1.45	6.08	0.75	3.13	1.34	5.61	2.40	10.04
56	5-13-0037	羽毛粉	88.0	77.9	2.77	11.59	2.22	9.29	—	—	2.73	11.42	1.46	6.10	0.76	3.19	1.34	5.61	2.54	10.63
57	5-13-0038	皮革粉	88.0	74.7	2.75	11.51	2.23	9.33	—	—	1.48	6.19	0.67	2.81	0.37	1.55	0.74	3.10	2.64	11.05
58	5-13-0047	肉骨粉	93.0	50.0	2.83	11.84	2.43	10.17	1.60	6.71	2.38	9.96	1.65	6.91	1.08	4.53	1.43	5.98	2.77	11.59
59	5-13-0048	肉粉	94.0	54.0	2.70	11.30	2.30	9.62	1.57	6.55	2.20	9.20	1.66	6.95	1.05	4.39	1.34	5.61	2.52	10.55
60	1-05-0074	苜蓿草粉（CP19%）	87.0	19.1	1.66	6.95	1.53	6.40	0.83	3.47	0.97	4.06	1.29	5.40	0.73	3.04	1.15	4.81	2.36	9.87
61	1-05-0075	苜蓿草粉（CP17%）	87.0	17.2	1.46	6.11	1.35	5.65	0.74	3.11	0.87	3.64	1.29	5.38	0.73	3.05	1.14	4.77	2.29	9.58
62	1-05-0076	苜蓿草粉（CP14%～15%）	87.0	14.3	1.49	6.23	1.39	5.82	0.74	3.11	0.84	3.51	1.11	4.66	0.57	2.40	1.00	4.18	1.87	7.83
63	5-11-0005	啤酒糟	88.0	24.3	2.25	9.41	2.05	8.58	1.21	5.08	2.37	9.92	1.56	6.55	0.93	3.90	1.39	5.82	2.58	10.80
64	7-15-0001	啤酒酵母	91.7	52.4	3.54	14.81	3.02	12.64	2.00	8.37	2.52	10.54	1.90	7.93	1.22	5.10	1.67	6.99	3.21	13.43
65	4-13-0075	乳清粉	94.0	12.0	3.44	14.39	3.22	13.47	2.78	11.66	2.73	11.42	2.05	8.56	1.53	6.39	1.72	7.20	3.43	14.35
66	5-01-0162	酪蛋白	91.0	84.4	4.13	17.27	3.22	13.47	2.55	10.67	4.13	17.28	3.14	13.14	2.36	9.88	2.31	9.67	4.28	17.90
67	5-14-0503	明胶	90.0	88.6	2.80	11.72	2.19	9.16	—	—	2.36	9.87	1.80	7.53	1.36	5.70	1.56	6.53	3.36	14.06

（续表）

序号	中国饲料号 CFN	饲料名称 Feed Name	干物质 DM（%）	粗蛋白质 CP（%）	猪消化能 DE		猪代谢能 ME		猪净能 NE		鸡代谢能 ME		肉牛维持净能 NEm		肉牛增重净能 NEg		奶牛产奶净能 NEl		羊消化能 DE	
					Mcal/kg	MJ/kg	Mcal/kg	MJ/kg	Mcal/kg	MJ/kg	Mcal/kg	MJ/kg	Mcal/kg	MJ/kg	Mcal/kg	MJ/kg	Mcal/kg	MJ/kg	Mcal/kg	MJ/kg
68	4-06-0076	牛奶乳糖	96.0	3.5	3.37	14.10	3.21	13.43	2.32	9.73	2.69	11.25	2.32	9.72	1.85	7.76	1.91	7.99	3.48	14.56
69	4-06-0077	乳糖	96.0	0.3	3.53	14.77	3.39	14.18	2.44	10.24	2.70	11.30	2.31	9.67	1.84	7.70	2.06	8.62	3.92	16.41
70	4-06-0078	葡萄糖	90.0	0.3	3.36	14.06	3.22	13.47	2.52	10.54	3.08	12.89	2.66	11.13	2.13	8.92	1.76	7.36	3.28	13.73
71	4-06-0079	蔗糖	99.0		3.80	15.90	3.65	15.27	2.85	11.92	3.90	16.32	3.37	14.10	2.69	11.26	2.06	8.62	4.02	16.82
72	4-02-0889	玉米淀粉	99.0	0.3	4.00	16.74	3.84	16.07	3.00	12.55	3.16	13.22	2.73	11.43	2.20	9.12	1.87	7.82	3.50	14.65
73	4-17-0001	牛油	99.0		8.00	33.47	7.68	32.13	6.75	28.28	7.78	32.55	4.76	19.90	3.52	14.73	4.23	17.70	7.62	31.86
74	4-17-0002	猪油	99.0		8.29	34.69	7.96	33.30	7.00	29.31	9.11	38.11	5.60	23.43	4.15	17.37	4.86	20.34	8.51	35.60
75	4-17-0003	家禽脂肪	99.0		8.52	35.65	8.18	34.23	7.20	30.11	9.36	39.16	5.47	22.89	4.10	17.00	4.96	20.76	8.68	36.30
76	4-17-0004	鱼油	99.0		8.44	35.31	8.10	33.89	7.12	29.82	8.45	35.35	9.55	39.92	5.26	21.20	4.64	19.40	8.36	34.95
77	4-17-0005	菜籽油	99.0		8.76	36.65	8.41	35.19	7.40	30.96	9.21	38.53	10.14	42.30	5.68	23.77	5.01	20.97	8.92	37.33
78	4-17-0006	玉米油	99.0		8.75	36.61	8.40	35.15	7.39	30.93	9.66	40.42	10.44	43.64	5.75	24.10	5.26	22.01	9.42	39.42
79	4-17-0007	椰子油	99.0		8.40	35.11	8.06	33.69	7.09	29.67	8.81	36.83	9.78	40.92	5.58	23.35	4.79	20.05	8.63	36.11
80	4-17-0008	棉籽油	99.0		8.60	35.98	8.26	34.43	7.27	30.41	9.05	37.87	10.20	42.68	5.72	23.94	4.92	20.06	8.91	37.25
81	4-17-0009	棕榈油	99.0		8.01	33.51	7.69	32.17	6.76	28.31	5.80	24.27	6.56	27.45	3.94	16.50	3.16	13.23	5.76	24.10
82	4-17-0010	花生油	99.0		8.73	36.53	8.38	35.06	7.37	30.85	9.36	39.16	10.50	43.89	5.57	23.31	5.09	21.30	9.17	38.33
83	4-17-0011	芝麻油	99.0		8.75	36.61	8.40	35.15	7.39	30.93	8.48	35.48	9.60	40.14	5.20	21.75	4.61	19.29	8.35	34.91
84	4-17-0012	大豆油	99.0		8.75	36.61	8.40	35.15	7.39	30.93	8.37	35.02	9.38	39.21	5.44	22.75	4.55	19.04	8.29	34.69
85	4-17-0013	葵花油	99.0		8.76	36.65	8.41	35.19	7.40	30.96	9.66	40.42	10.44	43.64	5.43	22.72	5.26	22.01	9.47	39.63

注："—"表示数据不详

中国饲料成分及营养价值表（第 21 版）
TABLES OF FEED COMPOSITION AND NUTRITIVE VALUES IN CHINA

附表 5－3　饲料中氨基酸含量 Amino acids

序号	中国饲料号 CFN	饲料名称 Feed Name	干物质 DM（%）	粗蛋白质 CP（%）	精氨酸 Arg（%）	组氨酸 His（%）	异亮氨酸 Ile（%）	亮氨酸 Leu（%）	赖氨酸 Lys（%）	蛋氨酸 Met（%）	胱氨酸 Cys（%）	苯丙氨酸 Phe（%）	酪氨酸 Tyr（%）	苏氨酸 Thr（%）	色氨酸 Trp（%）	缬氨酸 Val（%）
1	4－07－0278	玉米（corn grain）	86.0	9.4	0.38	0.23	0.26	1.03	0.26	0.19	0.22	0.43	0.34	0.31	0.08	0.40
2	4－07－0288	玉米（corn grain）	86.0	8.5	0.50	0.29	0.27	0.74	0.36	0.15	0.18	0.37	0.28	0.30	0.08	0.46
3	4－07－0279	玉米（corn grain）	86.0	8.7	0.39	0.21	0.25	0.93	0.24	0.18	0.20	0.41	0.33	0.30	0.07	0.38
4	4－07－0280	玉米（corn grain）	86.0	7.8	0.37	0.20	0.24	0.93	0.23	0.15	0.15	0.38	0.31	0.29	0.06	0.35
5	4－07－0272	高粱（sorghum grain）	86.0	9.0	0.33	0.18	0.35	1.08	0.18	0.17	0.12	0.45	0.32	0.26	0.08	0.44
6	4－07－0270	小麦（wheat grain）	87.0	13.9	0.58	0.27	0.44	0.80	0.30	0.25	0.24	0.58	0.37	0.33	0.15	0.56
7	4－07－0274	大麦（裸）（naked barley grain）	87.0	13.0	0.64	0.16	0.43	0.87	0.44	0.14	0.25	0.68	0.40	0.43	0.16	0.63
8	4－07－0277	大麦（皮）（barley grain）	87.0	11.0	0.65	0.24	0.52	0.91	0.42	0.18	0.18	0.59	0.35	0.41	0.12	0.64
9	4－07－0281	黑麦（rye）	88.0	11.0	0.50	0.25	0.40	0.64	0.37	0.16	0.25	0.49	0.26	0.34	0.12	0.52
10	4－07－0273	稻谷（paddy）	86.0	7.8	0.57	0.15	0.32	0.58	0.29	0.19	0.16	0.40	0.37	0.25	0.10	0.47
11	4－07－0276	糙米（rough rice）	87.0	8.8	0.65	0.17	0.30	0.61	0.32	0.20	0.14	0.35	0.31	0.28	0.12	0.49
12	4－07－0275	碎米（broken rice）	88.0	10.4	0.78	0.27	0.39	0.74	0.42	0.22	0.17	0.49	0.39	0.38	0.12	0.57
13	4－07－0479	粟（谷子）（millet grain）	86.5	9.7	0.30	0.20	0.36	1.15	0.15	0.25	0.20	0.49	0.26	0.35	0.17	0.42
14	4－04－0067	木薯干（cassava tuber flake）	87.0	2.5	0.40	0.05	0.11	0.15	0.13	0.05	0.04	0.10	0.04	0.10	0.03	0.13
15	4－04－0068	甘薯干（sweet potato tuber flake）	87.0	4.0	0.16	0.08	0.17	0.26	0.16	0.06	0.08	0.19	0.13	0.18	0.05	0.27
16	4－08－0104	次粉（wheat middling and red dog）	88.0	15.4	0.86	0.41	0.55	1.06	0.59	0.23	0.37	0.66	0.46	0.50	0.21	0.72
17	4－08－0105	次粉（wheat middling and red dog）	87.0	13.6	0.85	0.33	0.48	0.98	0.52	0.16	0.33	0.63	0.45	0.50	0.18	0.68
18	4－08－0069	小麦麸（wheat bran）	87.0	15.7	0.97	0.39	0.46	0.81	0.58	0.13	0.26	0.58	0.28	0.43	0.20	0.63

（续表）

序号	中国饲料号 CFN	饲料名称 Feed Name	干物质 DM（%）	粗蛋白质 CP（%）	精氨酸 Arg（%）	组氨酸 His（%）	异亮氨酸 Ile（%）	亮氨酸 Leu（%）	赖氨酸 Lys（%）	蛋氨酸 Met（%）	胱氨酸 Cys（%）	苯丙氨酸 Phe（%）	酪氨酸 Tyr（%）	苏氨酸 Thr（%）	色氨酸 Trp（%）	缬氨酸 Val（%）
19	4-08-0070	小麦麸（wheat bran）	87.0	14.3	0.88	0.35	0.42	0.74	0.53	0.12	0.24	0.53	0.25	0.39	0.18	0.57
20	4-08-0041	米糠（rice bran）	87.0	12.8	1.06	0.39	0.63	1.00	0.74	0.25	0.19	0.63	0.50	0.48	0.14	0.81
21	4-10-0025	米糠饼（rice bran meal）（exp.）	88.0	14.7	1.19	0.43	0.72	1.06	0.66	0.26	0.30	0.76	0.51	0.53	0.15	0.99
22	4-10-0018	米糠粕（rice bran meal）（sol.）	87.0	15.1	1.28	0.46	0.78	1.30	0.72	0.28	0.32	0.82	0.55	0.57	0.17	1.07
23	5-09-0127	大豆（soybeans）	87.0	35.5	2.57	0.59	1.28	2.72	2.20	0.56	0.70	1.42	0.64	1.41	0.45	1.50
24	5-09-0128	全脂大豆（full-fat soybeans）	88.0	35.5	2.63	0.63	1.32	2.68	2.37	0.55	0.76	1.39	0.67	1.42	0.49	1.53
25	5-10-0241	大豆饼（soybean meal（exp.））	89.0	41.8	2.53	1.10	1.57	2.75	2.43	0.60	0.62	1.79	1.53	1.44	0.64	1.70
26	5-10-0103	大豆粕（soybean meal）（sol.）	89.0	47.9	3.43	1.22	2.10	3.57	2.99	0.68	0.73	2.33	1.57	1.85	0.65	2.26
27	5-10-0102	大豆粕（soybean meal）（sol.）	89.0	44.2	3.38	1.17	1.99	3.35	2.68	0.59	0.65	2.21	1.47	1.71	0.57	2.09
28	5-10-0118	棉籽饼（cottonseed meal）（exp.）	88.0	36.3	3.94	0.90	1.16	2.07	1.40	0.41	0.70	1.88	0.95	1.14	0.39	1.51
29	5-10-0119	棉籽粕（cottonseed meal）（sol.）	88.0	47.0	4.98	1.26	1.40	2.67	2.13	0.56	0.66	2.43	1.11	1.35	0.54	2.05
30	5-10-0117	棉籽粕（cottonseed meal）（sol.）	90.0	43.5	4.65	1.19	1.29	2.47	1.97	0.58	0.68	2.28	1.05	1.25	0.51	1.91
31	5-10-0220	棉籽蛋白（cottonseed protein）	92.0	51.1	6.08	1.58	1.72	3.13	2.26	0.86	1.04	2.94	1.42	1.60		2.48
32	5-10-0183	菜籽饼（rapeseed meal）（exp.）	88.0	35.7	1.82	0.83	1.24	2.26	1.33	0.60	0.82	1.35	0.92	1.40	0.42	1.62
33	5-10-0121	菜籽粕（rapeseed meal）（sol.）	88.0	38.6	1.83	0.86	1.29	2.34	1.30	0.63	0.87	1.45	0.97	1.49	0.43	1.74
34	5-10-0116	花生仁饼（peanut meal）（exp.）	88.0	44.7	4.60	0.83	1.18	2.36	1.32	0.39	0.38	1.81	1.31	1.05	0.42	1.28
35	5-10-0115	花生仁粕（peanut meal）（sol.）	88.0	47.8	4.88	0.88	1.25	2.50	1.40	0.41	0.40	1.92	1.39	1.11	0.45	1.36
36	5-10-0031	向日葵仁饼（sunflower meal）（exp.）	88.0	29.0	2.44	0.62	1.19	1.76	0.96	0.59	0.43	1.21	0.77	0.98	0.28	1.35

（续表）

序号	中国饲料号 CFN	饲料名称 Feed Name	干物质 DM（%）	粗蛋白质 CP（%）	精氨酸 Arg（%）	组氨酸 His（%）	异亮氨酸 Ile（%）	亮氨酸 Leu（%）	赖氨酸 Lys（%）	蛋氨酸 Met（%）	胱氨酸 Cys（%）	苯丙氨酸 Phe（%）	酪氨酸 Tyr（%）	苏氨酸 Thr（%）	色氨酸 Trp（%）	缬氨酸 Val（%）
37	5－10－0242	向日葵仁粕（sunflower meal）（sol.）	88.0	36.5	3.17	0.81	1.51	2.25	1.22	0.72	0.62	1.56	0.99	1.25	0.47	1.72
38	5－10－0243	向日葵仁粕（sunflower meal）（sol.）	88.0	33.6	2.89	0.74	1.39	2.07	1.13	0.69	0.50	1.43	0.91	1.14	0.37	1.58
39	5－10－0119	亚麻仁饼（linseed meal）（exp.）	88.0	32.2	2.35	0.51	1.15	1.62	0.73	0.46	0.48	1.32	0.50	1.00	0.48	1.44
40	5－10－0120	亚麻仁粕（linseed meal）（sol.）	88.0	34.8	3.59	0.64	1.33	1.85	1.16	0.55	0.55	1.51	0.93	1.10	0.70	1.51
41	5－10－0246	芝麻饼（sesame meal）（exp.）	92.0	39.2	2.38	0.81	1.42	2.52	0.82	0.82	0.75	1.68	1.02	1.29	0.49	1.84
42	5－11－0001	玉米蛋白粉（corn gluten meal）	90.1	63.5	1.90	1.18	2.85	11.59	0.97	1.42	0.96	4.10	3.19	2.08	0.36	2.98
43	5－11－0002	玉米蛋白粉（corn gluten meal）	91.2	51.3	1.48	0.89	1.75	7.87	0.92	1.14	0.76	2.83	2.25	1.59	0.31	2.05
44	5－11－0008	玉米蛋白粉（corn gluten meal）	89.9	44.3	1.31	0.78	1.63	7.08	0.71	1.04	0.65	2.61	2.03	1.38		1.84
45	5－11－0003	玉米蛋白饲料（corn gluten feed）	88.0	19.3	0.77	0.56	0.62	1.82	0.63	0.29	0.33	0.70	0.50	0.68	0.14	0.93
46	4－10－0026	玉米胚芽饼（corn germ meal）（exp.）	90.0	16.7	1.16	0.45	0.53	1.25	0.70	0.31	0.47	0.64	0.54	0.64	0.16	0.91
47	4－10－0244	玉米胚芽粕（corn germ meal）（sol.）	90.0	20.8	1.51	0.62	0.77	1.54	0.75	0.21	0.28	0.93	0.66	0.68	0.18	1.66
48	5－11－0007	DDGS（distiller dried grains with solubles）	89.2	27.5	1.23	0.75	1.06	3.21	0.87	0.56	0.57	1.40	1.09	1.04	0.22	1.41
49	5－11－0009	蚕豆粉浆蛋白粉（broad bean gluten meal）	88.0	66.3	5.96	1.66	2.90	5.88	4.44	0.60	0.57	3.34	2.21	2.31		3.20
50	5－11－0004	麦芽根（barley malt sprouts）	89.7	28.3	1.22	0.54	1.08	1.58	1.30	0.37	0.26	0.85	0.67	0.96	0.42	1.44
51	5－13－0044	鱼粉（CP64.5%）（fish meal）	90.0	64.5	3.91	1.75	2.68	4.99	5.22	1.71	0.58	2.71	2.13	2.87	0.78	3.25
52	5－13－0045	鱼粉（CP62.5%）（fish meal）	90.0	62.5	3.86	1.83	2.79	5.06	5.12	1.66	0.55	2.67	2.01	2.78	0.75	3.14

（续表）

序号	中国饲料号 CFN	饲料名称 Feed Name	干物质 DM（%）	粗蛋白质 CP（%）	精氨酸 Arg（%）	组氨酸 His（%）	异亮氨酸 Ile（%）	亮氨酸 Leu（%）	赖氨酸 Lys（%）	蛋氨酸 Met（%）	胱氨酸 Cys（%）	苯丙氨酸 Phe（%）	酪氨酸 Tyr（%）	苏氨酸 Thr（%）	色氨酸 Trp（%）	缬氨酸 Val（%）
53	5－13－0046	鱼粉（CP60.2%）（fish meal）	90.0	60.2	3.57	1.71	2.68	4.80	4.72	1.64	0.52	2.35	1.96	2.57	0.70	3.17
54	5－13－0077	鱼粉（CP53.5%）（fish meal）	90.0	53.5	3.24	1.29	2.30	4.30	3.87	1.39	0.49	2.22	1.70	2.51	0.60	2.77
55	5－13－0036	血粉（blood meal）	88.0	82.8	2.99	4.40	0.75	8.38	6.67	0.74	0.98	5.23	2.55	2.86	1.11	6.08
56	5－13－0037	羽毛粉（feather meal）	88.0	77.9	5.30	0.58	4.21	6.78	1.65	0.59	2.93	3.57	1.79	3.51	0.40	6.05
57	5－13－0038	皮革粉（leather meal）	88.0	74.7	4.45	0.40	1.06	2.53	2.18	0.80	0.16	1.56	0.63	0.71	0.50	1.91
58	5－13－0047	肉骨粉（meat and bone meal）	93.0	50.0	3.35	0.96	1.70	3.20	2.60	0.67	0.33	1.70	1.26	1.63	0.26	2.25
59	5－13－0048	肉粉（meat meal）	94.0	54.0	3.60	1.14	1.60	3.84	3.07	0.80	0.60	2.17	1.40	1.97	0.35	2.66
60	1－05－0074	苜蓿草粉（CP19%）（alfalfa meal）	87.0	19.1	0.78	0.39	0.68	1.20	0.82	0.21	0.22	0.82	0.58	0.74	0.43	0.91
61	1－05－0075	苜蓿草粉（CP17%）alfalfa meal）	87.0	17.2	0.74	0.32	0.66	1.10	0.81	0.20	0.16	0.81	0.54	0.69	0.37	0.85
62	1－05－0076	苜蓿草粉（CP14%～15%）（alfalfa meal）	87.0	14.3	0.61	0.19	0.58	1.00	0.60	0.18	0.15	0.59	0.38	0.45	0.24	0.58
63	5－11－0005	啤酒糟（brewers dried grain）	88.0	24.3	0.98	0.51	1.18	1.08	0.72	0.52	0.35	2.35	1.17	0.81	0.28	1.66
64	7－15－0001	啤酒酵母（brewers dried yeast）	91.7	52.4	2.67	1.11	2.85	4.76	3.38	0.83	0.50	4.07	0.12	2.33	0.21	3.40
65	4－13－0075	乳清粉（whey，dehydrated）	94.0	12.0	0.40	0.20	0.90	1.20	1.10	0.20	0.30	0.40	0.21	0.80	0.20	0.70
66	5－01－0162	酪蛋白（casein）	91.0	84.4	3.10	2.68	4.43	8.36	6.99	2.57	0.39	4.56	4.54	3.79	1.08	5.80
67	5－14－0503	明胶（gelatin）	90.0	88.6	6.60	0.66	1.42	2.91	3.62	0.76	0.12	1.74	0.43	1.82	0.05	2.26
68	4－06－0076	牛奶乳糖（milk lactose）	96.0	3.5	0.25	0.09	0.09	0.16	0.14	0.03	0.04	0.09	0.02	0.09	0.09	0.09

中国饲料成分及营养价值表（第 21 版）
TABLES OF FEED COMPOSITION AND NUTRITIVE VALUES IN CHINA

附表 5－4　矿物质及维生素含量 Minerals and vitamins

序号	中国饲料号 CFN	饲料名称 Feed Name	钠 Na（%）	氯 Cl（%）	镁 Mg（%）	钾 K（%）	铁 Fe（mg/kg）	铜 Cu（mg/kg）	锰 Mn（mg/kg）	锌 Zn（mg/kg）	硒 Se（mg/kg）	胡萝卜素（mg/kg）	VE（mg/kg）	VB_1（mg/kg）	VB_2（mg/kg）	泛酸（mg/kg）	烟酸（mg/kg）	生物素（mg/kg）	叶酸（mg/kg）	胆碱（mg/kg）	B_6（mg/kg）	B_{12}（μg/kg）	亚油酸（%）
1	4－07－0278	玉米（corn grain）	0.01	0.04	0.11	0.29	36	3.4	5.8	21.1	0.04	2	22.0	3.5	1.1	5.0	24.0	0.06	0.15	620	10.0		2.20
2	4－07－0272	高粱（sorghum grain）	0.03	0.09	0.15	0.34	87	7.6	17.1	20.1	0.05		7.0	3.0	1.3	12.4	41.0	0.26	0.20	668	5.2		1.13
3	4－07－0270	小麦（wheat grain）	0.06	0.07	0.11	0.50	88	7.9	45.9	29.7	0.05	0.4	13.0	4.6	1.3	11.9	51.0	0.11	0.36	1040	3.7		0.59
4	4－07－0274	大麦（裸）（naked barley grain）	0.04		0.11	0.60	100	7.0	18.0	30.0	0.16		48.0	4.1	1.4		87.0				19.3		
5	4－07－0277	大麦（皮）（barley grain）	0.02	0.15	0.14	0.56	87	5.6	17.5	23.6	0.06	4.1	20.0	4.5	1.8	8.0	55.0	0.15	0.07	990	4.0		0.83
6	4－07－0281	黑麦（rye）	0.02	0.04	0.12	0.42	117	7.0	53.0	35.0	0.40		15.0	3.6	1.5	8.0	16.0	0.06	0.60	440	2.6		0.76
7	4－07－0273	稻谷（paddy）	0.04	0.07	0.07	0.34	40	3.5	20.0	8.0	0.04		16.0	3.1	1.2	3.7	34.0	0.08	0.45	900	28.0		0.28
8	4－07－0276	糙米（rough rice）	0.04	0.06	0.14	0.34	78	3.3	21.0	10.0	0.07		13.5	2.8	1.1	11.0	30.0	0.08	0.40	1014	0.04		
9	4－07－0275	碎米（broken rice）	0.07	0.08	0.11	0.13	62	8.8	47.5	36.4	0.06		14.0	1.4	0.7	8.0	30.0	0.08	0.20	800	28.0		
10	4－07－0479	粟（谷子）（millet grain）	0.04	0.14	0.16	0.43	270	24.5	22.5	15.9	0.08	1.2	36.3	6.6	1.6	7.4	53.0		15.0	790			0.84
11	4－04－0067	木薯干（cassava tuber flake）	0.03		0.11	0.78	150	4.2	6.0	14.0	0.04			1.7	0.8	1.0	3.0				1.00		0.10
12	4－04－0068	甘薯干（sweet potato tuber flake）	0.16		0.08	0.36	107	6.1	10.0	9.0	0.07												
13	4－08－0104	次粉 wheat middling and red dog	0.60	0.04	0.41	0.60	140	11.6	94.2	73.0	0.07	3.0	20.0	16.5	1.8	15.6	72.0	0.33	0.76	1187	9.0		1.74
14	4－08－0105	次粉 wheat（middling and red dog）	0.60	0.04	0.41	0.60	140	11.6	94.2	73.0	0.07	3.0	20.0	16.5	1.8	15.6	72.0	0.33	0.76	1187	9.0		1.74
15	4－08－0069	小麦麸（wheat bran）	0.07	0.07	0.52	1.19	170	13.8	104.3	96.5	0.07	1.0	14.0	8.0	4.6	31.0		0.36	0.63	980	7.0		1.70
16	4－08－0070	小麦麸（wheat bran）	0.07	0.07	0.47	1.19	157	16.5	80.6	104.7	0.05	1.0	14.0	8.0	4.6	31.0	186.0	0.36	0.63	980	7.0		1.70
17	4－08－0041	米糠（rice bran）	0.07	0.07	0.90	1.73	304	7.1	175.9	50.3	0.09		60.0	22.5	2.5	23.0	293.0	0.42	2.20	1135	14.0		3.57

（续表）

序号	中国饲料号 CFN	饲料名称 Feed Name	钠 Na（%）	氯 Cl（%）	镁 Mg（%）	钾 K（%）	铁 Fe（mg/kg）	铜 Cu（mg/kg）	锰 Mn（mg/kg）	锌 Zn（mg/kg）	硒 Se（mg/kg）	胡萝卜素（mg/kg）	VE（mg/kg）	VB_1（mg/kg）	VB_2（mg/kg）	泛酸（mg/kg）	烟酸（mg/kg）	生物素（mg/kg）	叶酸（mg/kg）	胆碱（mg/kg）	B_6（mg/kg）	B_{12}（μg/kg）	亚油酸（%）
18	4-10-0025	米糠饼（rice bran eal）（exp.）	0.08		1.26	1.80	400	8.7	211.6	56.4	0.09		11.0	24.0	2.9	94.9	689.0	0.70	0.88	1700	54.00	40.0	
19	4-10-0018	米糠粕（rice bran eal）（sol.）	0.09	0.10		1.80	432	9.4	228.4	60.9	0.10												
20	5-09-0127	大豆（soybeans）	0.02	0.03	0.28	1.70	111	18.1	21.5	40.7	0.06		40.0	12.3	2.9	17.4	24.0	0.42	2.00	3200	12.00	0.0	8.00
21	5-09-0128	全脂大豆（full-fat soybeans）	0.02	0.03	0.28	1.70	111	18.1	21.5	40.7	0.06		40.0	12.3	2.9	17.4	24.0	0.42	4.00	3200	12.00	0.0	8.00
22	5-10-0241	大豆饼（soybean meal）（exp.）	0.02	0.02	0.25	1.77	187	19.8	32.0	43.4	0.04		6.6	1.7	4.4	13.8	37.0	0.32	0.45	2673	10.00	0.0	
23	5-10-0103	大豆粕（soybean meal）（sol.）	0.03	0.05	0.28	2.05	185	24.0	38.2	46.4	0.10	0.2	3.1	4.6	3.0	16.4	30.7	0.33	0.81	2858	6.10	0.0	0.51
24	5-10-0102	大豆粕（soybean meal）（sol..）	0.03	0.05	0.28	1.72	185	24.0	28.0	46.4	0.06	0.2	3.1	4.6	3.0	16.4	30.7	0.33	0.81	2858	6.10	0.0	0.51
25	5-10-0118	棉籽饼（cottonseed meal）（exp..）	0.04	0.14	0.52	1.20	266	11.6	17.8	44.9	0.11	0.2	16.0	6.4	5.1	10.0	38.0	0.53	1.65	2753	5.30	0.0	2.47
26	5-10-0119	棉籽粕（cottonseed meal）（sol.）	0.04	0.04	0.40	1.16	263	14.0	18.7	55.5	0.15	0.2	15.0	7.0	5.5	12.0	40.0	0.30	2.51	2933	5.10	0.0	1.51
27	5-10-0117	棉籽粕（cottonseed meal）（sol.）	0.04	0.04	0.40	1.16	263	14.0	18.7	55.5	0.15	0.2	15.0	7.0	5.5	12.0	40.0	0.30	2.51	2933	5.10	0.0	1.51
28	5-10-0183	菜籽饼（rapeseed meal）（exp.）	0.02			1.34	687	7.2	78.1	59.2	0.29												
29	5-10-0121	菜籽粕（rapeseed meal）（sol.）	0.09	0.11	0.51	1.40	653	7.1	82.2	67.5	0.16		54.0	5.2	3.7	9.5	160.0	0.98	0.95	6700	7.20	0.0	0.42
30	5-10-0116	花生仁饼（peanut meal）（exp.）	0.04	0.03	0.33	1.14	347	23.7	36.7	52.5	0.06		3.0	7.1	5.2	47.0	166.0	0.33	0.40	1655	10.00	0.0	1.43
31	5-10-0115	花生仁粕（peanut meal）（sol.）	0.07	0.03	0.31	1.23	368	25.1	38.9	55.7	0.06		3.0	5.7	11.0	53.0	173.0	0.39	0.39	1854	10.00	0.0	0.24
32	1-10-0031	向日葵仁饼（sunflower eal）（exp.）	0.02	0.01	0.75	1.17	424	45.6	41.5	62.1	0.09		0.9		18.0	4.0	86.0	1.40	0.40	800			
33	5-10-0242	向日葵仁粕（sunflowereal）（sol.）	0.20	0.01	0.75	1.00	226	32.8	34.5	82.7	0.06		0.7	4.6	2.3	39.0	22.0	1.70	1.60	3260	17.20		
34	5-10-0243	向日葵仁粕（sunflower eal）（sol.）	0.20	0.10	0.68	1.23	310	35.0	35.0	80.0	0.08			3.0	3.0	29.9	14.0	1.40	1.14	3100	11.10		0.98

（续表）

序号	中国饲料号 CFN	饲料名称 Feed Name	钠 Na (%)	氯 Cl (%)	镁 Mg (%)	钾 K (%)	铁 Fe (mg/kg)	铜 Cu (mg/kg)	锰 Mn (mg/kg)	锌 Zn (mg/kg)	硒 Se (mg/kg)	胡萝卜素(mg/kg)	VE (mg/kg)	VB_1 (mg/kg)	VB_2 (mg/kg)	泛酸 (mg/kg)	烟酸 (mg/kg)	生物素 (mg/kg)	叶酸 (mg/kg)	胆碱 (mg/kg)	B_6 (mg/kg)	B_{12} (μg/kg)	亚油酸 (%)
35	5－10－0119	亚麻仁饼（linseed meal）(exp.)	0.09	0.04	0.58	1.25	204	27.0	40.3	36.0	0.18		7.7	2.6	4.1	16.5	37.4	0.36	2.90	1672	6.10		1.07
36	5－10－0120	亚麻仁粕（linseed meal）(sol.)	0.14	0.05	0.56	1.38	219	25.5	43.3	38.7	0.18	0.2	5.8	7.5	3.2	14.7	33.0	0.41	0.34	1512	6.00	200.0	0.36
37	5－10－0246	芝麻饼（sesame meal）(exp.)	0.04	0.05	0.50	1.39	1780	50.4	32.0	2.4	0.21	0.2	0.3	2.8	3.6	6.0	30.0	2.40	—	1536	12.50	0.0	1.90
38	5－11－0001	玉米蛋白粉（corn gluten meal）	0.01	0.05	0.08	0.30	230	1.9	5.9	19.2	0.02	44.0	25.5	0.3	2.2	3.0	55.0	0.15	0.20	330	6.90	50.0	1.17
39	5－11－0002	玉米蛋白粉（corn gluten meal）	0.02			0.35	332	10.0	78.0	49.0													
40	5－11－0008	玉米蛋白粉（corn gluten meal）	0.02	0.08	0.05	0.40	400	28.0	7.0		1.00	16.0	19.9	0.2	1.5	9.6	54.5	0.15	0.22	330			
41	5－11－0003	玉米蛋白饲料（corn gluten feed）	0.12	0.22	0.42	1.30	282	10.7	77.1	59.2	0.23	8.0	14.8	2.0	2.4	17.8	75.5	0.22	0.28	1700	13.00	250.0	1.43
42	4－10－0026	玉米胚芽饼（corn germ meal）(exp.)	0.01	0.12	0.10	0.30	99	12.8	19.0	108.1		2.0	87.0		3.7	3.3	42.0			1936			1.47
43	4－10－0244	玉米胚芽粕（corn germ meal）	0.01		0.16	0.69	214	7.7	23.3	126.6	0.33	2.0	80.8	1.1	4.0	4.4	37.7	0.22	0.20	2000			1.47
44	5－11－0007	DDGS（distiller dried grains with solubles）	0.24	0.17	0.91	0.28	98	5.4	15.2	52.3		3.5	40.0	3.5	8.6	11.0	75.0	0.30	0.88	2637	2.28	10.0	2.15
45	5－11－0009	蚕豆粉浆蛋白粉（broad bean gluten meal）	0.01			0.06		22.0	16.0														
46	5－11－0004	麦芽根（barley malt sprouts）	0.06	0.59	0.16	2.18	198	5.3	67.8	42.4	0.60		4.2	0.7	1.5	8.6	43.3		0.20	1548			0.46
47	5－13－0044	鱼粉（CP64.5%）（fish meal）	0.88	0.60	0.24	0.90	226	9.1	9.2	98.9	2.70		5.0	0.3	7.1	15.0	100.0	0.23	0.37	4408	4.00	352.0	0.20
48	5－13－0045	鱼粉（CP62.5%）（fish meal）	0.78	0.61	0.16	0.83	181	6.0	12.0	90.0	1.62		5.7	0.2	4.9	9.0	55.0	0.15	0.30	3099	4.00	150.0	0.12
49	5－13－0046	鱼粉（CP60.2%）（fish meal）	0.97	0.61	0.16	1.10	80	8.0	10.0	80.0	1.50		7.0	0.5	4.9	9.0	55.0	0.20	0.30	3056	4.00	104.0	0.12
50	5－13－0077	鱼粉（CP53.5%）（fish meal）	1.15	0.61	0.16	0.94	292	8.0	9.7	88.0	1.94		5.6	0.4	8.8	8.8	65.0			3000		143.0	
51	5－13－0036	血粉（blood meal）	0.31	0.27	0.16	0.90	2100	8.0	2.3	14.0	0.70		1.0	0.4	1.6	1.2	23.0	0.09	0.11	800	4.40	50.0	0.10

（续表）

序号	中国饲料号 CFN	饲料名称 Feed Name	钠 Na（%）	氯 Cl（%）	镁 Mg（%）	钾 K（%）	铁 Fe（mg/kg）	铜 Cu（mg/kg）	锰 Mn（mg/kg）	锌 Zn（mg/kg）	硒 Se（mg/kg）	胡萝卜素（mg/kg）	VE（mg/kg）	VB_1（mg/kg）	VB_2（mg/kg）	泛酸（mg/kg）	烟酸（mg/kg）	生物素（mg/kg）	叶酸（mg/kg）	胆碱（mg/kg）	B_6（mg/kg）	B_{12}（μg/kg）	亚油酸（%）
52	5-13-0037	羽毛粉（feather meal）	0.31	0.26	0.20	0.18	73	6.8	8.8	53.8	0.80		7.3	0.1	2.0	10.0	27.0	0.04	0.20	880	3.00	71.0	0.83
53	5-13-0038	皮革粉（leather meal）					131	11.1	25.2	89.8													
54	5-13-0047	肉骨粉（meat and bone meal）	0.73	0.75	1.13	1.40	500	1.5	12.3	90.0	0.25		0.8	0.2	5.2	4.4	59.4	0.14	0.60	2000	4.60	100.0	0.72
55	5-13-0048	肉粉（meat meal）	0.80	0.97	0.35	0.57	440	10.0	10.0	94.0	0.37		1.2	0.6	4.7	5.0	57.0	0.08					
56	1-05-0074	苜蓿草粉（CP19%）（alfalfa meal）	0.09	0.38	0.30	2.08	372	9.1	30.7	17.1	0.46	94.6	144.0	5.8	15.5	34.0	40.0	0.35					0.35
57	1-05-0075	苜蓿草粉（CP17%）（alfalfa meal）	0.17	0.46	0.36	2.40	361	9.7	30.7	21.0	0.46	94.6	125.0	3.4	13.6	29.0	38.0	0.30	4.2[illegible]	1401	6.50		0.80
58	1-05-0076	苜蓿草粉（CP14% ~ 15%）（alfalfa meal）	0.11	0.46	0.36	2.22	437	9.1	33.2	22.6	0.48	63.0	98.0	3.0	10.6	20.8	41.8	0.25	1.5[illegible]	1548			0.44
59	5-11-0005	啤酒糟（brewers dried grain）	0.25	0.12	0.19	0.08	274	20.1	35.6	104.0	0.41	0.20	27.0	0.6	1.5	8.6	43.0	0.24	0.2[illegible]	1723	0.70		2.94
60	7-15-0001	啤酒酵母（brewers dried yeast）	0.10	0.12	0.23	1.70	248	61.0	22.3	86.7	1.00		2.2	91.8	37.0	109.0	448.0	0.63	9.9[illegible]	3984	42.80	999.9	0.04
61	4-13-0075	乳清粉（whey, dehydrated）	2.11	0.14	0.13	1.81	160	43.1	4.6	3.0	0.06		0.3	3.9	29.9	47.0	10.0	0.34	0.6[illegible]	1500	4.00	20.0	0.01
62	5-01-0162	酪蛋白（casein）	0.01	0.04	0.01	0.01	13	3.6	3.6	27.0	0.15			0.4	1.5	2.7	1.0	0.04	0.5	205	0.40		
63	5-14-0503	明胶（gelatin）			0.05																		
64	4-06-0076	牛奶乳糖（milk lactose）			0.15	2.40																	

中国饲料成分及营养价值表（第 21 版）
TABLES OF FEED COMPOSITION AND NUTRITIVE VALUES IN CHINA

附表 5－5 猪用饲料氨基酸标准回肠消化率 Standardized ileal digestibility of amino acids in feed ingredients used for swine*

序号	中国饲料号 CFN	饲料名称 Feed Name	干物质 DM(%)	粗蛋白质 CP(%)	精氨酸 Arg(%)	组氨酸 His(%)	异亮氨酸 Ile(%)	亮氨酸 Leu(%)	赖氨酸 Lys(%)	蛋氨酸 Met(%)	胱氨酸 Cys(%)	苯丙氨酸 Phe(%)	酪氨酸 Tyr(%)	苏氨酸 Thr(%)	色氨酸 Trp(%)	缬氨酸 Val%
1	4－07－0288	玉米（corn grain）	86.0	8.5	91	89	88	93	80	91	89	91	90	83	80	87
2	4－07－0272	高粱（sorghum grain）	86.0	9.0	82	78	83	86	74	85	77	85	85	76	79	81
3	4－07－0270	小麦（wheat grain）（软质）	87.0	13.9	88	90	89	90	81	89	91	91	90	83	88	86
4	4－07－0274	大麦（裸）（naked barley grain）	87.0	13.0	83	81	81	83	75	84	84	84	83	75	79	80
5	4－07－0277	大麦（皮）（barley grain）	87.0	11.0	83	81	94	90	77	90	91	83	83	69	91	93
6	4－07－0281	黑麦（rye）	88.0	11.0	80	79	77	78	72	81	84	82	77	71	76	75
7	4－07－0276	糙米（rough rice）	87.0	8.8	90	88	82	84	80	71	53	86		75	77	81
8	4－04－0068	次粉（wheat middling and red dog）	88.0	15.4	91	88	85	86	82	87	83	88	88	79	84	83
9	4－08－0069	小麦麸（wheat bran）	87.0	14.8	84	79	74	75	68	76	72	79	80	65	76	72
10	4－08－0070	小麦麸（wheat bran）细	87.0	15.7	88	84	80	81	75	82	78	84	84	72	80	78
11	4－08－0041	米糠（rice bran）全脂	87.0	12.8	85	83	68	69	73	75	65	68	74	67	70	68
12	5－09－0128	全脂大豆（full－fat soybeans）挤压	88.0	35.5	91	88	85	85	87	85	80	86	88	84	77	84
13	5－10－0103	大豆粕（soybean meal）（sol.）	89.0	47.9	94	91	90	89	90	92	86	91	92	87	89	88
14	5－10－0102	大豆粕（soybean meal）（sol.）	89.0	44.2	94	91	89	89	90	91	86	90	91	86	89	88
15	5－10－0117	棉籽粕（cottonseed meal）（sol.）	88.0	43.5	90	76	74	76	63	73	76	83	81	71	68	76
16	5－10－0121	菜籽粕（rapeseed meal）（sol.）	88.0	38.6	87	84	78	82	75	87	81	83	80	75	80	77
17	5－10－0116	花生仁饼（peanut meal）（exp.）	88.0	44.7	94	83	88	87	81	85	78	92	83	86	87	

（续表）

序号	中国饲料号 CFN	饲料名称 Feed Name	干物质 DM(%)	粗蛋白质 CP(%)	精氨酸 Arg(%)	组氨酸 His(%)	异亮氨酸 Ile(%)	亮氨酸 Leu(%)	赖氨酸 Lys(%)	蛋氨酸 Met(%)	胱氨酸 Cys(%)	苯丙氨酸 Phe(%)	酪氨酸 Tyr(%)	苏氨酸 Thr(%)	色氨酸 Trp(%)	缬氨酸 Val%
18	5-10-0115	花生仁粕（peanut meal）(sol.)	88.0	47.8	94	83	88	87	81	85	78	92		83	86	87
19	1-10-0031	向日葵仁饼（sunflower meal）(exp.)	88.0	29.0	92	82	83	81	79	88	77	82		80	83	81
20	5-10-0242	向日葵仁粕（sunflower meal）(sol.)	88.0	36.5	92	82	83	81	79	88	77	82		80	83	81
21	5-10-0243	向日葵仁粕（sunflower meal）(sol.)	88.0	33.6	92	82	83	81	79	88	77	82		80	83	81
22	5-10-0246	芝麻饼（sesame meal）(exp.)	92.0	39.2	90	89	92	91	88	94	87	90		87	90	91
23	5-11-0001	玉米蛋白粉（corn gluten meal）	90.1	63.5	95	92	92	95	89	95	92	94	94	92	87	91
24	5-11-0002	玉米蛋白粉（corn gluten meal）	91.2	51.3	93	86	89	91	87	97	88	91		90	86	88
25	5-11-0008	玉米蛋白粉（corn gluten meal）	89.9	44.3	93	86	89	91	87	97	88	91		90	86	88
26	5-11-0007	玉米 DDGS	89.2	27.5	84	80	77	85	64	84	74	83		71	66	77
27	5-13-0044	鱼粉（CP64.5%）(fish meal)	90.0	64.5	94	89	93	94	93	93	86	92	92	92	89	92
28	5-13-0046	鱼粉（CP60.2%）(fish meal)	90.0	60.2	92	87	90	90	89	89	74	87		88	86	89
29	5-13-0077	鱼粉（CP53.5%）(fish meal)	90.0	53.5	92	87	90	90	89	89	74	87		88	86	89
30	5-13-0036	血粉（blood meal）	88.0	82.8	86	82	86	84	86	85		86	86	85	88	84
31	5-13-0037	羽毛粉（feather meal）	88.0	77.9	84	71	86	83	65	71	70	86	76	78	72	83
32	5-13-0047	肉骨粉（meat and bone meal）	93.0	50.0	86	79	84	85	84	86	67	85	82	82	80	83
33	5-13-0048	肉粉（meat meal）	94.0	54.0	85	77	82	80	77	84	72	83		78	78	83
34	1-05-0075	苜蓿草粉（CP17%）（alfalfa meal）	87.0	17.2	82	65	73	75	67	77		74	73	69	46	70
35	5-11-0005	啤酒糟（brewers dried grain）	88.0	24.3	95	85	89	88	82	89	77	91	94	81	83	86
36	7-15-0001	啤酒酵母（brewers dried yeast）	91.7	52.4	78	77	72	73	74	69	49	66	64	66	55	66
37	4-13-0075	乳清粉（whey, dehydrated）	94.0	12.0	88	91	88	91	89	92	88	90	90	85	87	87
38	5-01-0162	酪蛋白（casein）	91.0	84.4	99	99	96	99	99	99	92	99		96	98	96

注：* 数据参考来源：NRC（1998），INRA（2004），Degussa（2006~2008），印遇龙（2008）和 http://www.ddgs.umn.edu/（2009）等

中国饲料成分及营养价值表（第21版）
TABLES OF FEED COMPOSITION AND NUTRITIVE VALUES IN CHINA

附表 5－6 鸡用饲料氨基酸真消化率 True digestibility of amino acids in feed ingredients used for poultry*

序号	中国饲料号 CFN	饲料名称 Feed Name	干物质 DM(%)	粗蛋白质 CP(%)	精氨酸 Arg(%)	组氨酸 His(%)	异亮氨酸 Ile(%)	亮氨酸 Leu(%)	赖氨酸 Lys(%)	蛋氨酸 Met(%)	胱氨酸 Cys(%)	苯丙氨酸 Phe(%)	酪氨酸 Tyr(%)	苏氨酸 Thr(%)	色氨酸 Trp(%)	缬氨酸 Val(%)
1	4－07－0288	玉米（corn grain）	86.0	8.5	95	90	92	96	85	94	93	94	94	88		92
2	4－07－0272	高粱（sorghum grain）	86.0	9.0	95	90	93	95	87	90	87	97	94	89		90
3	4－07－0270	小麦（wheat grain）	87.0	13.9	87	90	90	91	84	90	91	92	88	83		88
4	4－07－0277	大麦（皮）（barley grain）	87.0	11.0	83	84	80	83	73	80	83	84	81	76	79	80
5	4－07－0281	黑麦（rye）	88.0	11.0	84	73	81	85	80	79	84	82	78		81	81
6	4－07－0276	糙米（rough rice）	87.0	8.8	92	94	86	88	87	86	84					86
7	4－08－0104	次粉（wheat middling and red dog）	88.0	15.4	80	80	82	80	80	83	74	78	73		79	77
8	4－08－0069	小麦麸（wheat bran）	87.0	15.7	84	82	76	79	74	74	75	80	75			75
9	4－08－0069	小麦麸（wheat bran）细	87.0	15.7	87	84	82	85	81	80	72	86	79			82
10	4－08－0041	米糠（rice bran）	87.0	12.8	86	81	75	75	74	78	76	75	80	69		76
11	5－09－0128	全脂大豆（full－fat soybeans）挤压	88.0	35.5	91	87	87	87	88	86	77	88	88	85		86
12	5－09－0129	全脂大豆（full－fat soybeans）烘烤	88.6	35.2	85	86	79	80	81	82	76	80	81	79		77
13	5－10－0103	大豆粕（soybean meal）（sol.）	89.0	47.9	92	93	92	92	91	91	86	93	93	89		91
14	5－10－0118	棉籽饼（cottonseed meal）（exp.）	88.0	36.3	88	81	71	73	65	72	74	81	68		80	74
15	5－10－0119	棉籽粕（cottonseed meal）（sol.）	88.0	47.0	88	81	71	73	65	72	74	81	68		80	74
16	5－10－0117	棉籽粕（cottonseed meal）（sol.）	88.0	43.5	84	70	71	74	63	75	67	84	75	69		75
17	5－10－0183	菜籽饼（rapeseed meal）（exp.）	88.0	35.7	89	89	87	90	78	87	82	91	91	84		88

（续表）

序号	中国饲料号 CFN	饲料名称 Feed Name	干物质 DM(%)	粗蛋白质 CP(%)	精氨酸 Arg(%)	组氨酸 His(%)	异亮氨酸 Ile(%)	亮氨酸 Leu(%)	赖氨酸 Lys(%)	蛋氨酸 Met(%)	胱氨酸 Cys(%)	苯丙氨酸 Phe(%)	酪氨酸 Tyr(%)	苏氨酸 Thr(%)	色氨酸 Trp(%)	缬氨酸 Val(%)
18	5-10-0121	菜籽粕（rapeseed meal）(sol.)	88.0	38.6	89	89	87	90	78	87	82	91	91	84		88
19	5-10-0115	花生仁粕（peanut meal）(sol.)	88.0	47.8	89	89	87	90	78	87	78	91	91	84		88
20	5-10-0242	向日葵仁粕（sunflower meal）(sol.)	88.0	36.5	93	89	91	90	83	93	84	92	89	87		90
21	5-10-0120	亚麻仁粕（linseed meal）(sol.)	88.0	34.8	93	85	84	84	81	83	68	88	83	72		82
22	5-10-0246	芝麻饼（sesame meal）(exp.)	92.0	39.2	84	84	87	87	82	84	84	90	79		84	88
23	5-11-0001	玉米蛋白粉（corn gluten meal）	90.1	63.5	97	96	96	98	90	98	94	98	97	93		96
24	5-11-0003	玉米蛋白饲料（corn gluten feed）	88.0	19.3	88	83	82	89	71	84	64	86		75		82
25	4-10-0026	玉米胚芽饼（corn germ meal）(exp.)	90.0	16.7	91	85	87	88	81	84	64	88		79	85	87
26	5-11-0007	DDGS（distiller dried grains with solubles）	90.0	28.3	73	80	84	89	78	86	77	88		72	80	81
27	5-13-0044	鱼粉（CP64.5%）(fish meal)	90.0	64.5	93	89	93	93	89	92	79	92	85	9[illegible]		92
28	5-13-0045	鱼粉（CP62.5%）(fish meal)	90.0	62.5	93	89	93	93	89	92	79	92	85	91		92
29	5-13-0046	鱼粉（CP60.2%）(fish meal)	90.0	60.2	82	78	85	85	86	86	71	82		80	78	83
30	5-13-0077	鱼粉（CP53.5%）(fish meal)	90.0	53.5	82	78	85	85	86	86	71	82		80	78	83
31	5-13-0036	血粉（blood meal）	88.0	82.8	87	87	78	90	87	91	77	91		88		88
32	5-13-0037	羽毛粉（feather meal）	88.0	77.9	82	68	84	81	63	72	59			72		80
33	5-13-0047	肉骨粉（meat and bone meal）	93.0	50.0	84	82	83	84	81	86	59			81		82
34	5-13-0048	肉粉（meat meal）	94.0	54.0	85	81	85	86	84	85	57			80	79	84
35	1-05-0074	苜蓿草粉（CP19%）(alfalfa meal)	87.0	19.1	80	70	74	78	60	74	39	77	62	59		73
36	1-05-0075	苜蓿草粉（CP17%）(alfalfa meal)	87.0	17.2	80	70	74	78	60	74	39	77	62	69		73
37	1-05-0076	苜蓿草粉（CP14-15%）(alfalfa meal)	87.0	14.3	80	70	74	78	60	74	39	77	62	69		73
38	5-11-0005	啤酒糟（brewers dried grain）	88.0	24.3	63	73	80	82	62	77	75	79		63	67	78
39	5-01-0162	酪蛋白（casein）	91.0	84.4	97	96	98	99	97	99	84	96		98	95	98

注：* 采用强饲法用正常成年公鸡测定的鸡饲料氨基酸真消化率

中国饲料成分及营养价值表（第 21 版）
TABLES OF FEED COMPOSITION AND NUTRITIVE VALUES IN CHINA

附表 5－7　常用矿物质饲料中矿物元素的含量（以饲喂状态为基础）**Mineral Concentration in Mineral Sources**

序号	中国饲料号（CFN）	饲料名称 Feed Name	化学分子式 Chemical formular	钙[a] Ca（%）	磷 P（%）	磷利用率[b]	钠 Na（%）	氯 Cl（%）	钾 K（%）	镁 Mg（%）	硫 S（%）	铁 Fe（%）	锰 Mn（%）
01	6－14－0001	碳酸钙，饲料级轻质（calcium carbonate）	$CaCO_3$	38.42	0.02		0.08	0.02	0.08	1.610	0.08	0.06	0.02
02	6－14－0002	磷酸氢钙，无水（calcium phosphate（dibasic），anhydrous）	$CaHPO_4$	29.60	22.77	95～100	0.18	0.47	0.15	0.800	0.80	0.79	0.14
03	6－14－0003	磷酸氢钙，2 个结晶水（calcium phosphate（dibasic），dehydrate）	$CaHPO_4 \cdot 2H_2O$	23.29	18.00	95～100							
04	6－14－0004	磷酸二氢钙（calcium phosphate（monobasic）monohydrate）	$Ca(H_2PO_4)_2 \cdot H_2O$	15.90	24.58	100	0.20		0.16	0.900	0.80	0.75	0.01
05	6－14－0005	磷酸三钙（磷酸钙）（calcium phosphate）（tribasic）	$Ca_3(PO_4)_2$	38.76	20.0								
06	6－14－0006	石粉[c]、石灰石、方解石等（limestone、calcite etc）.		35.84	0.01		0.06	0.02	0.11	2.060	0.04	0.35	0.02
07	6－14－0007	骨粉，脱脂（bone meal）		29.80	12.50	80～90	0.04		0.20	0.300	2.40		0.03
08	6－14－0008	贝壳粉（shell meal）		32～35									
09	6－14－0009	蛋壳粉（egg shell meal）		30～40	0.1～0.4								
10	6－14－0010	磷酸氢铵（ammonium phosphate）（dibasic）	$(NH_4)_2HPO_4$	0.35	23.48	100	0.20		0.16	0.750	1.50	0.41	0.01
11	6－14－0011	磷酸二氢铵（ammonium phosphate）（monobasic）	$NH_4H_2PO_4$		26.93	100							
12	6－14－0012	磷酸氢二钠（sodium phosphate）（dibasic）	Na_2HPO_4	0.09	21.82	100	31.04						

（续表）

序号	中国饲料号（CFN）	饲料名称 Feed Name	化学分子式 Chemical formular	钙[a] Ca（%）	磷 P（%）	磷利用率[b]	钠 Na（%）	氯 Cl（%）	钾 K（%）	镁 Mg（%）	硫 S（%）	铁 Fe（%）	锰 Mn（%）
13	6-14-0013	磷酸二氢钠（sodium phosphate）（monobasic）	NaH_2PO_4		25.81	100	19.17	0.02	0.01	0.010			
14	6-14-0014	碳酸钠（sodium carbonate）	Na_2CO_3				43.30						
15	6-14-0015	碳酸氢钠（sodium bicarbonate）	$NaHCO_3$	0.01			27.00		0.01				
16	6-14-0016	氯化钠（sodium chloride）	NaCl	0.30			39.50	59.00		0.005	0.20	0.01	
17	6-14-0017	氯化镁（magnesium chloride hexahydrate）	$MgCl_2 \cdot 6H_2O$							11.95			
18	6-14-0018	碳酸镁（magnesium carbonate）	$MgCO_3 \cdot Mg(OH)_2$	0.02						34.00			0.01
19	6-14-0019	氧化镁（magnesium oxide）	MgO	1.69					0.02	55.00	0.10	1.06	
20	6-14-0020	硫酸镁，7个结晶水（magnesium sulfate heptahydrate）	$MgSO_4 \cdot 7H_2O$	0.02				0.01		9.86	13.01		
21	6-14-0021	氯化钾（potassium chloride）	KCl	0.05			1.00	47.56	52.44	0.23	0.32	0.06	0.001
22	6-14-0022	硫酸钾（potassium sulfate）	K_2SO_4	0.15			0.09	1.50	44.87	0.60	18.40	0.07	0.001

注：①数据来源：《中国饲料学》（2000，张子仪主编），《猪营养需要》（NRC，1998）。②饲料中使用的矿物质添加剂一般不是化学纯化合物，其组成成分的变异较大。如果能得到，一般应采用原料供给商的分析结果。例如饲料级的磷酸氢钙原料中往往含有一些磷酸二氢钙，而磷酸二氢钙中含有一些磷酸氢钙。[a]在大多数来源的磷酸氢钙、磷酸二氢钙、磷酸三钙、脱氟磷酸钙、碳酸钙、硫酸钙和方解石石粉中，估计钙的生物学利用率为90%～100%，在高镁含量的石粉或白云石石粉中钙的生物学效价较低，为50%～80%；[b]生物学效价估计值通常以相当于磷酸氢钠或磷酸氢钙中的磷的生物学效价表示；[c]大多数方解石石粉中含有38%或高于表中所示的钙和低于表中所示的镁

中国饲料成分及营养价值表（第21版）
TABLES OF FEED COMPOSITION AND NUTRITIVE VALUES IN CHINA

附表5－8 无机来源的微量元素和估测的生物学利用率[a] Bioavailability for inorganic trace elements

元素	微量元素与来源[b]	化学分子式	元素含量（%）	相对生物学利用率（%）
铁（Fe）	一水硫酸亚铁 Ferrous sulfate (monohydrate)	$FeSO_4 \cdot H_2O$	30.0	100
	七水硫酸亚铁 Ferrous sulfate (heptahydrate)	$FeSO_4 \cdot 7H_2O$	20.0	100
	碳酸亚铁 Ferrous carbonate	$FeCO_3$	38.0	15～80
	三氧化二铁 Ferric oxide	Fe_2O_3	69.9	
	六水氯化铁 Ferric chloride (hexahydrate)	$FeCl_3 \cdot 6H_2O$	20.7	40～100
	氧化亚铁 Ferrous oxide	FeO	77.8	
铜（Cu）	五水硫酸铜 Cupric sulfate (pentahydrate)	$CuSO_4 \cdot 5H_2O$	25.2	100
	碱式氯化铜 Cupric chloride, tribasic	$Cu_2(OH)_3Cl$	58.0	100
	氧化铜 Cupric oxide	CuO	75.0	0～10
	一水碱式碳酸铜 Cupric carbonate (monohydrate)	$CuCO_3 \cdot Cu(OH)_2 \cdot H_2O$	50.0～55.0	60～100
	无水硫酸铜 Cupric sulfate (anhydrous)	$CuSO_4$	39.9	100
锰（Mn）	一水硫酸锰 Manganous sulfate (monohydrate)	$MnSO_4 \cdot H_2O$	29.5	100
	氧化锰 Manganous oxide	MnO	60.0	70
	二氧化锰 Manganous dioxide	MnO_2	63.1	35～95
	碳酸锰 Manganous carbonate	$MnCO_3$	46.4	30～100
	四水氯化锰 Manganous chloride (tetrahydrate)	$MnCl_2 \cdot 4H_2O$	27.5	100

（续表）

元素	微量元素与来源[b]	化学分子式	元素含量（%）	相对生物学利用率（%）
锌（Zn）	一水硫酸锌 Zinc sulfate（monohydrate）	$ZnSO_4 \cdot H_2O$	35.5	100
	氧化锌 Zinc oxide	ZnO	72.0	50 ~ 80
	七水硫酸锌 Zinc sulfate（heptahydrate）	$ZnSO_4 \cdot 7H_2O$	22.3	100
	碳酸锌 Zinc carbonate	$ZnCO_3$	56.0	100
	氯化锌 Zinc chloride	$ZnCl_2$	48.0	100
碘（I）	乙二胺双氢碘化物 Ethylenediamine dihydroiodide（EDDI）	$C_2H_8N_2HI$	79.5	100
	碘酸钙 Calcium iodate	$Ca(IO_3)_2$	63.5	100
	碘化钾 Potassium iodate	KI	68.8	100
	碘酸钾 Potassium iodate	KIO_3	59.3	
	碘化铜 Cupric iodate	CuI	66.6	100
硒（Se）	亚硒酸钠 Sodium selenite	Na_2SeO_3	45.0	100
	十水硒酸钠 Sodium selenite	$Na_2SeO_4 \cdot 10H_2O$	21.4	100
钴（Co）	六水氯化钴 Cobalt dichloride（hexahydrate	$CoCl_2 \cdot 6H_2O$	24.3	100
	七水硫酸钴 Cobalt sulfate（heptahydrate）	$CoSO_4 \cdot 7H_2O$	21.0	100
	一水硫酸钴 Cobalt sulfate（monohydrate）	$CoSO_4 \cdot H_2O$	34.1	100
	一水氯化钴 Cobalt dichloride（monohydrate）	$CoCl_2 \cdot H_2O$	39.9	100

注：表中数据来源于《中国饲料学》（2000，张子仪主编）及《猪营养需要》（NRC，1998）中相关数据

[a]列于每种微量元素下的第一种元素来源通常作为标准，其他来源于其相比较估算相对生物学利用率

[b]斜体字表示较少使用的微量元素来源

中国饲料成分及营养价值表（第 21 版）
TABLES OF FEED COMPOSITION AND NUTRITIVE VALUES IN CHINA

附表 5-9　反刍动物饲料尼龙袋法的瘤胃养分降解动力学参数[a]

Nutrient degradation kinetics parameters on nylon bag (in situ) for ruminants

序号	饲料原料名称	干物质降解参数				粗蛋白质降解参数				淀粉降解参数			
		a	b	c	DDM	a	b	c	RUP	a	b	c	DST
1	大麦	44	45	13.5	75	29	65	11.0	71	52	48	20.5	89
2	玉米，8 样品均值	24	72	5.5	56	14	56	4.0	43	23	77	5.5	60
3	燕麦	50	26	5.0	62	63	29	10.0	81	67	33	21.5	93
4	去壳燕麦				80				81				93
5	糙米	20	56	5.1	70	45	40	11.0	71	26	74	7.5	67
6	黑麦	51	41	15.0	80	27	69	16.0	77				96
7	高粱	36	59	6.5	67	5	73	5.5	39	28	72	5.0	60
8	黑小麦	46	47	12.0	77	34	56	23.0	79	45	55	58.5	95
9	硬质小麦	23	32	4.6	80				76				94
10	软质小麦	52	42	12.0	80	27	67	16.0	76	58	42	39.0	94
11	小麦麸，10 样品均值	45	35	4.8	61	52	44	16.5	75	78	22	20.5	95
12	细小麦麸	44	38	6.5	64				76				95
13	次粉	46	38	13.0	72	35	57	15.5	76				95
14	饲用小麦粉				80				76				95

（续表）

序号	饲料原料名称	干物质降解参数				粗蛋白质降解参数				淀粉降解参数			
		a	b	c	DDM	a	b	c	RUP	a	b	c	DST
15	硬质小麦麸				55				76				95
16	硬质细小麦麸				65				76				95
17	小麦酒糟，淀粉＜7%	48	44	5.5	69	36	58	7.5	68				94
18	小麦酒糟，淀粉＞7%	56	36	5.5	73	58	35	7.5	77				94
19	小麦面筋饲料				70				76				94
20	玉米酒糟	40	49	6.0	65	25	60	6.5	56				85
21	玉米面筋饲料	33	60	5.0	60	49	43	8.0	73	56	44	11.5	85
22	玉米蛋白粉	16	84	2.0	37	3	83	2.5	29	23	77	28.5	87
23	玉米糠				40				43				60
24	饲用玉米粉				55				43				60
25	压榨玉米胚芽饼粉	6	83	7.5	52				72				67
26	溶剂浸提玉米胚芽饼粉	6	83	7.5	52	3	90	7.0	52				67
27	玉米麸	6	83	7.5	52	36	59	9.5	72	39	61	5.0	67
28	干大麦根	42	48	5.0	64	50	40	8.5	74				95
29	干啤酒糟	12	57	4.5	36	18	57	5.0	44	77	23	2.5	83
30	浸提米糠	48	35	6.5	66	11	76	6.0	49				73
31	全脂米糠	48	35	6.5	66	42	41	10.5	68	19	81	12.0	73
32	碎米				70				71				67
33	鹰嘴豆	30	68	9.0	71	31	6	17.0	79				79
34	全脂棉籽	25	48	2.0	37	36	43	26.0	71				

（续表）

序号	饲料原料名称	干物质降解参数				粗蛋白质降解参数				淀粉降解参数			
		a	b	c	DDM	a	b	c	RUP	a	b	c	DST
35	彩色花蚕豆	52	43	8.5	77	51	47	11.5	82				75
36	白花蚕豆	52	43	8.5	77	56	40	11.5	83	37	63	9.0	75
37	全脂亚麻籽	36	38	10.5	60	54	38	10.5	78				
38	蓝羽扇豆	37	60	11.0	76	36	59	16.0	79				
39	白羽扇豆	37	60	11.0	76	66	29	12.5	86				
40	豌豆	56	42	8.0	80	67	29	11.5	86	46	54	9.5	79
41	全脂油菜籽				65	40	55	14.5	79				
42	挤压全脂大豆	29	64	5.0	58	16	80	4.0	47				
43	烘烤全脂大豆				65	18	76	8.5	63				
44	全脂葵花籽	60	18	7.5	70	77	13	60.5	89				45
45	浸提可可粉				45				80				
46	压榨椰子粕	46	37	15.0	72	19	69	5.0	50				
47	棉籽粕，含粗纤维 7% ~14%	27	64	6.0	59	29	60	6.5	61				
48	棉籽粕，含粗纤维 14% ~20%	28	51	5.5	52				61				
49	溶剂浸提葡萄籽油饼粉				15	10	66	8.0	47				
50	脱毒花生粕	23	66	9.0	63	16	80	10.5	67				
51	压榨亚麻籽饼粉	21	60	7.0	53				55				
52	溶剂浸提亚麻籽饼粉	21	60	7.0	53	16	77	6.0	55				
53	压榨棕榈核仁粕	11	81	4.0	43	15	76	3.5	43				
54	菜籽粕	28	55	8.5	60	27	67	10.0	69				

（续表）

序号	饲料原料名称	干物质降解参数				粗蛋白质降解参数				淀粉降解参数			
		a	b	c	DDM	a	b	c	RUP	a	b	c	DST
55	压榨芝麻粕	65	34	61	10.0				72				
56	大豆粕，13 样品均值	32	65	5.8	67	22	76	6.0	63				
57	部分脱壳葵花粕	34	44	8.5	60	33	60	16.0	77				
58	未脱壳葵花粕	22	46	10.5	51				77				
59	木薯	76	23	8.0	89	47	28	4.5	59	73	27	4.0	84
60	甘薯干				75				70				79
61	玉米淀粉				82				45				60
62	干马铃薯块茎	45	52	5.5	70	57	30	8.0	75	45	55	9.5	79
63	苜蓿蛋白浓缩物				65				25				
64	干甜菜渣	4	90	9.5	59	3	89	7.5	52				
65	掺有糖蜜的干甜菜渣	64	26	65	17.5				74				
66	压榨甜菜渣				60				60				
67	干啤酒酵母	60	34	9.5	81	64	29	14.0	84				
68	荞麦皮				20				60				
69	稻子豆（秣豆）荚饼粉				65				55				
70	干柑橘渣	34	61	9.5	71	35	59	6.5	66				
71	可可豆皮	8	53	8.0	38				50				
72	干葡萄渣	10	35	5.0	26		45	8.0	26				
73	葡萄籽		33	8.0	19	7	56	15.5	47				
74	液体马铃薯饲料	6	90	11.0	64	6	80	16.5	64				79

（续表）

序号	饲料原料名称	干物质降解参数				粗蛋白质降解参数				淀粉降解参数			
		a	b	c	DDM	a	b	c	RUP	a	b	c	DST
75	甜菜糖蜜				100				100				
76	甘蔗糖蜜				100				100				
77	马铃薯蛋白浓缩物	4	94	3.0	35	2	94	4.5	43				
78	干马铃薯渣				65				65				79
79	大豆皮	6	92	4.0	43	19	71	6.0	55				
80	不同来源的酒糟				100				100				
81	脱水苜蓿	26	47	7.5	52	26	57	9.0	60				
82	干草				52				60				
83	麦秸		50	3.5	18				60				
84	奶粉				100				100				
85	乳清粉				100				100				

[a]数据主要来源：INRA（2004），刘建新（2009），表中表头的参数含义见修订说明，下同

中国饲料成分及营养价值表（第 21 版）
TABLES OF FEED COMPOSITION AND NUTRITIVE VALUES IN CHINA

附表 5－10　鸭用饲料能值的参考值①（饲喂状态）Reference values of effective energy for duck

序号	饲料名称 Feed Name	干物质 DM（%）	粗蛋白质 CP（%）	表观代谢能 AME		氮校正表观代谢能 AMEn		真代谢能 TME		氮校正真代谢能 TMEn	
				（Mcal/kg）	（MJ/kg）	（Mcal/kg）	（MJ/kg）	（Mcal/kg）	（MJ/kg）	（Mcal/kg）	（MJ/kg）
谷物类 Grain											
1	普通玉米 Corn	87.0	7.0	3.11	13.01	3.1	12.97	3.31	13.85	3.27	13.68
2	低植酸玉米（Low-phytin corn）	89.1	8.6	3.41	14.27	3.39	14.18	4.05	16.95	3.85	16.11
3	高油玉米（High-oil corn）	88.8	9.0	3.56	14.90	3.5	14.64	4.2	17.57	3.96	16.57
4	大麦（Barley）	88.0	11.0	2.62	10.96	2.73	11.42	2.97	12.43	2.86	11.97
5	脱壳燕麦（Oats dehulled）	87.8	10.9	3.56	14.90	3.48	14.56	3.76	15.73	3.64	15.23
6	珍珠黍（Pearl millet）	89.9	13.1	3.39	14.18	3.35	14.02	3.61	15.10	3.43	14.56
7	稻米（Rice）	90.3	10.1	3.42	14.31	3.45	14.43	3.74	15.55	3.61	15.10
8	黑麦（Rye）	89.2	10.7	2.63	11.00	2.69	11.25	2.95	12.34	2.85	11.92
9	高粱（Sorghum）	87.0	8.6	3.09	12.93	3.09	12.93	3.42	14.31	3.39	14.18
10	黑小麦（Triticale）	90.2	11.6	2.8	11.72	2.76	11.55	3.17	13.26	3.07	12.84
11	小麦（Wheat）	87.2	13.1	3.26	13.64	3.14	13.14	3.46	14.48	3.3	13.81

（续表）

序号	饲料名称 Feed Name	干物质 DM（%）	粗蛋白质 CP（%）	表观代谢能 AME		氮校正表观代谢能 AMEn		真代谢能 TME		氮校正真代谢能 TMEn	
				（Mcal/kg）	（MJ/kg）	（Mcal/kg）	（MJ/kg）	（Mcal/kg）	（MJ/kg）	（Mcal/kg）	（MJ/kg）
粕及其副产品类 Meal and byproducts											
12	大麦粗粉（Barley meal）	89.8	10.7	3.73	15.61	3.76	15.73	4.13	17.28	3.9	16.32
13	小麦麸（Wheat middling）	89.1	15.7	2.34	9.79	2.28	9.54	2.79	11.67	2.59	10.84
14	小麦次粉（Wheat red dog）	86.1	16.6	2.39	10.00	2.52	10.54	3.12	13.05	2.9	12.13
15	菜籽粕（Canola meal）	90.5	33.1	2.18	9.12	2.19	9.16	2.76	11.55	2.44	10.21
16	玉米蛋白粉（corn gluten meal）	92.3	53.9	4.04	16.90	3.7	15.48	4.37	18.28	3.93	16.44
17	低植酸大豆粕（Low – phytin soybean meal）	92.4	52.9	3.02	12.64	2.58	10.79	3.54	14.81	2.96	12.38
18	普通大豆粕（未去皮）（soybean meal）	89.9	45.2	2.86	11.97			3.49	14.61		
19	肉骨粉（Meat and Bone）	92.1	49.7	1.78	7.45	1.77	7.41	1.96	8.20		
20	鱼粉（fish meal）	90.0	67.5	3.68	15.40			4.05	16.95		

注：数据来源：①Olayiwola Adeola（2006）；侯水生（2006）